道理 看得透还要说得透
日子 想得好不如过得好

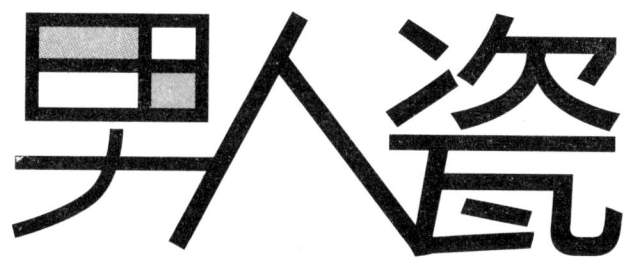

庞永力 著

人民日报出版社

图书在版编目（CIP）数据

男人瓷 / 庞永力著 . —北京：人民日报出版社，2011.11
ISBN 978-7-5115-0718-1

Ⅰ. ①男… Ⅱ. ①庞… Ⅲ. ①男性－人生哲学－通俗读物
Ⅳ. ①B821-49

中国版本图书馆 CIP 数据核字（2011）第 232494 号

书　　名：	男人瓷
作　　者：	庞永力

出 版 人：	董　伟
责任编辑：	宋　娜　　宋辰辰
封面设计：	映象视觉　陈淑平

出版发行：	人民日报出版社
社　　址：	北京金台西路2号
邮政编码：	100733
发行热线：	（010）65369527　65369509　65369510
邮购热线：	（010）65369530
编辑热线：	（010）65369512
网　　址：	www.peopledailypress.com
经　　销：	新华书店
印　　刷：	北京燕旭开拓印务有限公司

开　　本：	1/16
字　　数：	300千字
印　　张：	16
印　　次：	2011年11月　第1版　　2011年12月　第1次印刷

书　　号：	ISBN 978-7-5115-0718-1
定　　价：	29.80元

这本书使我老了五岁

——答中国新闻社记者问

近日,河北记者庞永力的随笔新作《男人瓷》由人民日报出版社推出,该书全方位展现了现代男人的生存状态及心路历程,同时以记者独到的眼光打量社会百态。作为一位记者型作家,庞永力耗时八年之久打磨这本"男人大随笔",从而立到不惑,他告诉记者:"这本书使我老了五岁"。

记者宋敏涛:你从事新闻职业多年,这本《男人瓷》具体呈现了你的哪一面?

庞永力:20多年前,我是一个标准的文学发烧友,几乎荒废了学业,后来考入河北作协廊坊师专作家班,在文学上算是科班出身吧。随后十几年的职业记者生涯使我进入另一种状态,也拥有了异于常人的社会体验;诗人的本质是热爱,记者的特性是怀疑,一直以来,我是既热爱又怀疑的一个矛盾体。这本书耗费了我八年的时间,磨字也达百万了,既表现了我迈向男人成熟期的一面,也展示了记者生涯的一面。

记者宋敏涛:这本书来自你多年的日记,这是一种什么样的创作状态?

庞永力:做记者每日忙碌,找不到正式创作的状态,有几年,我的诗文写作几乎停滞,艺术上撂荒了。可我也没闲着,不经意间养成了写日记的习惯,先是日程备忘,后来发展成记录生活痕迹。等我重新审视自己的创作,"日记内心"成了相当长阶段的方式。日记是零散的,互不相连,又不容掺水、做作,我整理出来的其实是长则千字、短则百言的"段子",有时几天的日记过滤不出一句话——比起长篇架构、时髦写手、名著注释等写作模式,我写得很笨,也很苦。

记者宋敏涛:这本书与你以前的作品有什么不同,你在其中寄托了什么?

庞永力:我以前也曾出版过诗文集、长篇小说,日记是积累素材的方式,我以此为主推出《男人瓷》,首先是一种人生状态:现代社会物质疯狂精神却无处安身,吃穿无忧了,每个社会角色却仍然压力重重,临近中年的男人尤甚。每个男人的成长、成熟,取决于他走的路,取决于他经历的特定的社会环境。就好像烧制瓷器,在独特工艺之外,高温煎熬必不可少;瓷器是美轮美奂的,但不是所有的胚胎都能成为艺术品,不是所有的镌刻都会成为艺术,折损的是大多数。好的男人如瓷,瓷的价值在于他的磨难与历练,在于极低的成品率与不确定性。瓷器其实是种种努力,价值达成也不分路径,就是摔碎了也是美的。这个时期的男人最为复杂、丰富,同时也因五味杂陈而大有嚼头。

其次是艺术诉求。所有的艺术都是任性的,而且到最后都会归于思想。我觉得写作分表达情感、阐述道理、凝结思想几个层次。在这个青黄不接的生命阶段,我以日记"段子"的形式打磨这本书,既体现了我的成长,也加速了我的成熟。这本书收录了长长短短凡八百"段子",涉及人生、情感、职场、禅悟几方面,有很多私人的生命体验,也唠叨了一些自以为是的道理。这本书部分内容已被各报刊选载,大家对它的认知偏于杂感;作为一个社会人,若想给别人一些提示的话,首先要把自己彻底剖开。有句话叫"我思故我在",这本书很杂乱、很浅陋,但我是真诚的。其实无论什么生活状态,都值得我们感恩;这本书使我老了五岁,但它也令我欣慰。

(据中新社 2011 年 11 月 16 日电)

目 录

第一辑：男人瓷

2	年轮：平静了以后，我枯萎了
14	情爱：痛才是爱的真谛
24	职场：羊追着狼跑
38	家园：每个村庄都很相似
45	身边禅：物质往往压覆着精神
57	说艺：俗雅一体无雅俗

第二辑：庞门左道

62	庞门左道

第三辑：青黄

82	青黄　末路孑然
83	希望　操蛋的权利
84	保护色　无爱无恨　耐性更为重要
85	逐步清醒　好了伤疤忘了疼　互动
86	渡生不易　大脑猪样化
87	冲喜　脸比屁股冷　独梦
88	交界点　命运冲你伸出手指　心怀锦绣
89	不许哭　黑洞　中年
90	被逼的顽强　危机　风暴有头便有尾
91	夏虫不可语冰　男女
93	婚姻与喜欢　相信爱情
94	熟了　美女年长

95	幸福在风起雨后　献身无门　土里芝麻
96	夫妻谎　最初的烙刻　昨日之爱
97	幸福无处买
98	一场青春　一人N次、N人一次
99	离上一回婚
100	揣着明白装糊涂　恍然记起　二婚
101	跑性格　想当宠物
102	半瓶子咣荡　抑郁　小人是谁
103	曾经为爷　野史惊人
104	臭人儿　内心动荡　熟悉的地方才有炊烟
105	暮色　幸福感
106	窄渠汤汤　城乡排异　中药
107	根在何处
108	吃啥都会饿　救急与救穷
109	开口使人空虚　论友情
110	改变　跳舞　善恶墙
111	开脱　预期一万年　"微雕"人生
112	痛哭一晚
113	啥人啥爱好
114	鲜桃与烂杏　恐艾
115	小借怡情　不来的不会举手
116	人比人得死　说坏话儿　灰眼灰心
117	避世　性格论
118	消费与享受　信仰与犯错儿
119	源头不重要　双手合十
120	艺术散论
122	小成
123	自己的看台　"遍读"与"精读"
124	人性拧麻花
125	中老年诗人　束手的傲慢
126	成熟与采摘无关　自虐性写作
127	人老书旧　一生真伪复谁知
128	驭士之术　开会
129	某老与老某　生活对人的改变是坚决的　忘本与忘形
130	同工不同酬　心存恶气

目 录

131	过麦熟
132	拍娃娃马屁　磨与鬼　两头不"沾"
133	资不抵债　客气客气　闲置忙用
134	团队精神　江北为枳　最后成白痴
135	风雨基于爱
136	打人不打脸　我是偏科生
137	良师与恶师
139	说孝
140	不落水就好　巨大的提醒
141	有女如此
142	他人　底托儿
143	可耻的清闲　时光的好处
144	另册不远　心牢
145	生活大半美好　拉窄　男人中立
146	局部的弱　味蕾迷失
147	不忍细看
148	有编制的狗　不要拥抱
149	大厦起于土堆　欲辩已忘言
150	独行驴　你要淡定
151	笑着哭　忧郁的王
152	习以为常　吃饱撑的
153	从开业到关张　夜行记
154	双人舞　耳清目明
155	隐居
156	恨无处不在　青烟袅袅
157	骂脏话　钓鱼记
158	遗憾　二十正惑
159	把酒言欢
160	谁都不冤
161	好奇害死猫　暑来我不走　生活在左，艺术在右
162	乞怜者　昔日重现
163	忠臣与叛将　明月照亡灵
164	无仇不成父子　保质期
165	心理拔高　自愈万岁
166	正好儿　补鞋的与作协的

167	农村挣扎
168	单位那点儿事儿
169	总美，会令人窒息　去南方
170	秘密　领导论
172	目光下垂
173	喝喝酒打打牌
174	别让耳朵耽误眼　钱到需时悔平时
175	皮草　典型
176	我之变
177	浅论钱
178	那些同锅共缸的日子　惧内
179	耐心　踩来踩去
180	花与刺　旧物顽强
181	撩断心弦　作家简论
182	"内咬"性格
183	英雄在概率之外
184	春天在哪里

第四辑：泥泞歌哭

187	高处　小楼
188	戒酒　旧屋
189	释梦
190	转向　过年
191	熟悉
192	旅途
193	名字
194	一些话　雨夜静思
195	不写之写
196	写在月光里　夜，读顾城……
198	珍珠和嫩肉　一件旧衣服
199	文学是什么　等到安静下来
200	走尽了一条路
201	阅读
202	心得一二

203	运气中等
204	伤心大肚子　幸福
205	是非
207	怀念苹果树　奶奶
209	月颂
210	吾乡吾老
211	当爱不存在　爱的恐惧
212	可能的爱情
214	坚强而持久地活　夜啼
215	诗·人
217	蜜语时代
218	老笛看演出
219	追赶睡梦　活着
220	清晨
221	相见　三十以后
222	泥泞歌哭
223	梦中恭王府
224	无睡
225	焚　无端泪流
227	漫流岁月中的滋味
228	老了，将如何是好
230	无人不道看花回
231	绿润记
233	鞭炮响彻袁佐村
236	狗儿欢欢
239	这里是黄山
240	晴天里下的雨
243	**青黄何焉（代跋）**

第一辑:男人瓷

奔四的男人是哪种瓷?经历了怎样的岁月烧制,又会凝结出如何的釉色?不是所有的镂刻都会生出艺术品。里里外外,看得见、看不见的裂痕,碎了,也有残存的温润;碎,也许是另一种的完整。

年轮　平静了以后，我枯萎了

1.01　世上没有后悔药，一步走错下面就顺下去了，"谋事在人，成事在天"，以悲观的说法，个人努力的因素占不到成败的五成，或云你只能改变局部，而不能左右全局。

"性格决定命运"，同时也决定思维方式、细节，关乎成败。所以是悔不得的，只有趟着走下去。

1.02　临近中年的男人，事业、家庭、人际关系、情感（虽非少年孟浪，但也是有所需求的）……这些聚而成火，备受煎熬。在锅底翻腾，说其虚浮，其实是焦灼。张着嘴，探出锅沿，想来一点儿冷水降降温；不料被喂一口酱油或醋，解灼热未遂，反倒咸酸复加。跌落锅底，感叹自己被烹制，同时又不得不味道鲜美。

1.03　孩子滑过婴儿的懵懂，就变得出奇的懂事，时有惊人语，让人在会心一笑后很有成就感。一日又忽言：不想长大。不禁心疼，长大以后那么复杂，现在能多快乐一会儿就多快乐一会儿吧。又想，你不想长大也好——你不长大，我也就不用变老了。大人与孩子是有区别的：孩子总也忧伤不起来，哪怕是刚挨过揍，一转眼就破涕为笑，不往心里去。大人总也快乐不起来，就是老光棍娶了小娇妻，也只是咧几天嘴，之后就该忧心忡忡如何防备红杏出墙了。

1.04　租房就是这样，无论多少悲欢荣辱，总会有一天交出钥匙，而不能将这段已渐行渐远的时空带走一丝一缕。租是暂时的，而非买的永久归属，它可以在你手里无限地衰老下去,但不会死在你的怀中。其实世间万物哪一个不是租给你的?一堵旧墙、一方木桌,你的光辉、黯然与它何干?它的旧与破其实也与你无关,尽管你用刀刻了它、用火烙了它,它只是依着自己的规律旧与破,你甭以为怎么样就拥有了它的笑靥与泪水,绕来绕去,就一个俗常的词——过客。

1.05 看望一个出狱的人,他是不太光彩的,虽然在里面渴望自由与亲情,但一想之下就不太欢迎探望了。亲朋做样子也好,真高兴也好,得来。一拨拨的人,开导一番,探询一下今后的安排,说说里里外外的不容易。然后,就开始唠天气、某人、本地政治……都是来访者自己感兴趣的事儿,被看望者听着、附和着,被看望的尴尬也就抹过去了(这样的场景在医院病房里也常见)。唉,苦难与快乐都是自个儿的事,与他人何干?久别就有新生的意思了?想,如若死他个十几年醒过来,也招来这般的看望,那——多——可——怕!兴趣不大,还不如重回棺内!

1.06 一日做梦,竟是热闹风光地娶媳妇,玉缎轻裘,人拥仆簇,美娇娘红布遮面,令人怦然心动……醒来后感叹:噫!因何有此梦?想清苦少年,心高路窄,谁不艳羡温柔富贵之乡,此梦乃青春旧淤故创所致也!少年苦时不觉苦,垂老反顾泪潸然!现在就得正果了么,八十一难尚有多少应来未至?殊途同归,盖人之共愿,春风满途,而非秋雨凄凄;外表同着锦,内心异矣!将至中年有此旖梦,始知少年狂妄已逝,沉重落地,羽翼纷纷。

1.07 人大多有双重性格的,彼处晴空万里,此时淫雨霏霏,二者又是互不影响的。那些幽默睿智的人,他们就能逃过人生的灰黑吗?人常有表里如一的愁苦,却难觅自里而外的快乐,因为愁苦的生命附着力要远远大于快乐。快乐是外销于人的,很有些包装的意思;愁苦是向里涌灌的,往往抗拒未遂,成了惩罚自己。二者的区分由此可知。

1.08 周六,不出,慵懒一天,是休前面五天的息吗?周一、周二、周三、周四、周五,哪天都匆匆,没有欣喜,只有俗忙。五天过去,就有这不想动弹的一两天;然后周而复始。日子就这样过去了,人生的精彩不过一二,大部分是等待、对峙、迷糊、谬误,机会稍纵即逝,纯粹的快乐就像冰箱里的肉,在力图保鲜的过程中,令人不易察觉的变质,最后炒出菜来,才发现已经臭了。

1.09 经历着生活的我们,很多时候是需要转存记忆的。为了把昔日那些有价值的东西保存起来,复制、压缩、发送、下载,这些操作下来,记忆就不会丢失了吗?或者我们仅保存了事物的形式与模样,可能还有依稀的香味,但已流失了当初的血液与呼吸。我们做到的只是备份,然后以此为理由,便心无负担地去做别的,踏上现实的遗忘之路。

人啊,你要明白:失去就失去了,"人不能两次踏入同一条河流",虽然树丛、涟漪、渡口依旧,但已形同陌路,你是谁,我又是谁?

1.10 读小说,讲的是失去自己的女人。唉,谁不在失去?至少在时光里,我们都彼此失去先前拥有的。我曾有"积极宿命论",即努力是需努力,但命运并不在自己手中。在别人看来是有些悲观的,三十五岁的日子,应该记住,不是晴好的。看一对下岗夫妇,快乐也是有的,悲愤当然也如我。我是说我的灰色与他们一模一样,我当然没有必须比他们滋润的理由,我只是有些索然。

1.11 与初中同学聚。都是过三十奔四十的人了,随便抻出一个线头来,就是几年、十几年的事物了。一时挚友也好,三两旧地也好,虽然发生了变化,细节大多漫漶不清,但相对亲切,没有利益的争斗,皆是纯粹的愉悦。有旧可怀,不错;有人肯与你共同怀旧,更是不错啊。

1.12 与妻遛晚儿,并肩坐在广场的长椅上,猛然有了幻觉,遥见十年、二十年、三十年后的模样:也会这样坐着,人物、情景、姿势一般无二。到那时,呛水、吞泥已够,脚都洗干净了,没有这样那样的惊喜与期待了,诸如涨工资、升官、艳遇……足够安稳了,足够平静了!等待的,只是自己与身边人的老病,乃至故去。"平静了以后/我枯萎了",这是我十几年前写下的诗句,到如今更加凸显预言性、栩栩如生:上岸,何喜之有?

1.13 探亲也有截然不同的心境,鲁迅先生《故乡》中"千里萧索下的家"是拍卖旧屋,刘邦先生"大风起兮云飞扬"是回乡臭显摆,他俩是喜忧两个端点的代表。回到家中,老人虽然每日腰酸腿疼,但还能收拾家务、准备团圆饭,兄弟姐妹之间尚未涉及根本性的利益冲突,是回乡重逢,是探望与期待,是穷家富路与过节待客的新鲜劲儿。人性也是有很大伸缩性的,若不死压硬挤,就不会发生扭曲,也不会由量变到质变,做出那些出乎礼仪的邪乎过分的事儿来。

1.14 人生在世,好不容易熬来的喜应该尽早拿下,"捡到篮儿里才是菜",甭像打台球一样,费尽心思"养"到洞口了,再让人给抠出来。庆祝,于富人可能是显摆,于困顿者则有冲喜之意,把该得的喜得了,对未知的悲也就无憾了。流行歌里有这个意思:把每天当作末日来相爱,一分一秒都美到泪水掉下来。还有一句:别一开怀就怕受伤害。

1.15 一家人外出时,男人应尽量规避商场,不朝那边儿去,不提挂商场的字儿。如果一沾边儿,就有可能进去逛,一逛就有买不买东西的取舍,就会涉及钱包亏盈的问题。美国的经济危机已经传染过来了,逛商场其实也是折折妻女欲望的过程,想买、思忖、破灭、抱怨，真不是什么好事儿!

1.16 逛书店，看见大学同学出版的一部长篇小说。那同学是比较轴的，好几年不见了，不禁猜想他现在的境况，几年憋闷也小有成就了，不知还是不是那个媳妇了——现在的人啊，不知为啥，不见的年头稍微一长，就会有这样的猜想。一开始不乏诙谐的，到后来就成了真的关切，好像媳妇不但会老，还会意外死去，或因为什么原因就给撤换喽。这就是现在的大环境，使"不下堂的糟糠之妻"变成了有保质期的东西，没被使坏、不被撤换就庆幸而惊喜了。

1.17 家里的水龙头坏了，出去买回来，却安不上。我在动手上是很弱智的，常对着一根螺丝一筹莫展。从小就这样，对摆弄器械、干些技术含量高的活儿不走心，第一次发懵，求人糊弄过去了，下一次还崴泥。平时还爱走神儿，看着别人操作，心却飞到天边云彩中间去了，我是不是因为这个原因才跑到城市耍笔杆？我也看见过一些人，为写一些文字抓破头皮，或此或彼，人都有一些偏重的。而技术是活生生的、冷冰冰的，差一扣没拧好就会酿成大灾难；如果有一天，困在一处绝境，因为不善拆解不善攀爬而枯坐等死，那时是否会后悔自己的动脑不动手？

1.18 黄昏的时候，随意坐上一路公共汽车。这个城市是久别的，沿着一条线路剖开她的肌理，看两旁的建筑、招牌，身边的人上上下下，说着杂七杂八。公交的起点、终点大多是城郊，它一停一顿，陌生与熟悉相杂，穿过繁华渐至冷清。公交有它的好处，既能一步步走远，也能一节节踱回来。有时候，能回来，心情就大不一样。暮色渐重，渗漏在心里泅散开去，不好清除的，但一个人独自也好，暮色里的寂寥也是可以享受的。

1.19 看青春剧集，唯美而狂野，动人心魄。看别人的年少，总不由自主地想起自己的青春来，这是没有办法的事。那一道长长的刻划，再没有曲线、再没有鲜浓色彩，也是独自的疼。青春是什么？是不知所遇何物就理直气壮地干了，明知是错也毫不犹豫地干了，几年、十几年、几十年过去了，从实力到理论都没有问题了，却在几近透明的结果前歇手、发愣。

1.20 内心惶惶，缘于对现实的清醒，并不是没有资格自满，也不是自卑，其实无论成就大小，谁都可以自顾自地趾高气扬，娱己而已，与他人无关。经常思忖者，只是清醒自己的处境与未来而已，自觉地远离麻木。智者能看清前途的，如同高明的弈者能看出棋步，所以智者悲情、落寞、兴趣索然。作家张贤亮言："可怕的不是堕落，而是堕落时清醒着"，智者在谋取时，已明了了前途与末路的模样、坎坷与荣光的排布。这是一种人生的惊悚。

1.21　青岛。旁边还有一岛,曰黄岛。两地往返靠轮渡,买船票,上面印着:青岛→黄岛;通过一片人生的海,由青葱到金黄,竟暗合青黄之意。

　　早起看海,岸边独立,潮水一耸一耸地从远方赶过来,又顺贴地退去。这么浩淼的一片,是潮汐的力量吧,让海水永动不止。但再汹涌也有一个限度,经年累月地镂刻一片礁岩。永动的力与有限的疆域,这就是规矩,这就是规律。

1.22　海边伤脚,浸水发炎,有人笑我惜命。疼是当下的,走路一瘸一拐。惜命有什么错?活到现在,倒不惜整条的命,而是惜局部;爱也爱了、罪也遭了、死就死了;而活得不爽,倒是比整个的死还要难受。

1.23　人性如大海,你说他浩瀚、蔚蓝、深邃,但好玩儿的、可以玩儿的,也就是岸边几十米的区域,再往里走,就可能吞噬你。与沙滩浴场不一样,深海是极致的丰富,但幽深、令人窒息。很多东西是不能深究的,除非你踏浪、漂泊有瘾。

1.24　近来爱看一些历史剧,王朝动荡,决策者处于两难境地,进退维艰,令人内心触动颇深。更有名臣能吏,乘着命运的小筏荣辱起伏,一时凋谢如花。历史每每观照现实,人家是大起伏、大取舍、大功业,落实到我这个和平时代的小人物,也只是感同身受而已,自己所经历的一些悲喜,相比之下也就不算什么了。

1.25　妻加班,叫笛去图书馆,不去,无非网络、动画,真替她着急,童年中缺少绿色、活泼。其实孩童时代挺无聊的,为了一顿麦当劳就盼上好几天,玩一些游戏也简单。但孩子们不觉枯燥,他们视灰色于不见,还能从中捕捉一丁点儿一丁点儿的快乐。成年人与孩子恰恰相反,一缕忧愁就缠绕难解,渲染、变异,哀叹着度过三十岁,迎来更不济的四十岁,一节不如一节。其实我们正在经历着的,总比以后要好。现在都不能充分地掌控,更遑论未来!

1.26　告别一种状态与情绪,很美抑或并不怎么样,但终要诀别的。"千里搭长蓬(多气势),没有不散的宴席(又多哀愁)"。表达,有时至死都不能把一种情境描摹出来,在这个信息滔滔的年代,人们反倒不善于诉说与倾听了。只有在四面筑起墙,把自己与外界隔绝了,亮块儿一点点变窄,最后剩下的,只能是自己一个人,低头四顾,恒古的结局。

1.27　坐客车。后座一疑似传销小伙,跟一静美女孩"套磁":自我介绍,大吹特嘞,满嘴跑火车,痛说自己的成长史、情感史……女孩可能尚嫩,也许老练,坐车闲着也是闲着,听他撒会儿欢儿吧。我枯坐一旁,被迫接收滔滔无用的信息,插不上话也懒得插,缄默之于喧嚣。忽然想起自己年少时的倾诉欲,只不过比这厮素些、怯些、用书本上看来的文明词句多些。偶有得手,但听者也是把营养渗留,渣滓奉还。青春期的追逐无非如此,如今年华易色,只有徒唤奈何!

1.28 如果总看到别人的好,是否就预示着对自己已全无信心?总想,看人家某某,自己要到那个地步就好了,就不用吵架了,不用犯愁了,也不会变心了。其实某某也有着某某的愁,照样会吵架、犯愁、变心。对当下含糊、迟疑的人,好像夜行者,在一间点着煤油灯的小屋里歇脚,简陋而阴冷;难忍煎熬,就冲着前面的那滴灯走去,好不容易到了,却与前一间没多大区别。但只要你往前望,就还有一滴灯,摇曳在夜幕里。

1.29 与人谈合作,有老笛的事可以顺便说一下的,却脸皮儿薄,比之很多顺风吃占的人(暗示或明要),这种羞涩不知是好还是坏?能给自家带来些实惠,当然是好事。从心里也是想占这个便宜的,只是理不得而心不安,就没占这本可以占的便宜。回来还想,若言辞显露些,就可以的。占不成便宜,心里隐隐的后悔;占成了便宜,心里却还会梗梗着不爽——这是否可以称作"既想当婊子又想立牌坊"的心里挣扎。

1.30 拼争多年,其实谁跟谁都差不多,挣第一难,得最后一名也不那么容易,大部分人都在二三线挤着。挤在一群人中间,首先是用不用你的问题,然后才是你行不行的问题。我们多年惨淡经营,朝命运、神佛膜拜,但你不知道,他垂着的眼帘,是在沉思,还是打瞌睡?这就要看各自的运气了。

1.31 "好汉不提当年勇",也不必总提当年吃的苦,慢慢地就变得含糊、圆滑了。书法亚圣颜真卿忠勇一生,无愧国之栋梁,一生都不讲迂回的;"行百里者半九十",讲的就是晚节的问题。辛苦数载有小成者,要细想怎么保持锐气,以避免"泯然众人矣"。

1.32 有些心烦,从表面来看,是没有来由的。谋取的东西遥遥无期,自是焦灼,可一旦"希望就在前方"了,触到门框了,忽然禁受不住那突然的松懈,空落落儿的难受。

问题是,达到什么状况人就幸福了?什么级别、什么声名、存折上多少个零?这就像孙悟空问道,修行只是能养生,变化、腾云只是一些技术层面的长进,而解决不了长生不死的根本性需求。

英国作家萧伯纳言:人生有两个悲剧,一是得不到心爱的东西,二是得到了心爱的东西。在节节攀升的追逐中,人心不会满足,人就是这样贱,得到后会忘了如何的期盼、怎样的艰辛,新的追逐很快开始,从而重坠欲望的深渊。

1.33 时常有些天真地想:如果没有那么多的利益纷争多好,大家和谐得跟装出来的外面儿一样。两手执戈,几番血战下来,如两棵想不开的树,枝桠断折一半,已方残损,对手也不齐整。也许战至最后,幸存者会感到孤零,终于胜利、对手最终消亡殆尽的孤零。唉,人生很难举案齐眉、把酒言欢的。

1.34 参加活动,跟一同行斗嘴,其旁边站一女孩,顺口以"美女"称之。不料,那竟是同行的女儿,立刻噤口。只知道他比我大,却不想已"儿女忽成行"了。这也算人生价值的一种达成。抵达中年的人,侍奉老人、供养儿女是人生的两大责任,压磨着青年时的贪玩、浪荡,有时会幻化成无形的鞭子,抽打你,令你起早贪黑,甚至不惜以牺牲健康为代价。"上有老,下有小",日常花销着,经营出入,一年下来,老人增寿了,孩子拔节了,这也算一种基本的欣慰。

1.35 将近中年,就会在老与年轻之间纠结,虽然心气儿不足,但还是回望少壮时赖着不走。与一基层官员坐,比我肥胖,比我黑,关键是那臃肿之态,一问,竟与我同龄。猛然明白自己在别人眼里是什么样子了,怪不得很多人喊我老师了,一开始还以为自己多年积攒、苦熬得到尊重呢,敢情是外貌,人家早已认为你OUT(落伍)了。自己由此也现实了,每过十二个月就一蹿的年纪,减不掉横肉的脸,两鬓暗生的白发,你还不老师!

1.36 人应当有节制的,有毛病无可厚非,但不要把毛病纵容成对别人的危害。就像一块布,不小心撕了一个口子,再用劲儿,口子会越来越大,到最后扯烂完事。与某人交往,总是嘀嘀咕咕地搞小动作,但总算没突破大的原则,布面斑洞相连,却还有一整张的存在。这就不错了,已然强过许多人,所以还可以称他为友。

1.37 人一到危急的时候,总会下意识地依着最熟悉的样式,做出最熟练的动作。乱石纷纷之际,就知道什么叫抱头鼠窜了,人会无师自通地抱头、猫腰,找那安全点儿的地方去。再发达了的人、再变异了的人,离乡再久,平常想不起娘亲来,只要内心一极度悲凉,就会暗自祷告:"娘啊!"这是一个人最初的东西,也将是最后的东西。

1.38 梦,好的记忆、好的梦想映射进来,则妙不可言,很多事在梦里得了逞;而白天里潜在的忧虑、可能的风险,也会钻渗进来,更阴森更绝望。惊骇不绝,逃脱出来,却跌至床下,摔破了嘴。梦与现实至少是堂兄弟,他们有血缘关系。

1.39 坐火车,经高碑店站,停车,不远处是那又高又长的铁路桥。这是媳妇长大的地方,结婚以来,每年都要探亲的:领着孩子、拎着大包小裹上这桥;驻留一两日,又经这桥回;老人站在门口送,逐渐变小的身影。有三四年了,老人搬到离铁路远的地方,就不用上这桥了,那种挈妇将雏、拎包夹裹的日子也远去了。人生中很多东西是留不住的,好的,坏的,在记忆里都会蒙上一种特定的色彩。发短信给媳妇:"火车过高碑店,那三年不见的天桥很亲切,很多东西已融入了生命。"不知她作何感想?

1.40 看老笛写作业,纠正其错误坐姿,最终勃然。不知为何这样压不住情绪,其实用不着大动肝火的。开车上街,黯然,满是决绝的心态。

细细一想,其实还是这几天来多云转阴的心情,火气团过来揉过去强行压住,遇见这个出口就迸发出来。人难免梦破、心伤,可能第一时间还不会怎么样,那种疼是置后的;或发生着转移,在另一个地方钻冒出来,森然成雨。世事维艰,好与不好、顺与不顺、希望与失落、占便宜与挨耳光,活至人生及半,已没有单一的爱与恨,已难寻纯粹的欢喜与哀愁,它们夹杂着、变异着,过渡的颜色,杂种的状态,很多情绪是隔山打牛,这莫衷一是的人生!

1.41 三十五岁以后,人应该变得谨慎,想事总往坏的方面、凄惨的方面想:被夹住了,被识破了,几路敌军夹攻而来……不像二十来岁,想仕途、名利,职位递进,声名日隆,一五一十,封侯拜相也不是不敢谋划。或构想一部长篇巨制或谋建一座庄园,虽纯属白日做梦,但确是建构性的、向上的,有时竟因这空想而亢奋,长夜难眠。人生的阶段不同了,"人老先老脚",人衰先气弱,一些征兆是细微的、无处不在的。

1.42 读方方长篇《落日》,一口气读完,不错。人生之末,寿长多辱,是也。很多老年人的悲凉,源于亲情的磨灭。黄口小儿孱弱,但有那么多手托举;古稀老妪也弱,却有那么多手往下摁,二者炎凉天壤之别。"久病床前无孝子",侍奉者耐心渐失,直至厌恶成恨,恨不得爹娘早死。英雄束手,敌人拔刀何惧?人生最痛的是至亲漠然,倍显人与人之间的冰寒,而如今这样的事是不少见的。

1.43 三十多岁的人,看人也有一定的功力了。一美女语粗心俗,因为已冷静了,所以也不大惊讶。只是可惜那娇好的容貌,如草丛里一个半掩的井口,如被污泥涂注了的刀锋,有时还不愿相信那潜藏的危险,但理智又不断警告,强压住旖丽的想象,命令自己清醒。

1.44 世间不平事多,看不惯就难免要抗争。抗争,主要是抗暴、抗上,以弱搏强,难免受到打击、压制。没因子的人顽抗,理不直气不壮,人称玩儿闹;有才智的人起义,可做勇士,但搞不好就成了烈士。在别人的既定利益前,伸手摘果子是要流血的,对方有权自威、有威自严、有严自治,螳臂挡车,可乎?我没有这种号叫、决绝的性格,做不到"宁可鸣而死,不可默而生",性格懦弱的人,往往心潮白白澎湃,最后还是返回圈棚里舔舐伤口。

1.45 对前辈的敬畏与对美女的好感一样，一旦靠近，就会淡化而消除了。我家宠物欢欢为证：欢欢跟着主人去探亲，对一条大黑狗先是惊悚不已，连对视都不敢；相处一天后，竟忽然熟稔起来，竟敢上前嗅其鼻子与私处了。那大黑狗先是呜呜，后来见警告无效也就听之任之了。这就是熟悉的结果，不但没有景色，连神灵也要走下供台。谁还老幼稚地崇拜啊，时间一长，圈内的东西"门儿清"，该出位就出位了，争个后来居上！

1.46 对权贵，人们往往不自觉地仰视与靠拢，谈论政要、关心时事是国人的嗜好，谈论起来两眼放光，心里小手抚过似的舒坦。也没有办法，对呼风唤雨者的艳羡，对自己境遇的不满，广大俗人已形成这样的心理习惯，如阿Q与赵老爷，权贵骂一句"滚出去"，他也算搭得上话儿了。

1.47 遇见昔日一女同事，笑谈往事，称我被众女惑也，"见谁追谁"。我认为不是这样的。由此可见，很多事你干一个样儿，别人想你、看你一个样儿，但这就成了你在别人眼中的历史，你越抹越黑。民族也好个人也好，历史是不容改变、不容回避的，只有警醒、回顾、亲近的份儿。

1.48 出差，住在豪华宾馆，五楼，可看一片灯火，却无端愁绪——人有时就这么怪。醒至深夜子时，想起张信哲的歌："凌晨两点半，你不在我身旁……"经典的愁绪，可能与我时空相错，但本质相同。无眠，而立之人不是没精力，只是有些错置罢了。

1.49 人很多时候会一下子回到曾经的境地，好像乞丐偶尔也能讨到半碗肉一样，发达了的人也会时不时显露原形。来路，以前怎样挣扎着、半跪半爬着走过来，过五关斩六将的辛苦与荣光，走麦城的落魄与龌龊，其实离得都不远，那些锦衣、钱帛，禁不住一阵大风。重又站在路口，逝去的只是岁月，那时青葱，如今老迈。

1.50 一场大醉，对黄昏、黑夜都没什么印象。凌晨四时醒来，到客厅吃几瓣桔子、喝水，然后上厕所。胃里吐空了，感觉到饿，想起大门口的羊杂汤、烫手的脆皮火烧，等等吧，只需一两个小时。开着台灯，半倚着读一本传记。胃在慢慢舒展，在经历了翻江倒海的呕吐后，饿的感觉真好。此时家里一片静谧，想着一些舒缓、明丽，一场大醉后，觉出人生些许美好。

1.51 少时一伙伴，成长中与我很是共过青春的。后来我挣到了城市，他留在了老家农村，按鲁迅先生的说法，他很像闰土——其实我完全没有什么自豪可言的，他的体

第一辑：男人瓷

力之苦与我的脑汁绞尽，都是人生磨难，没什么高低贵贱之分。

但也渐少见面、话语枯竭。知道他的第二个孩子是儿子，在满月时送过一个红包的；一年后回乡得知，孩子已因病夭折了。期间我回去过几次，没见过他，或是碰面也匆匆的，他已不会告诉我他的儿子死了，尽管我们以前无话不谈。如此大难落在朋友身上，我却不知。唉！人生苦楚就像喝汤药，大多时候是自己吞咽，能给你一块冰糖的人没有几个，就算有了几块糖，也不能替代那满胸满腹的苦！

1.52 专注于某种事物的人，很容易形成一种哀怨、倾述的心态，压抑着的、无数次希求的心态。难以表述、不能达到的诉求，沉浸在自造的氛围里，不一定引来旁人的探视与同情，反而遭到轻视，变成尴尬的弱者。

1.53 一时间很迷茫，完全不想做事，空虚之至。青春之仓促，上下求索，又常常捉襟见肘。身边碌碌无为者，不乏暗地里发了财的、命好做了官的、运好摘了桃花的，就算运气不逮如我者，也没有我这般深刻的了悟与痛苦。

1.54 重创刚刚发生时，可能头脑尚蒙，不觉什么疼痛。待缓过劲儿来，心开始绞痛。每一次失误招来的损害都是这样，余痛、隐痛，弄明白了确定下来的痛——痛定思痛。心上布满干瘪却大张着嘴的伤口，死了的火山、悲哀的形状，都固定住了，不能挽回和涂改。

1.55 把自己的头疼脑热都夸大，这样的人都惜命，他们可能夸夸其谈，但最终狠不起来，基本上不会孤注一掷。他们很注意自己的感受，也善于向他人表达、倾述。

当然，初次涉病的人也惊觉，他们没有体验过连绵的病痛、手术中无奈地遭人摆弄，对自己器官的怠慢不能忍受。等进入了多病期，被霜打过几回，也就习惯了，叫嚷的劲头也就没有了。

1.56 见一官员，虽在基层，级别也不高，但活得滋润：房子阔大，汽车两辆。有些不足就是女儿生得平常，胖，且咪咪眼儿。不禁感慨：上天总算公平。转念又想，这侥幸实在太过幼稚！就算人家女儿丑，但起点已比平常人家高出许多。穷人家子女有微貌又如何？贫贱而百事皆哀，这点儿先天的优势实在算不了什么的。如果人家再生得端正，那就要风得风、要雨得雨，运道大山都挡不住了。这侥幸很有自我欺骗、自我安慰的成分。

1.57 很多灾祸不是偶发突至的，大半源于平日的忽视、纵容，有时已经看见深坑了，但无能为力，绕不过去，只能过一会儿说一会儿。人生很多时候是讲究不起来的，

就像穿一件衣服,崭新地穿上,不小心脏皱了第一次,当然心疼;之后有了第二次、第三次……渐渐地就不在乎了,任由它脏皱下去。任何事物都会有一个结束的,外在的、内在的损毁,其实很早就开始了。

1.58　人生的煎熬是不消论证的,一些人外表光鲜,但稍微一咣当,苦涩就溢了出来,更何况那面容憔悴的人。岁月中很多人已退化了喊疼的功能,这时候,麻木就显得弥足珍贵。人挣房子挣地,却挣不来能累加的快乐,快乐夹杂在灰色的碎屑中,很难提纯。

1.59　陡然的悬崖,一探,就一切都不能再回来了。为什么放缓了脚步,还有什么样的牵挂?在平地上走了很久,被一个个并不难登的丘陵消磨了气力,厌倦了没有大起大伏的日子,什么时候才能摆脱地球引力的牵绊?但又像孩子,为了几颗糖果,总不肯收回伸着的手。也许迟迟疑疑就是一辈子,到了什么都变得轻飘飘的时候,就真该结束了。

1.60　抽烟伤肺,喝酒伤胃,纵欲伤肾——人一生的享受,竟都以伤害自己的器官作为代价,"消费"嘛!歌唱家不吸烟、不喝酒,保护自己的嗓子,保护自己的艺术生命。作家若想保护自己的艺术生命,就应该拼命保护自己的心——不,应是维护:既感味了生活,又不至于被伤得连自己都不忍面对。

1.61　去看一个女孩,她自小体弱,因为一种心脏的病,被医生判定活不了多久,如果不慎的话,随时可能过去。预测的结果已经说了很多年,她已经接受了这个现实,她想为别人做些什么,身后捐献自己的器官。
　　县里两个人陪着我们去,他们竟非常懂心脏的构造和病的情况,开导女孩不必太悲观,本县就有康复的先例。女孩解释自己的病,表现出一种不用安慰的态度。于是形成了这样的局面:探望者说"你没事儿的",病人说"我实在是要死的";一而再,再而三,在一个人的生死上争论,且让当事人反复强调自己的必死。走题儿了,且令旁边不说话的我都为之尴尬,虽然是好意,但令人实在不舒服。

1.62　"我的书桌上经年累月地放着一个杯子/它时常盛着暗紫的浓茶/在外面转悠回来我就喝这紫色提神儿/有时也用来招待来访的人//即使没有茶的时候/它也是暗紫的颜色/它不说话/拒绝着各方面的洗涤与抚慰"

1.63　此长彼消,是谁的力量在掌控?频频被招惹终至奋起反抗的人们,还是"多行不义必自毙"者终引来天谴?有时候要信服命运的力量,风水轮流转,一会儿肉包子满天飞,一会儿"耳光好像不要钱似的"(郭德纲语),落在你嘴里,打在别人脸上。

所以说命运是个顽童,他不是没有力量帮助或打击你,他有,只是没有什么准头和规律罢了。

1.64 生活,一山一河地压顶而下,你抵抗不住,只能节节退让,到最后却还得照单全收。

　　人的烦恼有的来自他人,有的来自自身。有拖欠的,暂且充耳不闻;也有预支的,亦非杞人忧天。每个人,既承受他人带来的烦恼,也制造出烦恼给他人消受。每个人的性情都是一片海,人群汇聚,更加浩瀚无边了,任谁,也不能一勺一勺将这苦涩舀干。

1.65 男人多征战矣!很多时候强敌当前,缺粮少弹,也只有忍下一口血气。断头不惧乃大丈夫,吞血坚忍者又何尝不是?想想韩信胯下之辱,想想司马懿女服之羞,英豪也需要韬光养晦,甚至也要厚黑于心,这样才能熬来最后的完胜。由是可知:君子非莽汉,不是不记仇,不是不报仇,而是苦待时机,蛰伏之期,纵是十年又何妨?风云荡尽,终成英雄。

情爱 痛才是爱的真谛

2.01 在盈盈泪光中,如果我们的青春重新拼凑得完整而逼真,那些往事被叙述得十分详尽;或者并不能留下什么痕迹,时光缓缓逆流——如果让我们重新选择,让我们走上另一条道路,我就会放下笔,不写这些哀歌了!

2.02 "横眉冷对秋波,俯首甘为光棍",无奈耶,超脱耶?爱已深,而真正的爱无异于在自己的腹部楔进一把刀子,痛才是爱的真谛。当血流干,当爱模糊,当牙齿把舌头嚼烂,自知目光是冷的,一扫之下,触目处绿叶纷纷枯萎。我们都是因为执着而古怪的人,知道吗,在闹市走过,目光如冰、微笑如痴的人,他是谁?

2.03 一些影视剧编造出精致的爱情,令人感慨:"看着一份爱有头无尾"!看着一份爱有头又有尾,厮守到老、从一而终,于当今是很不易的。更多的是:看着一份爱无头无尾——就像乘坐一趟火车,上迟了,下早了,只是中间来一截。更有甚者根本就没有挤上车,车内车外,新欢旧爱,无非是繁华过后黯然收。

2.04 有一种异性朋友,是适于聊天的,甚至见面都打折扣,可以畅谈一些感受,比之爱人、情人,有其独到之处,姑且可以称为第五者——有人告诉我一个新概念:情人泛称第三者,而有一种男女关系,互相亲近了,却不要对方付出、负责,是一种纯粹的互相愉悦。只要过程不问结果,有别于二、三者,称为第四者。依例按顺序排,我称聊友为第五者,思想、语言上的碰撞,火花又不会掉下来引发火灾,按作战序列,应为"预备旅"的。

2.05 现在一些年轻人没什么操守的,譬如谈恋爱,一开始就不准备向对方索取全部,也不准备可劲儿地付出。没有坚持,也就显得宽绰、轻松了。没有理想,一切利益化,活得两目炯炯,一点儿也不迷糊、伤感,也拒绝一切温情的打击,活开了他们都。他们有"喝令三山五岳开路,我来了"的霸道自得,有泛物质化下的冷漠,好像蓄满毒液的蛇,歪眼看着对面,人人是他的假想敌。如此年轻人,没有犹豫、彷徨,从而在现实社会中修炼得百毒不侵。

2.06 有句话:"只有爱得深才痛得深",其实应是:只有痛得深,才能刻骨铭心。爱在艰难中、涟涟清泪中放出光晕来,凄美得令人心碎,这是一个普遍的道理。抑或人只能记住伤害,而容易模糊温存,那些负面的情绪,比爱更具锋芒。

2.07 平凡人平凡过,春种夏理,得来玉米、棉花,这些果实与虫害相杂,择着过吧。不似超脱之人灿然一瞬的烟花,他们的爱虽然无始无终,但其光芒、色彩远胜于凡株普束,一比之下,差距就出来了。他们的故事已成了传奇,倏忽,且冷热悬殊,虽怅然难免,但比寿终正寝的俗爱,有着一种旁人不能体验的别样的绝妙啊。

2.08 夫妻之间的隔阂大多是自造的,俗语云:苍蝇不叮没缝儿的蛋。一个城堡如果不断电、不停水、不绝粮,外敌是不易攻进的。当然,也得看外敌的攻击力度,曾言:城堡的存亡不在其坚固与否,而在其受到的攻击力度大小。

2.09 见一对艺术夫妻,生活可能困窘,但不乏浪漫。有时浪漫恰恰流淌在困苦阶段,在逐步攫取的过程中,反倒丧失殆尽。生活,总是有什么没什么的,你不要较劲,必须怎样怎样,没这个就不行。生活自有他的傲慢,你较劲吧,摁倒葫芦浮起瓢,总会陷入取舍的两难境地。

2.10 去买东西,柜台后的女孩可眼可心。先可眼再可心,男人就这毛病,管她什么品质呢,先可了眼再说。关键很多时候碰上的,既不可眼也不可心;你又不能打包票:她不可眼,但一定可心。

2.11 看民国时期诸位大师情史:徐志摩、郁达夫自是才子风流,均有上好佳人相伴;鲁迅自律到自虐的程度,也能玩一把师生恋;尤其萧红,更像现在的一个问题少女,在感情上可谓一触即发,明明是坑也绕不过去,真的高明不到哪儿去。可见多辉煌的历程、多了不起的人物,也有黯然、压手的阶段,经历平凡,渐成经典,咦!

2.12　　看名著《红与黑》,结尾于连死。于连应是一个有野心的人,因为野心勃勃而忽略爱情,或把爱情当成助力以得逞野心,他一心一意改换门庭,惹来上层人的板砖。但于连死得极具哀荣,前后两个女人进牢房与之相拥。死在前后两任情人的泪水中,几人能够?人生大概有两个目标:社会认同,感情归至。于连虽不得其一,但尽得其二,已强于芸芸众人矣。

2.13　　春日慵懒,欲午睡。天不见怎么阴的,却忽然落下大雪,雪片极大,很轻的落在地上,像一群巧妇在绣一块洁白的地毯。带着重见的欣喜睡去,醒来后一看,雪已经化完,一点儿痕迹也没留下,好像在梦里有这场雪一样,有些恍惚的美。其实雪什么时候、以什么方式来都是好的,都是我的节日,如佳人之约,关键在于佳人之佳。

2.14　　女人四十豆腐渣,再嫩也不管用,何况很多嫩是装的,倒是不装的让人踏实。与某女笑言,你都三十了,不用担心美貌这个问题了,人们开始用贤惠要求你了,再过几年,就是慈祥不慈祥的问题了。

2.15　　两口子终日熬摽,难免牙齿咬到舌头,想到唐朝才女李冶的《八至》诗:"至近至远东西,至深至浅清溪。至高至明日月,至亲至疏夫妻。",大意是夫妻组合中的两个个体,若互相体谅、贴近,便是胶着甜蜜的零距离,比父母、亲朋还要亲近;若俩人互相挑理儿,朝对方甩脸子,裂开的速度也是成倍加快的,加上起初过深的期许,怨恨会尤其深,要远甚于路人、仇家。

2.16　　世有男女,有结合,恐怕就有惧内了。惧是什么?男人多以"好男不跟女斗"为由,还有温情的:怕是缘于在意,因为爱。是退让还是爱?我想还得看女方,如果女方并不领情,反倒得陇望蜀,那退让的意义就不大。如若换来二人世界的亲密无间,换来对方的关切,那就是爱的范畴了。是啊,在爱里,"咱俩谁跟谁啊。"

2.17　　夜雨,雨势极大,马路成了喧腾的河流。驾车而过,两侧搦起雪白的水翼,水陆两用了。但这种壮观是维持不了多久的,很快就会硬板如初。这不像农村的雨,雨落在泥街土巷,落在庄稼地里,一边下一边渗,很难有这种滚滚茫茫的声色。再下,农村就湿透了,变黏了,开始拖人的双脚,整个大地变成一块腻乎难缠的泥。这很像对两种爱情观的描述。

2.18　　毋庸置疑,我们仍未从男权社会中走出来,男人的玩弄心理、女人的成本观念,使女性总有一种"我吃亏了,你得补偿我"的思维定式。

报载,一中年女教师色诱两男生,激起变故,俩小伙子为老师动了刀子。若换成一男老师勾引两名女学生,出这么大乱子,那这男的就不仅仅是受道德谴责的事了。民国名士王恺运,其女遇人不淑,王题曰:嫁夫如此,不如为娼。这是一种决绝。真希望女性再强势一些,攫取的心理多一些,以改观这男盛女弱的社会观念,在性别上尽可能平等一些。

2.19　活过三十奔四十,一咂摸,发现越是夭折的、空泛不着边际的情感越完美,给我们留下无限遐想,余香袅袅。我们要庆幸它的最终得不到,因为一旦得到了,不会有更好的拓展,只是剥开面纱,刮进沙来、渗进水来,到最后能存留十之二三就很不错了。这不是当初我们的眼光有问题,而是平俗生活湮没、磨损的问题。

2.20　夫妻二人相处,一个屋檐下,打对方一枪也会弹回来击中自己,给对方的惩戒也是对自己的折磨,没有第三者可供转嫁情绪,作为预备旅;怒言:我要把你打入冷宫——其实也就是关了自己禁闭。

2.21　看影视剧,说的是不要总嫌自己老婆不好,别的女人看着好,也只是外面光,就是某种滋味深长,光咸不酸,或光辣不甜,你同样受不了。从长远来讲,每一种性格都无所谓益弊,我们说:没有一种滋味能千古。

2.22　看新版《画皮》,人妖恋,本来应是人人恋、妖妖恋的,但一个女妖竟喜欢上一个男人,这问题就来了,那怎么行呢,"别忘了,你是妖!"妖并不是就不好,只是不应该出现在人的行列中。有些秩序是不能奢望打破的,所以有些爱恨是那么的无望。

2.23　人生中只要你肯纪念,就会大有滋味的。国人重视逢五逢十,五年、十年、十五年、二十年……结婚第一年叫纸婚,基础不牢靠,脆薄;之后有木婚、铁婚,一直到银婚、金婚,打烂熬黏得瓷实了。由灼热到温凉,由木柴到灰烬,岁月把多少悲欢变成了永留其形的琥珀?人生无常,有时仅靠信念与意气是不行的,我们又以什么为桨,渡过这片茫茫?

2.24　有情人不妨化身为星星,距离以光年计算,要多遥远就多遥远,要多荒凉就多荒凉,中间是黑夜的距离。两个这样状态的人,遥遥相望,剩下的,只是自身的温度。即便这样,也不要试图相互靠近,因为不可企及时只是些许寂寥,浓烈的思念可以做养料;而一旦撞入对方怀中,没准儿就成灾难了。

2.25　见一女,管些事儿的,已是一个既臭美又穷践的女人,很丑的,丑在了姿态上、做派上,至少非常不可爱,"女人不是因美丽而可爱,而是因可爱而美丽"。对于美女蛇,我们或许不长记性,还可以一把把被涮、被坑得傻乎乎,前仆后继死也浪漫。而对于脸黄气大、姿平德缺者,真是不忍面对。倒好,不必对她百般牵扯放不下,也不是非要有求于她,也不用头脑发昏去追求她,疏绝就疏绝吧!

2.26　一对夫妻,女泼男滑,在我看来真可谓绝配。在一块儿过日子,他们中一方若稍好些,就断然忍受不了对方;所以恰恰意趣相投,也珠联璧合,让人不用担心他们的审美差距、和谐问题。两口子在一起久了就会相互靠拢,所谓夫妻相,一群人纠结成帮也会形成集体性格——风气。一池水渐渐变了颜色,这种同化谁也避免不了。

2.27　一个女人,尤其是女下属,一旦敢于发嗲了,那她与男上司就大有秘密可探究了。男女关系时常被女人舞弄成剑,以前逡巡圈儿外,一朝宝剑在手,女人就会大模大样登堂入室、得陇望蜀。所以,她忽然耍闹起来了,可作为男女关系实质化的一个特征。

2.28　三十以后,就有很多故地、昔人了,有时偷闲回去,感慨其外表之变或不变,叹己之往来反复。其实不要认为依附过一段儿,就与人家怎么怎么样了,诸多感受都是你自己的,大半南辕北辙、相去千里,人家只是兀自运行无动于衷,譬如月亮、譬如大海。

2.29　一般的情缘,男人主攻,女人主守。女人对男人的要求大体是一致的,男人一开始就有表现欲,目的是讨芳心欢喜,跑腿儿、请饭、买小礼品请人家笑纳,这种局势一直保持着。男人每个阶段都有每个阶段的付出,女人也逐步割让领土,只是零存整取、零存零取的区别。男女关系是很讲条件的,因这种性别落差造成的不平衡,使社会永远活力十足,从而有了发展的原始动力。

2.30　冬夜,出外寻清醒。万家灯火,孤影对月,忽觉无所依凭。感情刚入道儿那阵儿,初恋很纯很美,禁不起任何风吹草动。经过失落、痛苦、煎熬,有了进展,看她贝齿轻启、粉颊娇嫩,就幸福得"心里没有任何阴影了"(自拙诗)。如今,忧愁万状,入骨侵髓,那种纯粹的傻乐再也寻不到了。有些忧愁与年纪有关,好像开了天眼,以前懵懂中朦胧的东西都清晰了。有得便有失,谁也超越不了这个公理,谁也不能多吃多占,有些人吹牛,人生中"狗头金"何其难得,他一人就有好几块,美得鼻子冒泡,你信吗?

2.31　爱情在多年后就淡成了过日子,有时还能偶露峥嵘,浪漫地互相牵念一下子,似初恋时的感觉。岁月飞逝,很可以掐指一算了,突然发觉:自己可能早就没有被爱的自信了,也没有施爱的信心了,两个人之间变得粗糙起来。爱也是可以回归的,放到怀里捂捂,它就可能苏醒。时间一久,会应了那句"少年夫妻老来伴"。爱在我们眼前消长、变幻,似虹,它的色彩与弧度取决于我们自己。

2.32 一个灵魂在风中,一股股滚烫的、冰凉的、硬而苦的、软而酸的液体,涌过来淌过去,包裹着这个灵魂,它在动荡、它在腐化、它在变幻——如果我是一颗最终变臭了的鸡蛋,那第一个洞就是你打的,亲爱的,这就是你的罪过。

2.33 一名科学家被毒蛇咬伤,求救无望,他一边忍着剧痛一边记录自己的生命体征,即使自己丧命也要留下一些科研资料。我,一个被爱情狠狠"咬"过的诗人,含泪执笔,又何尝不是如斯高尚呢!

2.34 谁的青春也可以写一本厚厚的书,真的,但也终会归于平静,时光就是起这个作用的,谁都别无选择。

2.35 看着一个个成品故事,往日的柔情蜜意凝在心头,两眼难得的潮润。时至今日,那一对男女已远逝在何处,娇柔的笑靥又凋零在何处?一切都是假的,都是虚空!掩嘴甜甜笑,转瞬成骷髅!孤独的,我看到了你先前的美好;美好的,我看到了你日后的破碎!

2.36 你是我最后的一个梦,我必须珍惜你,像捧着自己的最后;我的那些先前的梦们,都凋谢了,或凋谢得很凄美、莫可奈何,或凋谢得很可耻——它们都在很远的地方,离我很远。我只有你这个梦了,于是我变得很傻、很可怜、很脆弱。这时,我善于抒情和反思;但我又不敢轻易放逐我的情愫,我只是小心翼翼地捧着,我有些绝望地想:早晚的"嘭"的一响,我就什么也没有而被一阵随意的风卷得无影踪了。

2.37 我去过很多地方了,蛮荒的、繁华的,旅的过程中忧郁着、激烈着,也思念且惶恐着;然而我回过头时,那个灯火并不繁盛的县城,那个沉浸在月光里的村庄,就在我的面前。

2.38 在梦中凋谢的,只能是兰花。而那些开得艳艳而夸张的花,又怎么会凋谢、被人遗忘呢?凋谢的只是寂寞的善良、忍让,而这些善良与忍让,是现今社会不流行的。开得热烈,即使败落了也会触目惊心。善于遗忘,我们有着太快的速度和太多的纷杂。兰花退居一隅了,虽然她落寞中的清新偶然令人怀想,但她毕竟是退居角落了,我们看不到她的含苞和怒放,也无视她的凋谢和归宿。太阳很高很热,兰花只是我们变得很短很短的影子啊！（戴望舒诗句："我整日浇灌带刺的玫瑰／却让梦中的兰花凋谢"）

2.39　去大学，正值毕业生离校，有恋人执手相看泪眼。较之初中、高中，大学情侣是太有实质内容了。一位兄弟曾向我说起他的一段男女经历：现在分手，就等于离婚！男女授受不亲，那是哪个时代的事儿了！只是，露水之爱，终得正果者有几？以后还得往下过不是，只是坑了"下家儿"。饱有经历的人，怎样面对今后的婚姻、家庭？这个社会问题有人研究过吗？

2.40　对于可爱的东西，我又怎能不喜欢呢！我只是遥见了过程的繁琐复艰辛，还有最终注定的别离，从而不敢用情太深而已。顾城诗云："我离开你／是怕伤害你／我的爱／像玻璃"，我也可以绉诗："我拒绝与你相拥／是怕最终难逃彼此的伤害"。

2.41　昔日摘花手，今朝薄情郎。不能否认每段姻缘曾经的认真，但很少有人能坚持下来，相互的疏决与漠然。夫妻，在某种程度上是彼此的糟践，不同于情人的，只要不得寸进尺，可以约好浑然事外，调些或酸或甜的饮品。

2.42　多好的东西久吃也会生腻，如白菜，"一碟子酸白菜，一碟子酸白菜！"或以萝卜换换口味，有人怀着替代的目的去找情人。捍卫自己的地位是人的本能，有时大有"既然选了我的白菜，就是烂了也要吃！"的霸道。鲁迅先生说："爱情需要时时更新的"——怎么更新，由谁来更新，是更表面还是更主体，更新的连锁反应怎么处理？这是一系列极其复杂的问题，岂是一"更"了得？

2.43　有一种游戏可能变态，一对男女在一起玩窒息。这也是男女之间一种状态：疏远、靠近、冷漠、又爱，在彻底决绝之际，一丝丝地去感受复苏；有一个结束的同时，也就有了一个开始，浴火重生了。当然，也大有可能，一碗水冰啊冰啊就彻底冻住了——冰水混合物的温度是零度，从1度到零下1度尚不觉，从零下1度返回1度可能就难了，玩过去了。

2.44　与人谈婚姻，论及"女人四十豆腐渣"，此言背后，中年女人的致命伤是脸黄气大。脸该黄了谁也没办法，谁也拗不过岁月，这时可以突出美德，可以变慈祥；脸黄了再气大，就不得不让人由畏到厌。

2.45　夫妻之间感情致命伤公式大体这样列：冷漠＋蔑视＝破裂，亦是"是可忍，孰不可忍"的最终结果。过日子要宽容，但宽容是以退为进，还是割肉饲虎？夫妻之间更像一场战争，没有战略思想、战术方向，只能是误打误撞，浪费了弹药不说，还落个不负责任的名声。所谓驭夫（妻）术，就是极尽进退、虚实之能啊，当然是艺术。

2.46　观念就是一堵墙，横亘在那里，观念的转变，多是一波三折。大道理谁都懂，但一到自己身上就大打折扣了。世人的好恶会由量变到质变：笑贫不笑娼、一脱成名、二奶文化……像一桶桶硫酸，泼在传统观念的壁垒上，一次次冲刷、腐蚀。这墙已坑洞相连、杂草萋萋，有多少人依律死磕，又有多少人奉行"存在即合理"？不知什么时候，这立了很有些时日的墙，就"轰"的坍塌了。

2.47　男女之爱应以尊重、宽容、理解为核，歌词云："因为爱着你的爱，因为梦着你的梦，所以悲伤着你的悲伤，幸福着你的幸福"，如果一个女人只爱男人本身，对他的家世、故土、历史一概不感兴趣，那这爱就太"纯粹"了；而正因为这爱的心无旁骛，才大可怀疑。爱屋及乌，是爱的法则之一。爱不是独立的，爱也不是清醒地附加诸多条件的，爱肯定不是分阶级的。所以我们说：真爱难寻，或者真爱难以保鲜、易馊。没有牵扯、不愿付出的爱像浮萍，更像随时可以背叛的借口。

2.48　在车站候车室见一女孩，正给男友打电话，发着狠，一嘴脏话。女人通俗到这个样子，虽然曾有"鲍鱼不及猪肘子实在"之论，但也实不能令吾接受。该女长得还不赖，但日后谁娶回家，如何见公婆，如何育儿女？现在的孩子，有网络语言了，有港台语言了，但再发展再变异，张口傻逼闭口操，到底是不雅。想自己半吊子的青春里，所经历的几个女孩，都有些小脾气、小性格，但毕竟还没有这样恶语相向，不禁心怀侥幸。

2.49　女人因为爱出嫁（姑且这么说吧，说深了是另一个话题），瞄着一个男人去的，却冲入一群人中间。夫家有要求：出得厅堂，下得厨房，现在的女人已推翻三座大山，敢于问一个"凭什么让我出得、下得"？而过日子的确不是两个人的事，女人若把丈夫的嗜好、家人、朋友与丈夫本人区别开来对待，那就有点儿笨。摘摘捡捡的爱既不全面，又会费力不讨好。既然很多东西拆解不开，不妨正视，就算憋气，也须闭上一只眼，尊重与理解会换来丈夫更多爱的回报。忽略小哀怨换来大和谐（并不是去做受气的媳妇），恰恰是女人的聪明之处。

2.50　身边一小弟，平日流露江湖气，也精明，杂七杂八的事知道不少，但他怕媳妇儿。那媳妇儿并不漂亮，却爱起急，一急，小弟就软了。按说不至于，当然，不排除女方更恶，"卤水点豆腐——一物降一物"。不过可以推断出，小弟是爱媳妇儿的，他也珍惜两个人的现在（按说男子大汉应该更有火性，但很多时候是女人更决绝，男人反倒软了），同时算得上守信、专一。所有惧内的男人，都与上述美德沾边儿。

2.51　与妻转一小店,一男一女卖艺术葫芦,女孩用细笔在葫芦上画图,小伙子用烙铁依着烫制。都是细致活儿,且一个一个纯手工,葫芦生得不一样,卖五至一百元不等。他们是和谐的,如果没看错的话,他们正在或以后也将组成家庭。简陋的店铺,一个线条一个线条的刻画,要多久才营建起爱的暖巢呢?他们都不觉的,干得还很有劲儿——我们刚刚联手的时候也这样,不知辛苦,不发愁,一是不去想,二是想也想不了那么远。好像在大海上,闷着头划船,咫尺之间的苦乐,只要你不展目远望,就不会有置身浩淼的巨大忧惧、无望。

2.52　国人的血缘关系分为"五服",即上下五代,"五服"是古代办丧事家族孝服的亲疏之分,出了"五服"就没什么直接关系了,也可以通婚了。女人一旦嫁人,就置身于婆家的巨大家族体系中了,如一本辞典,几页、几行、第几个字,与何页、何行、何字有什么关系。新媳妇三天新鲜期,然后就浸泡进去了,相夫教子,三姑五姨,慢慢地升格晋级,从低眉顺眼渐到德高望重,几千年来中国一直运行着的亲族体系,充满体制内的温暖,进去熬吧。

2.53　身边一人,婚姻不慎颠覆了,过得苦行僧一般。渐渐恢复元气,又处了一个,一日向我介绍:"这是我的宝宝。"殊觉虽甜蜜,但着实有些忘形。遂笑道:"我家那位也曾叫宝宝,现在是领导,以后叫她法西斯。"

2.54　看家庭剧。夫妻之间,女人集中了太多的怀疑、揣测,男人则相应地集中了太多谎言、逃脱之心。正如某谈话节目聊出的一副对联:男人喜新不厌旧,女人吃醋不怕酸,横批:和谐家庭。这是一种打破与重建、运动与平衡,总不动反倒不好,轴住了,就有蛀虫了。没有什么东西是一成不变的,如何改变,且不至于散了架,这是学问,两个人的学问。

2.55　一对男女跋山涉水,最终能走在一起,总会有一段亲亲蜜蜜的,那是爱酿出的琼浆。然后呢?爱淡、怨聚,接下来是冷漠,继而逐渐生恨。这个过程下来,不少婚姻就难以为继了。而忘记,应该在恨之后。恨与忘记之间,还应有着一段平静。如何才能忘记?真的象填平一道沟,沟浅,几铁锹就了事,因为爱得并不深,着道儿也浅,挣巴挣巴就出来了。而爱得刻骨就不那么容易了,要逾越的,是一条鸿沟,有岩石的突兀、陡峭,其中也有灼灼的红花、入梦的青草。心田上开出了如此的沟壑,是实在不易填平的。

2.56　坐车瞅美女。女子的美大致表现在身材(高挑、凸凹有致)、肤色(白皙,吹弹可破)、五官(精致,秀色可餐),这些令人养眼的标准具备了,就是难得一见的美女了。

这样的女子会让人变得沉静,先是惊艳,继而纯粹起来。美到了极致便是沉静,同时也能顺带着注目者沉静下来,使他有一种酸痒的感觉自内心油然而生,没来由地感到亲近,甚至有一吐多年纷杂、辛酸之愿望,虽然与人家只是擦肩,哪儿不到哪儿。

2.57　夫妻多年,在性格上、习惯上,是无从遮掩的,也就没有什么秘密可言。因为没有距离而没有神秘感,也就谈不上崇拜,有时连原先的好感都荡然无存。每一对怦然心动的人,预想不到这结合后的消磨。但日子还要过,所以需要互相忍,一是从心理上想忍了,二是客观上必须得忍。一对艺术家牵手一生,有人问起诀窍,老翁概括一个字:"忍";老妪立马插话:"我是忍无可忍"。无论如何,他们是走到晚暮了,连咳嗽带喘,彼此也想掉队,但最终没有弃绝,有惊无险。这时的两个人,结果比过程重要。

职场 羊追着狼跑

3.01 一劳永逸,这个词对于贫苦下等人来说,香喷喷充满诱惑。一次冲锋就可以改变今后的命运,就可以不必卑微地这样、那样,就可以不高兴就他妈妈地摔耙子,哈哈——于是起早贪黑,吃不香睡不着。但生活不可能是"一锤子买卖",目标象浪头上的救生圈,一波一波地又漂远了。努力啊,已经快了!一劳永逸,这个操蛋的概念是引贫苦下等人上钩的饵!

3.02 一个人前来谈事,四十来岁,长得就很不可靠,夸夸其谈,探虚探实。他已浸透了油,浑身难以找到一块干的地方,你不能半路出家地要求他天真。谁象我这样的傻人,在吃亏的过程中成长、成熟,溅上星星点点的油渍,还心伤、内疚,还落下个不实诚的名声。

3.03 高傲浪漫是一种理想状态,因为有钱有权者才尊贵得起来;也有人说:钱使人贵,但何尊之有?他说尊与贵是两码事儿。钱包一鼓,至少有了选择的自由,至少可以对了无生趣的事说不。钱无需太多,但要做得成有闲阶层。这就已经很不易了,为了这个并不高的要求,很多人在争取与挽留中进一步地丧失!

3.04 在时效上,成功分两种:少年英发,黯然而收;忍辱负重,终得正果。好像吃甘蔗,先甜与后甜的问题,此一时彼一时,命运之下是急不得的。前者肯定饱尝世态炎凉,看昔日敌手舞弄于前,心里巨大落差;后者可惜了大好青春,得到的时候,"贼没了",空有喜悦本身。其实人生好像爬山,在山顶上的时候并不多,费力爬啊,登顶后的喜悦也就那么一点点儿,很快就向更高峰爬了,或者开始下山。

3.05 在城市里谋食,难免挤碰,不太习惯推搡的人,总会面皮发紧,被刺中了疼,刺中了别人还内疚。有时真想离开这个城市,去一个谁也不知道谁的地方,如果能带着一些钱走更好,毕竟钱是通货,自己慢慢把寿命活完。吃一些爱吃的,休闲一点儿,把自己与以往的仇怨、腹诽、夹生的情感、欠下的人情、潜在的威胁、敌手期望你出事儿的热切、找不到锁孔的钥匙、事不关己喜作壁上观的漠然隔开,即便褪下熟悉、告别习惯也在所不惜。如果是一台高速运转、头晕脑转且满身病毒的电脑,这是不是刷新一下?整个主机都抖动,皮屑、线头、附件、碎瓦纷纷坠落,整洁而利索多了。

3.06 经常做一个同样的梦:总感觉什么重要的东西落在什么地方,但又想不起来,一晚都费尽心力去想,好像一条导火索,在"哧哧"地变短,末头是一个巨痛的结果。整个睡梦、整晚的焦虑,白天是向夜晚渗漏的,一点一滴地积成一汪。还有一个梦也常做,被告诫一个球体千万不能落地,一旦落地就一切毁灭,难以重生;但它还是滚落下去……就有一声从梦里传到现实中的惊叫,从睡里逃脱出来,心怦怦跳,吓得身边人也不轻。人家说这叫神经衰弱。活着,还有什么零件在衰弱下去?

3.07 老师、前辈、同行、朋友……这些在书本上焕发光彩的概念,在现实中又是何等的混乱不堪!慈祥、关爱、热忱、宽容,细细数数吧,周围有几个人当得起这些褒义词?又有几个人能够交心,可以让你放心地把脊背留给他?有谁能与你相处时很纯粹,不跟你动心眼儿?很多人都远了,虽然远的方式不尽相同,但都无一例外地远了。好像他们没有来过一样,还不如没有来过呢!

3.08 传销者来扰。自私、算计、吹嘘,逐步的堂皇而亲切的陷阱。甭说不能发财,就是能发财我也不愿意把灵魂托付给这样的职业。文学已至苦,描摹人生中种种无聊,还要加一个更大的低级的时刻提醒注意的无聊吗?这种职业,在改变性情上作用显著,就像卖冰棍儿的,时间一长,再发财也是五角、一块地算计。

3.09 "人前显贵,背后受罪",为了这些面容模糊却牙尖爪利的人,为了在踩人与被踩中博来的名位,值得你真金白银地付出吗?所谓发展,不过是不与小狗撕咬了,而与中狗、大狗、老狗去撕咬,有本质的飞跃吗?如果你已经看破这些,为什么还流连不返!

3.10 人到这个世上就是为难受罪来了,唱高调的老批小富即安,天!整天的征狼打豺,小胜、小富就很不易了!小富以后,不用看人家脸色地安居,应是大多数人毕生苦斗都难得的。像饭店里的虾,国人的人生目标大多是"两吃"的,"达则兼治天下",有几个人有这份狗屎运?而做到"穷则独善其身"的也寥寥,绝大多数在这中间的红尘中沉浮,不得超脱。

3.11　与某人谈发展的起点与机会,我们都是从农村挣到城市的,十几年过去了,比之最初拎来的一个皮包,也算薄有积蓄,身材也都憨胖,难觅当初的机敏与果敢。我们也算融入城市了吧,至少已与农村告别了无数回,但切切不能说已经成功了。在城市森然冷漠的楼宇间,穷小子偶尔滋润又如何?比起人家资源广阔、老子英雄儿好汉的人,你使出吃屎的劲儿来了,不过是刚刚挤进人家的阶层。心已沧桑、气已虚短,心血耗尽,不过是挣来一张门票,忝列其中。年轻时初生牛犊书生意气,现在才清澈地看到门槛。人的发展是讲究起点的,弱中强,堪堪比上强中弱,如果遇上强中强,人家膀不动身不摇就已占据高地,稍一努力,你就只有吐血的份儿了。

3.12　强弩之末。对于一个已失去进攻能力的对手,人们先是余怕、余恨,很快就只剩下鄙夷了,这种鄙夷是彻底而解气的。有恨与鄙夷在,客气就不必要了,伪装得草草潦潦。已经完全看透了,只不过不揭穿而已,时时体现着"我已经不怕你啦"!

3.13　欢欢很有意思,蜷着睡,象人一样呼噜不断,忽然呜咽几声,肯定做什么梦了。一条狗也能这样,只看见它的宠物待遇了,却不知它也不易:有欲望,也有恐惧与落寞,为了那些嗟来之食,还必须得时时憨态可掬。

3.14　城市的光环都是名利构成的,空气也沉甸甸的,充满曲折的艰辛,谁都是傲来毒去,大家都在一口大锅里熬着,也是没办法的事。相比之下,农村显得名轻利薄,允许发呆和糊涂,压力与竞争也就小多了。

3.15　为人处世,聪慧与狠并不在一个层面上。聪慧是自身的东西,狠则是对外的策略;当然,很有些时候,人在吃了亏后,吸取教训变得聪明起来。一个人若浑浑噩噩、咸酸难辨,是为人的一种缺失;但聪慧了却不狠——不能果敢、当仁不让、以牙还牙,也会事倍功半,成为别人的靶子、战场上的炮灰。

3.16　屡遭命运的拨弄与扎剌,逐渐地就麻木而适应了。再面对阴谋与算计,就不再有处女般的敏感与深痛了。现实中不免有刀架在脖子上的时候,或者一耸,砍偏了,也就挺过去了。其实谁没有空档?八面来风,任你八面玲珑。谁的屁股上都有没擦干净的屎,只不过是屁股帘儿好坏的区别。有的人常惦记有没有,有的人追究别人有没有,有的人深信自己没有;有的人一遭指点就露了怯,有的人锦绣花鲜,把一大坨屎包裹得严严实实、香气四溢。

3.17 评价自己的时候,最好是放低些姿态。自贬是聪明,你打击吧、甩臭屎吧,我自己早就低伏下去了,别人还能怎样?倒是那些自视甚高的,遭到别人嗤之以鼻后,尴尬无算。人若无自知之明,大半会自取其辱。

3.18 在人际关系中,仇恨比感恩的比重大。你偶尔行善施德,对方很容易相忘于时光的,就算你有一天殁了,也没有谁会悲戚难消。敌手可不行,他们有你想象不出来的高兴,弹冠相庆、涕泪满衣袭,这就是平日多得罪人的积极价值,这也是最终消亡给这世上的最后贡献。

3.19 搬家。其实辞职、退休也一样,在办公室里捡拾,翻出一堆一摊来,找最终于自己有用的纸片。一些被扔掉,一些需撕碎了方能扔掉,真正能留下的、决定带走的,并不多。象港台剧中,抱着一个纸盒就可以离开了。

最终能跟随你的有什么?一个档案袋,里面有评定,对你过去一段的恭维,但也宣布着你的光荣结束;或者是诬言咒语,谁也擦不掉后背上别人的白眼儿。最好是一张存折,薄薄的,简便,却是对所付出的心血最好的量化。其实这些都不算什么,离开了,就告别,然后各不相干。

3.20 在噩梦中哭泣的人,是走不出来,还是不甘心接受失败而不愿意醒?但早晚会结束的,认输,如果有未来可图还算幸运的。人生终究是要认输的,到头来,总有一块毫不起眼的石子,绊住走过千山万水的脚。所以人至晚暮,首先要戒掉狂妄与梦想,变换了底色与旋律的节拍,缓缓地落将下来。

3.21 很多人生经验来自曾经的打击,被搧得嘴角流血,终会记得那王八蛋抡巴掌的姿势,所谓"久病成医",再谈起感触与教训来就有发言的资格。但不应因此自豪和自得,这个"成医"是缘于"久病",如果能不"久病",谁他妈在乎成不成这个医!

3.22 身处底层的小人物常哀叹:人与人基础不同、机会不对等,少数人占用着大半资源,有大树可背靠从而顺风顺水;自己只能自嘲:"靠人、靠天、靠祖上,不算是好汉"。这是废话,如果能靠谁不靠?不劳而获,或者事半功倍,那他妈有多舒坦!世间历来就分三六九等,人的出身不是自己能选择的,落在社会的哪一格也是与生俱来。同格之人贴附着、撕咬着,上格之人拿脚踩踏着,不削尖头又怎能爬上去?下面就是嚎叫不止的深渊,向上一格就宽绰一点儿,呼吸就顺畅一点儿,更高处几乎金光闪闪——爬呀,别无选择的人们!

3.23 我不知道,那些负面情绪是怎么积攒起来的,平时一个火药桶,将火药面儿慢慢地撒进去,压瓷实,然后只需不经意的一点儿火星。我只知道,好事万难不期而遇,而倒霉则根本不需要邀请。一些焦虑是无法说明的,而激烈的对抗后,伤害是互相的。好像打碎一面镜子,对方怎样不说,在里面看到的,是自己那张支离破碎的脸。

3.24 这山望着那山高,那一帮疯子,就比这一群痴人强?人啊,往往在一口锅里唉叹,难忍蒸煮之苦,就做了很多预备,下了很大决心,决定跳槽;"嗖"的一下跃起来,孰料,"扑通"一声,掉进了另一口锅里。

3.25 单田芳言:大人办大事儿,大笔写大字儿。评书里不是大帅就是大侠,呼风唤雨建功立业。而现实中的大多数人,处心积虑、南征北战,只是窝里斗,为蝇头小利碰得头破血流。"像土坷垃下的小爬虫一样,被理想压得喘不过气来……生着曲折的气办着窝火的事"(自拙作《青春雪》),费劲气力到头来不免凄凉。就好象娶媳妇,费劲巴差娶回个美娇娘还值得,但往往搬回家一床烂被絮,该费的劲一点儿没少费,点火、热油,一道程序都不能少,掉以轻心没准儿把锅还砸喽。小人物啊,只能虚掷时光于小春秋里!

3.26 谋生就是筛检的过程,得有耐心与恒心、懂得辨别与取舍;当置身于一个你毒我傲、心计来往的处境,深陷其中拔不出脚来,就得有以上的心态与技巧,总得活下去啊。有好多努力是被迫的,可谓屎中求食,这与沙里淘金不一样,环境与所获相差太多;费尽气力犹乏善可陈、令人窒息,挤行于众人之间,深一脚浅一脚,软滑恶臭。

在忙碌、挤压中直起身子,吐一口气。好像墙上并没有门窗,却挂一幅布帘在那里,也能给自己带来一丝凉气。这是心理作用上的,在有无之间,确实不管大用,确实又聊胜于无。

3.27 人与人之间的距离,有时越想拉近,越是不冲一块儿合拢,一不对付,反而豁口更大了。第一层冰冻上,泼上一些热水,并没有化开,只是表面模糊些;到了夜里,又冻上了,这冻更厚,还有了凸凹的沟楞。换言之,冻上是一种状态,化了又是一种状态,都是心里的事儿。然而化了以后再冻上,再化,再冻——心就像冬日门外的一盆水,如此反复,又会产生一种什么新物质,又会复杂成怎样的一种心态?

3.28 国人讲中庸之道,与人为善,为尊者讳,以致很容易把谎言——或不便明说只能敷衍的话,说得动情入理。有时一恍惚,自己也信以为真了,也为之感动、也鼓掌。如果再晕大些,就会一时间改变记忆,过上一段才咂摸出原先的真来。

国人又非常讲究迂回,喜欢暗地里较劲。小人一旦得势,就会能量激增,就好象去了阳具练成葵花宝典。羊一旦能追着狼跑,那他后面一定站着老虎。中国盛行潜规则,伸出的手拐着几道弯儿打人,令人难以适应这"心理急转弯儿","不按套路出牌啊"!

3.29 某人与科室领导结怨,先是工作上不配合,再至四处投诉,最后公然谩骂,在门口贴领导的材料。当然,这人有公职,是行政编制,可以精神失常,领导可以往他那"铁饭碗"里少舀些饭,但不容易把他的"铁饭碗"打碎。这不同于那些被聘用者、临时工,干活多拿钱少,没福利,逢年过节不能领带鱼,越受气越不敢放肆。

自上世纪八九十年代,身份问题一直困扰着职场上的人,三六九等,同工不同酬,文凭加水平,左右都可以卡住你。现在编制卡住了,一些人再烂也留在了屋里面,一些人再能干也挡在了门槛外,一小撮体制内的人,凌驾于大多数体制外的人头上,这是一种新的社会不平等,是亟须改革掉、打碎的。

3.30 "没有永远的朋友,只有永远的利益",交往难,翻脸易,这可称得上现代人际关系的一个特征。某伟人言:与人斗争,其乐无穷。奈何?利益面前,不进则退,不生即死。善咬,再怯懦的人也会在一次次疼痛、流血中红了眼,这就是大环境,这时再谈友情、仁义,就有些幼稚得可笑了。

当下又是一个合作的年代,倒不是见谁跟谁搭肩膀,而是寻找利益共同体,现实社会不重视过程只重视结果,茅坑里捞的钱买大饼吃着也香。合作,不是选择知音、同志,只是寻找有相同利益点且不至于现在就翻脸的人,不要计较合作者是不是痞子、是否刁钻,要试着说服自己,去亲吻那张令人作呕的脸。唉,"人在江湖,身不由己"啊。

3.31 下属常喊冤叫屈,孰不知当头儿的也不那么容易,倒是可以制约下属,令其顺逆生死,但下属也可以懈怠、不合作,拆上面的台。一个下属不配合是添堵,可以将其清除;而三五成群就成了动乱的因素,若再多的人反,领导就举步维艰了:合不能所有事情都自己去干吧,将军虽然多是冲锋陷阵熬上来的,但上来后就会因为架子而产生惰性,不愿再去亲自开枪、打炮了。所以还得拉拢着下属,好好干,并许以什么好处,"水能载舟,亦能覆舟"是也。

3.32 世人只知打工的难,又有谁晓得做老板的愁!无米也要开炊,自己吃下属也要吃,当雷锋显得太幼稚了,可也没有几个周扒皮,大多数在中间沉浮着,能发善心,谁也不会缺德,"仓廪实而民知礼节"嘛。挣不到钱,哗哗放水;挣到钱,也许就没心思花了。一哥们儿做老板折腾商场,后来告诫自己闺女:"你不好好读书,长大后让你当总经理!"——说什么呢!

3.33 孔雀美丽的羽屏下面,是屁股。这是谁也改变不了的事实,人不能拽着自己的头发离开地面。有的人因此羞惭、痛苦;有的人忘乎所以,认为自己没屁股;有的人想开了,拔光羽毛撅着晾晒。鲜廉寡耻,这个词需比较才能深味。人与人之间是脆薄的,一扇门板就能隔开厕所和客厅,不能深究,一深究就尴尬。就像一盆污水兜头泼下,你都无法躲避的,只能擦擦、遮遮、盖盖。那些抡着关系跳绳使劲蹦蹦跳的人,你以为人与人之间有多结实吗?

3.34 人与人相处也有蜜月期,大家都激动,如刚刚互相动心的男女,每会必欢。这是命运的力量,让这些人聚合,从而有个开端。然后开始运行,中途不顺或最终翻脸,也是命运安排的。合作者起初多是想困觉的脑袋与枕头的关系,恋爱中的人是近视的,同理,发展目标相契合的人也近视,如缺锣少鼓,那戏就不会开场了。只是开场之后,最终是喜剧还是悲剧,是举了杯子还是动了刀子,谁也不能预知。

3.35 相交无益。有些人是可以绝交的,要相信自己的判断力,不应再有年轻人旖旎的想象与犹豫。有益又能怎样?酒桌上的狐朋狗友,务实图利的现代男女,是办成事儿了,图了财了,还是得逞了色欲之心?相交应是性情相近、脾气相投、小毛病相容,相对心中愉悦,这样的人你身边有几个?

3.36 中庸有时候也挺耽误事儿的,各种力量互为犄角,谁也怎样不了谁,很多环节是生锈的、破漏的。歪嘴和尚念经,国人处处可以打折扣、时时可以钻空子;一旦较起真儿来,关乎自己的利益了,又处处掣肘。有的人特立独行,可面对的是一个巨大利益体系,不合时宜,且浑身是铁能碾几根钉?很有些岗位是可以躲的,可以视而不见、浑浑噩噩,裂痕越来越大,渐渐地就习惯了;成不是自己一个人的,败也不单独败自己,就是挨饿,也是大家一起,也就变得可以接受了。

3.37 一个人累死在岗位上——怎么不能累死?忙得连轴转、上火、便秘,就犯了病,泛称过劳死。媒体自然要挖掘其闪光点,得知确也不错。其女尚小,其妻没有当着外人的面儿流眼泪。是应该感动的,也应佩服他比常人多出数倍的付出。典型是典型了,但自此幼女无父,妻子也会他嫁,农民的想法也许土腥却实际:很多东西一闭眼就远去了,归了别人!看来不能瞎死啊,不能说死就死啊!

3.38 一些部门很有居高临下的感觉。一、穿制服——医生的白大褂也算,与平头百姓区分开来,自有威严。二、忙得顾不上理你,一个人对付一大群人,别人会不自觉地想讨好,他也不自觉的傲:满院子都是县长,你就会有省长的感觉。三、游商不如坐商,是你自己找上门来的,又不是人家求你来的。四、对他的业务你不明内里,全靠人家定夺。具备了以上,挣你钱,还不求你,甚至还呵斥你,这样的部门就是牛!

3.39　在中国是很讲究名分的,一把手可以糊涂、四六不懂,但他有指手画脚、发火的权利。其实,混在职场,有没有上司并不十分吃劲,关键是有没有下属;挨了上边儿的骂,堵了心,可不可以转骂出去? 或说挨少数人的骂、挨一时的骂,但可以骂更多的人、长时间的骂人。人云"一人之下,万人之上",那就忒不错了! 天外有天,没有约束的自由不是自由,只要有比较就会有井底之蛙,既是青蛙,还是先料理好你的井底吧。

3.40　人的外部环境、发展路途不是自己能排定的,很多无奈与不快,就像走路踩上了一摊屎。屎若在路旁、草丛里,则偶然呕一下,躲开,以后加小心就是了。可屎往往踞在路中央,令你不得不面对,避不开。更有甚者,一路上处处都是屎,你踮着脚尖儿蹦吧,运气再好也会踩中一二。陷于这样的困境怎么办? 只有轻移灵转,平息恶心,变得细致、有耐心,纂出一个新词儿来,对,就是不能"因屎废食"啊。

3.41　一个圈子有时很有意思:诸侯并立,硝烟四起,有对立、有联合;有些联手作战者,将敌手一一征服,安妥下来后,两个人就开始生隙。除利益的最终分配外,人好像还有一种本能的心理:总要寻一个对手,甚至主动地人为地制造一些矛盾,否则就会不安于庸常,就会闲痒,民间说话儿:下雨打孩子——闲着也是闲着。

3.42　只要有圈子,就会有利益,就会有钻营,挤来挤去,其实细想没什么意思的。但上台毕竟代表着一个世俗的承认,你可以上去了再下来,始终上不去又算什么? 问题是你心里虽然怀着不屑,却不一定真正超脱,不一定拥有超强能力,能独辟蹊径马到成功;或是费劲巴差上去了,你又怎么保证不照例沉迷,不趴在那里耍赖? 很多现代人,出发点就不得明确。

3.43　见一老总,由副职扶正的。进屋才发觉,办公室大了,声调语气也变了,随员对他的、他对我这访客的。明确说最近找的人太多,不熟的电话不接,对我矜持的客气:"原来那个电话是你的呀!"我也不由得修正刚进屋时的心态,虽然以前还算熟,恭敬点儿吧。曾听人说过他扶正后发的感慨:"一百个副的也抵不上一个正的!",这真不是虚言,噫!

3.44　人很多时候是两难状态:驯服了,就遭到轻视,骂你没出息;锋刃利了,又招来埋怨与恨。与其被忽视,不如被人恨恨地记在心里。像狗,有咬人的可能,人见人躲;可一旦"封牙"不咬了,人们就敢直冲过来,抬腿就踢了。所以狗没有选择的。

3.45 一老乡来访,看完家里让到饭店。他对我的生活方式充满艳羡,觉得我在城里混得不赖,孩子说着比乡音洋气的普通话,老婆也算外面儿。他是不知道,乡下劳苦,城里也不咋的,哪个时段、哪个地界没有苦累?谁都不易,表面上都呈现好,很少有人见人就哭咧咧的,正所谓"光看见贼吃肉,没看见贼挨打"。

老乡的艳羡源于不熟悉,即便这样,把他拔出来按在城市里,他也会别扭、不适。无论在何种情境中,人都会有所习惯,渐渐地,在劳累、简陋、恶臭、憋屈中有了惰性的依赖;这时,若要他与别人交换,从一种昏黄的苦汤中出来,再到一种绿浊的苦汤中去涮涮,他就会因没有心理准备而不情愿。

3.46 记者虽无实权,但也游走于各级各部门之间,见闻倒是多的。听来一掌故:说某省级大员,喜欢越级直接听基层汇报,掌控一方水土、平日自信自得的县官不免紧张,精心准备材料,生怕出什么纰漏,被顶头上司的顶头上司抓住。汇报者小心翼翼,而大员却神游八极,听着听着,忽然插一句:"你的牙怎么这么黑啊?"县官愕住,不知从何处说起,被打了个措手不及。这就是话语权的问题。当然,真正心怀锦绣的人会妙语应之。向下训话哪个不会?向上,特别是关系重大之际,那时机智才是真正的机智。

3.47 看驯兽节目,老虎、狮子、狗熊,这些猛兽在笼中成了艺术家,但莫不是一边儿表演一边儿留神驯兽员手中的鞭子,同时还瞄着另一只手里的食物。这就是了,驯乃强制成型,既能打击之,也能满足一些愿望,如单位里的开除条文与年终奖金,一手强、一手香,这才能制约。

3.48 人与人的关系大致可以分为四个阶段:一、王八看绿豆的蜜月期,二、腹诽嘀咕的隐忍期,三、脸色暗青的争吵期,四、明争暗斗的对立期。较之腹诽的生闷气,有话就说、有屁就放不只是宣泄不满,也是在发出警告,亮明底线,如果处理好鼓与棰的关系,有可能避免或延缓最后的翻脸。

3.49 金钱这个东西,确实能改变人的:困窘的人有了钱,一扫寒酸,腰杆直了,鼻子眼儿也撑圆了,举止朝着文雅去,说话由"哎、哎"到"嗯、啊";诚实的人有了钱,也会学着动心眼儿,防备这儿警惕那儿,变得诡秘不可测;怯懦的人在金钱面前也会心狠起来,面红耳赤、出手凌厉。

你完全可以忽略金钱本身——如果确实从里到外都能装的话——你如果忽略了金钱这些附加作用,那你的麻烦就不会远了!明白了金钱的这些作用,你就会左右逢源、逢凶化吉,省去很多麻烦;误解了金钱的这些作用,你将道途生坑、陡生风险,放屁都砸后脚跟儿。

第一辑：男人瓷

3.50 参加一个广告招标会。企业大，广告投入也大，各路诸侯都聚齐了，按照人家的安排，准备材料、自我推介，一家媒体限十分钟。在圈儿里混，很多人是脸儿熟的，当然与企业的头头脑脑也熟，熟到什么程度，各有各的不同。混迹其中，猛然有了一种感觉：这业务就像一块诱人的大蛋糕，老鼠们都起大早，面露笑容，与看守蛋糕的猫勾勾搭搭，好多分上几勺，也让猫有保障地监守自盗。所谓权财，所谓利益共同体。

3.51 "君子喻以义，小人喻以利"，对什么人得用什么招，有的时候，小的恩惠就能换来尽心效忠，对方会记住这块骨头是你扔给他的，感激也好，期待下一块骨头也好，就会有以后的合作。这样才能生成凝聚力？这不纯粹是结党营私吗？"党外无党，帝王思想；党内无派，千奇百怪"，一个圈子超过半数急功近利了，才能的管理就会消退，从而换上了以成本为基数的拉拢与投靠。

3.52 在发展这个问题上，好多人嘟嘟囔囔，其实只是苦恼利益的分配不均。痛骂别人贪占，如果给他一点儿贪占的机会呢，可能会立即噤口。很多人的廉洁是被迫的，没有机会"潇洒"而已；更多人是上蹿下跳、图谋不成。所以，上不去的人，也不能证明自己就清白、清高了。

3.53 "上帝若想让谁灭亡，必先使其疯狂"，此语现实版的解释为：这人已开始四处祸害了。人们先是气愤，"怎么这样操蛋！？"还有人旁观，"我早就知道会出事的，我就是不说"；有些人被迫害深了，会暗暗祈天，幻想有神的力量。中国人就是这样，不到万不得已，不会团结起来除恶务尽。受尽伤害还中庸，"多行不义必自毙"，你靠谁呢！

3.54 与民同乐。其实高层人士也没什么新鲜的。只是当官需要威严，也就只能与属下人为地拉开距离，谁都能过来拍肩膀，太民主那就没有集中了，威慑力也就无从谈起。领导之于下属，到关键时刻得能制约，甚至决定生死。再亲民模样的官，也不会放弃最终的决断权，他可以随时对你笑，但也随时可能翻脸。笑谁不会？而翻脸的权力不是哪个都有的。

3.55 有时领导也真是"总捅"——总被大家捅！以一当十，论动心眼儿，孤家寡人一个，怎么动得过游离在暗处的众下属？出台制度，而制度与法律一样，几乎就是用来钻空子的。中文充满空间与玄机，多音字、歧义、正反话儿。那些独踞高处、灯下一片黑的领导，有时还真的可怜而无助呢！

3.56 人群中是讲究话语权与气场的,某领导高踞台上,正中端坐,粗野被尊为严厉,罗嗦被尊为温和,卖弄被尊为博学,口误被尊为幽默……乡谣:一层布的棉袄,里外都是"理"儿。若置此公于公安、纪检,打去官帽,何见其睿智、机警?

"人言可畏,众口铄金",众多制度与闲话是给那些叨陪末座者预备的,身大成靶,一身搏众口,难矣。若逢钦定盖棺,如一盆屎兜头泼下,还不许你躲避,不许你擦。又似置身于公厕,有沟坑里的秽物,有踞在通道中央不躲不避的屎,鞋底不脏是不可能的,难怪诗仙李白有"行路难"之浩叹!

3.57 决定是权力部门下的,虽然权力部门的人并不多,金字塔的上端,通常冠以某委、某会、某办,门一关,在里面敲定。被裁定的人往往连门框也沾不上,不让你演讲、不听你申辩,有时就一会儿,或一两个"意见",一个人的命运与结局就此改变。这就是中国,何为权何为威?有位自权,有权自威。一扇可能是虚掩着的门,让命运动荡者望而却步。

3.58 人是很怪的,春风得意时会生出霸气、英气、儒雅之气,甚至祥和之气,丑者也耐看了,一是他的内心里有一股意气撑着,二是他人的"刮目"之功。而一旦落魄受困,就显得猥琐、木呆,举止土而硬,五官也不协调。没有意气撑着的脸面很劳顿,别别扭扭。环境首先改变人的心态,继而改变人的举止,最后连容貌都改变了!

3.59 读到一则笑话:有人指责火车总是晚点,车站贴出一则告示:你在你想来的时候来,我在我想开的时候开。这是一种很牛、很霸道的态度,占绝对优势的垄断阶层倒也罢了,小职员、叨陪末座者敢这样吗?所有规定都是制定给底层群众的,打工者与端铁饭碗的领导,是羊与放羊者的关系,你可以有你的意见,他自有他的决定,从没见过羊参与放羊者决策的。

曾与一朋友谈,现今社会人要追求"不可替代性",一个岗位离开你就不转,那你就具备了高含金量,可以做个头羊,可以有些小个性;如果是"过年抓个兔子——有你没你都过年",那还是老实做羊的好。

还有的人敢于闹腾,可能想开了,敢于扔掉"食之无味,弃之有惜"的鸡肋,没准儿倒沾了"光脚不怕穿鞋的"光,别人也不敢轻易欺负。

3.60 在某行业久了,会得虚名一二,这实在算不了什么的。但听一些恭维久了,自己也醺醺然——国人善于恭维,特别是在酒桌上,反正大话、假话也不需要原料,也不用上税。

一次,因为我的报道令某单位一人挨上司批,其同事来记者站玩,数落她并不认识的我。当面挨骂不免尴尬,就亮明身份;不料那姑娘瞪大眼睛:"你怎么会是庞永力呢,你冒名顶替谁不好,偏冒名顶替他?"唉,真是憨得可笑。但自己在别人那里的形象也可见一斑,念及自己的醺醺然,不禁脸热。

3.61 冲锋有时是简单的,虽然也会受阻,甚至会被击中,但你的身子是向前俯着的。需要注意的是退却,在冲锋的路上忽然遇到退却的问题,如何变换脚步的路数、把方向转过来?这最是令人为难。人言以攻为守、以进为退,那不过是掩人耳目、虚张声势罢了。退却,你的目光是迷离的,你的大脑却要清醒。三国时赵子龙引兵败退,阵法严谨,敌军不能乘机掩杀,可谓退却的艺术,更有大将风度。全身而退,"全身"与"退"都重要,丢三落四或中途遭到歼灭,都是不成功的。

3.62 去公安部门办事,在屋等人之际,玩他们的警械。手铐的设计很是巧妙,很简单的一个设置,一铐上就打不开。我明白了玩法,却不敢自己铐自己;一旦铐上,顿时就不能施展,对心理的冲击很明显,恐慌、无助、委屈、想讨好谁、想交代些什么,立竿见影,真的很震慑。很有一些人,在台上人五人六、呼风唤雨,一旦事发兵败,被戴上这对"连体镯子",顿时魂飞魄散,成了怂包软蛋。也怪不得他们不刚强,我也没有勇气做这个游戏:把自己铐起来,等朋友回来让他给打开——他万一不给打开呢。我不愿意进入那种假设情境,去体会那种心理,就是一会儿也不愿意。

3.63 一个搞经营的人告诫我:人不应太实诚,不能让别人摸清你的底牌。就算饿得前心贴后心了,也要找一块猪皮抹抹嘴,以示实力。那些嘴唇油光的人原来如此!关键他们的目的是什么?为了虚荣而作假,只图心理安慰尚可,若有所图谋,以假象巧取豪夺,那不就是诈骗吗?

3.64 人们对高官显贵的敬畏,究其内在大致有三:一、有事相求。这没办法,人家大笔一挥、下巴颏儿一点,你就顺风顺水了,一根小手指就抵你的大粗腿。二、虽然当下无事,但难免以后相求。事前恭敬,总比临上轿扎耳朵眼儿强。三、领导超强实力所带来的资本光环。人家一顿饭就顶你一家一月的口粮,人家一辆小轿车得买你骑的多少辆自行车?如此,缘何不敬畏?常常不自觉地就立正了。

3.65 朋友之间讲求兴趣相投,特别是久闻大名的同道,没什么来往的话,难免心向往之。虽然渴盼相交,但最好谨慎,像动物一样,其实每个人都有自己的气味,与另一种气味是否相合很难说,有那么一句话"作家别见面儿,见面儿矬一半",说的就是想象与实物的差距。

相识了,来往稠密了,还要记住,尽可能避免发生利益之争。人与人之间,认识、交往、合作,往往顺理成章,觉得知心了就可以信赖,可以合伙干事;殊不知亲爱都在利益之外,一旦涉及利益,再知心也会变异。喜欢一个人,可远观不可亵玩焉。近了,就会闻到口气;撞车了,更会逼出彼此的不讲究。从零距离到负距离,还不如起初就离远点儿的好。

3.66 我发现,很多时候很多场合,我几乎失语了。想农村小伙刚刚出道时,心高气盛,熟读《演讲与口才》,在一些需要发挥的场合,慷慨激昂,总用排比句,或再高明些,活学活用一些名言警句,也引得满场惊异。刚踏足江湖,对什么都充满想象,把自己从书本上学到的东西一招一式使来,自觉很是机智。渐渐地,明白了许多架构,看清了许多关系,知道对于自己的激情卖弄,人家可能并不在意,甚至充满敌意。在沟沟坎坎中,为了一个简陋的冷硬的聊胜于无的但又是必须的结果,去搜肠刮肚、变化面部表情,强迫自己再去相信书本上光彩熠熠的概念,不禁顿感恶俗、头脑空白,不由磕磕巴巴起来。

3.67 去见一个局长,他没当局长前就认识,给人一个蔫蔫儿的印象。只是印象而已,但要说人家木讷、不来电就差矣。经常听人说,某某当权者粗鲁混账、胸无点墨什么什么,满腔不服、不忿之气,好像那个位子自己不去坐是天大的冤屈。不是我官本位,每一个位子都充满玄机,能坐上去的人,肯定有常人所不具备的东西。位子,就是用来争的,在实力之外,还需要超常规武器;能冲上来并坐稳的人,肯定动力十足,至少有一根触角,准确地插在了电门上。

3.68 处理一起投诉:因为行政部门一个小头目的乖张,导致某店铺不能正常经营,损失越来越大,店主四处上访。问题不是那么复杂,但小头目不认可自己栽在被管理者手中,如果处理小头目,又波及更大领导乃至机关的整体形象。于是形成这样的局面,店主逐级反映,机关逐层设障。现实社会往往这样:犯了一个错误不去改正,而用更大的错误进行遮掩;一个人出漏子,一群人来包庇。结果问题越来越严重,孙子出事,串联到爷爷,起初的小错最终铸成大患:原始错误与最终处理成本相比,儿比娘还大。

3.69 见一个商界朋友,他正在谋划一个项目,打通各种关系、投入大量资金,以换取长期利润。但他遭遇了本地的一只大鳄,资金、门路都比他宽广,既然是大鳄,就是要鲸吞别人利益的,"大鱼吃小鱼,小鱼吃虾米",属于巧取豪夺一类。

这真是以钱生钱的资产博弈,不知里面有着多大的手笔、多大的人情以及多大的利益与争斗!其实做小民也挺好,不用费那么大的心,虽然经常憋屈些,但过山车一样的起伏也是不好玩的。在这个世界,遍地强弱、输赢,穷有穷的憋屈,富有富的眩晕,别说惦记着欺负人了,不挨欺负就已然很牛气了。求人总是脸紧,谋事总是提心,能不仰人鼻息地、从容安然地度过一生,那就是修来的福分。

3.70 上网,也弄了QQ号,我并不感冒的,是朋友希望和我沟通顺利些——比电话省,比书信、短信快,替我申请的。一来二去,我也有了不少群内好友,有时登陆了,见他们头像闪着,他们看我也是闪着。这就好像在大街上,看见一个认识的人,他也瞧见你了,不打个招呼不好。但打了招呼后,就没什么好说的了,有事儿还行,能沟通、交换意见,而好多事儿已有结果的,总说也无趣。

按说QQ可以私聊的,你来我往,不像电话,你能打草稿的,还尽可以调整语气和表情。我想还是年龄的问题,不像少男少女时代那样热衷于坦呈自己、探询别人了,交往的套路也十分了解,其实已经不堪轰轰烈烈地做梦了。有人热衷于此,成不成的过个心瘾,我却懈怠了,变得实际了。做什么也有个成本,光开花不结果,或者结了果也摘不下来、伺候不起,也就不愿扯那个淡。

3.71 有一种相熟,其实令人难堪。彼此也交往多年,互相也给过面子、帮过忙,就认为非常熟络了。熟络并不是不好,关键是他对你真不见外地直抒胸臆,大大咧咧、毫不顾忌、出语恶俗、吃相丑恶,他呈现的是他的原生态,不经加工、没有挑拣,他觉得跟你用不着,是拿你不当外人。

这样,你就看见了一个人最原始的欲求,按说这是好事,你可以从中挑选需要的,摒弃无用的。可还是感觉不爽,人与人之间还是需要遮掩的,特别是对方拿着他的欲求来揣度你,认为你也就是那么两下子,也应该袒露原始欲求,装什么装?也许真的被言中,但你会愈发懊恼——人有时是不愿被别人一眼看到底的,人有时还是需要信念撑着的,哪怕是酸文假醋呢。与他人零距离了,就会难忍对方呼出来的口气,而自己也是有口气的,如此的粘稠状态,还不如生分一些呢。

3.72 在人际交往中,人是会变化的,你变、他变、或俩人都变,如两个电极,此时相吸,彼时也许就相斥。相吸时亲近,相斥时疏远,有很多人,曾经亲近如今淡漠,也是没有办法的事。交恶可能是一方操蛋,也可能双方都出了问题;交恶并没什么,可以离远些,在不伤及公德的时候,尽量别出恶言,因为你也不想听到关于自身的恶言。有些人忿然难平,痛下其嘴,"乌鸦落在猪身上——光看见别人黑看不见自己黑",更有甚者,拿彼此亲密时候的隐私作为炮弹,就尤其显得不厚道了。

3.73 有对立面就有多与少的问题,甲方总嫌多,乙方总嫌少。人大体是不会嫌占便宜多的,只要对立面存在,他就会不满。我爹当了一辈子村医,给孩子们打针,尽管为了治他的病,让他疼他也不干;再哄、手法再好,针头一扎进去,就会嚎哭,就会心存恐惧、仇恨。人的自私是固有的,希望一切为我所用,不太为对方的职责进行换位思考,不去管对方的退让与跳楼价优惠,他要的是百分百的舒适,而不会理会局部的善意。

家园 每个村庄都很相似

4.01　人还没死,就已有故居了——应称旧居的,这样就不用死了。幸未遭到建设、拆迁,房子还是那房子,街还是那街,只是陈旧了些。与昔人相比,这是旧居的好处:它们不大改变和转移,它们的变化在肌肤上,是痕迹的湮没,是岁月的褪色,是记忆的渐失,但它们时光的核没有变,心应依旧。

4.02　很小的时候就注意到猪了,被宰杀前的嚎叫、挣扎,但稍一安静,它就会被束着四脚,哼哼着稳妥下来。人很多时候也这样,一感到危急便歇斯底里,然后就给自己找理由偏安,安静地等待刀子。姐姐曾这样说我,你现在的躁是猪的歇斯底里,没有长性的。这是不是人性中的惰,或不计后果的天真、浪漫?

4.03　小时候下河游泳,左膝盖被玻璃挖走一块指甲盖大的肉,当时泡在水里,竟不是很疼,察觉时,血已流到脚面。男孩子好动,伤口在结疤后几次遭碰撞裂开,在巨痛下,我不由快跑起来,以颠簸缓释疼痛。人生中的伤痛大致如此,瞬间被击中,在无声却迅速拉大的伤口面前,来不及躲闪。身高体重了,很久不奔跑了,你告诉我,怎样才能转移注意力,暂时忘却灾难的重创?

4.04　很多时候,心理的距离与时空的距离有关。从A地到B地,又从B地返回A地,一日行程以千里计,太快了。我曾经少年出游跋涉青春,总以"里"来衡量,而不习惯公里这个概念。真的感觉晕。很多事情以前不敢想象,"唰"的就成了真,从梦想到实现,从靠近又到分别,现代人须反复咂摸一个词儿:倏忽。倏远忽近(不知能否这样用?),我的心尚不适应,我的头尚晕,我的脚尚在疑问——真的去过了吗?真的就完成了吗?过程短了,果子就显得不那么真实,如此反复拉锯,感觉也他妈迟钝了!

4.05 国庆长假,一家三口回乡下父母那里。玉米刚收完,堆在窗台下,秋阳直晒,藏在玉米里的虫子都爬了出来,通过墙缝、窗棂缝钻进屋里,掉到床上。妻子与女儿不免惊叫。大姐闻声赶来,站高了抓。木窗竟成了动物园,缝隙间竟有肉乎乎的三四十条!我在一旁给大姐打下手。大姐没考上大学,在家务了农,我问她:"你抓虫子一点儿也不怕?"她回答:"谁说我不怕?"

4.06 回乡,重要的一个日程就是看望姥姥。奶奶在她八十八岁那年去世,姥姥比她小十几岁,现在也八十三了。老太太小脑萎缩,老得糊里糊涂,虽然身体底子好,但生命质量已讲究不得了。

　　故乡,在我之下都在拔节,在我之上都在枯黄,我站在中间感触无形的时光荏苒。我与二姐到了同一个城市,好坏姑且不论,先是与这个村庄疏绝了。看完姥姥,二姐说:再过多少年,咱们就没有理由回这个村了。噫!这就是将近中年的游子的心态,很多东西在逐渐丧失,你已分明感觉到了,却不能够伸手拉拽回来。是啊,再过若干年,对于这个世界我们都没有理由回首了,这丧失进行时的人生!

4.07 家里有一亩半苹果,先是给叔叔种,后来爹娘要了回来自己侍弄,浇上一两水,打药、套袋儿,虽马虎不太专业,秋来也收了几口袋果子。娘到本村的集上去卖——我都怀疑她能否熟练地使用杆秤——她身子不好,爹用自行车将苹果驮去,她蹲在那里看摊儿。听说她送出去不少,亲戚、乡亲大辈儿、来往稠密的,卖回多少钱可想而知,爹还不能说,一说她还就不去了。爹开了一辈子药铺,但没有沾上商贩分利必争的计较特质;娘种了一辈子地,却很讲礼数的,虽然他们也节省,没有大把的钱,但生活没有到拨不开算盘珠的那一步,直朴的性情使垂老的他们很有几分童趣的可爱。

4.08 看影视剧,重男轻女的情节,想到自己——儿子,我这辈子恐怕是没有了!儿子的念头好像很少明晰、强烈过,有了女儿后有意掩盖,是怕对女儿的爱有所稀释,还是不愿过多的使自己置身于牵挂、惦念中?这些年,心态基本上与兴高采烈无缘,想象自己六十岁以后的情景总是潦草。我算一个完美主义者吗?不服老,就不愿等到老;不去看裂痕,而满心都是裂痕。只是将爹娘的心愿给忽略了,只有我这一个儿子,我又是他们多大的希冀啊,"不孝有三,无后乃大"啊。想着无缘的儿子,转而思念起爹娘来。

4.09 人就是这样:出炉时大多小可爱,长着长着就不是那么回事儿了,身材、眉眼、肤色、神态，构成一个俊男美女也挺不容易。拿我自己来说吧，少年时还浓眉大眼，先是念书念得近视，看东西眯眯着；成年后又长胖，两腮横生，脸宽了而眼不随着扩展，给人一个小眼儿的感觉。岁月变迁中，生生把我的一双大眼给整小了。所以说美是各种先天、后天因素的累加，是各种坚持与运气的累加，怪不得很有些人仅凭脸蛋儿就能成功、挣钱，真是一种资本啊。

4.10 去看望大爹。几年下来没怎么登门，如今他确诊食道癌晚期，有些不好意思。
　　病，是迥于常态的，一个感冒就令我们辗转反侧，更何况癌。有人大言不惭，那是没得上，要不就试试。
　　所谓看望，其实是没有言辞的。只要愿意，是不乏套话、虚话的；也焦灼、沉痛，但只是看望者本身的，于病人，基本无用。对于一个将死的人，我们尽可以施与同情、怜悯，甚至不自觉地表现出内心宽阔的高姿态。其实，有谁不在死亡的阴影下？我们的体内也积蓄着各种病毒，我们的前方，也有厄运不辞辛苦地掘着深坑。黄泉路上无老少，只不过死神的通知书还没交到你手上，那粗心的邮差一时翻找不出来。
　　谁吃肉的时候，也不太记得叫别人过来喝一口汤；而一旦饥寒窘迫，看着谁擦肩而过都眼睛发绿。我们无知无觉、挥霍无度，还对别人施与同情；等轮到自己时，再四处乞求，那隔着玻璃罩的外来的温度。

4.11 送别大爹。他在外几十年，与老家的小辈儿都不太熟，也就没有太多可供记忆的东西来悲戚。我想着从未谋面的爷爷，在大姑之后，大爹也向他报到了。这是家族性的东西。
　　大娘的悲戚。夫妻几十年相伴，真是太漫长了，有的是时间结怨、撕咬，也有的是时间恩爱、体贴。两人一路走过来，站在几十年光阴的尽头，有的是悲欣可供追忆。我却感伤于大爹离乡的一生，以我这近二十年间的居外，家园的恍惚聚散，战功与败绩均是无数；但再好的一篇文章、再烂的一篇文章，都得收笔，都得在时光中渐次磨灭一行行写就的文字。这，就足以令人欷歔不已了。

4.12 老笛读三年级，自己搜罗一罐硬币，上学时便背着我们拿一元钱，到学校小卖部、小摊儿买零嘴儿，阻止过，但她仍偷偷保持这个习惯。想起自己小时候，那时爹开药铺，我们能接触到钱匣子，也自己拿钱——不叫偷，爹不设防；我们也不会拿大钱，一直到高中，学校的费用一般都自己拿。因为这，我们姐弟比其他农家孩子花钱要松便许多。
　　不敢多拿的，二分、五分；买冰棍儿，纯冰的、小豆的、奶油的，二分五分价格不等，一天只能买一根儿。卖冰棍儿的老头儿用棉被捂着冰棍箱，有时冰棍儿卖没了，花一分钱能喝几口冰棍儿水儿，又凉又甜。有时买瓜。夏天学校门口有卖菜瓜的，课间买了，拿到教室,放在手边,听着听着课,拿起来就咬一口。那时应是三四年级吧,语文老师李艳杰激发了我的语文兴趣,埋下了写作的种子;数学老师是齐素格,两位老师都二十出头。因为很快换了数学老师,对我凶,我的数学成绩一蹶不振,自此偏科。两位女老师也许还有印象:一个拉里邋遢的小子,一边听讲,一边吃瓜。那应该是1985年左右,二十多年过去了!

4.13　爱看书、爱看电视,姿势又不正确,老笛的近视是不可逆转了。作为父亲,我是沮丧的。我从初中二年级开始近视,爹就非常恼火,家族里没有近视的,我不是先天性,自个儿活生生地把眼睛给糟蹋了。看不清,就生出很多笑话,那时升学率很低,若近视着留在农村,更是一种失败上的失败。上高一时配眼镜,试镜时,眼前一片明亮;我才知道,在不知不觉中失去的是什么,惊慌、悔恨、委屈一下子齐聚心头。然而对于我的孩子,我又无能为力。现实中,我们只是习惯于规避剧痛,而对于缓缓而来的损害,缺乏魄力,充满惰性。在年轻时、少不经事时,我们犯下的错儿,最初得不到纠正,以后也就万难修改了。

4.14　父母与儿女之间,好像有一个看不见的契约在:我供养你了、疼爱你了,你就得循着我的意图发展,给我做出我谋划的样子来,所谓抚养权(付出)与监管权(要求)。天下无不是的父母,对儿女的焦灼源于过来人的经验,希望儿女安好,但同时也不能回避自己内心虚荣的成分,总是不自觉地把儿女当成了下属。

4.15　好多父母怕孩子经不得风雨、晒不得日头,那就得有不让孩子吹晒的本事。贫苦人家不会过多的想这些,他们不是不爱儿女,是因为没有太厚实的物质基础,爱就显得不经意、零碎不成形。孩子又经常不领这个情,不循"龙生龙,凤生凤"的规律,往往身在福中不知福,远不如在困苦中反倒满心感恩的孩子。世上万物有时很有逆向思维的,"富不过三代"就是明证。

4.16　笛读五年级了,开始参与家事,提出装修房子的动议,想把每间屋涂成不同的颜色,可以调节心情。想法不错,也不是不可以,只是装修动作太大,不是想做就做的。过了一段,她还提,她开始有持久的心思了。孩子大了,想法就多了,懂得了执著,折断的愿望也就多了,人生真正的苦恼也就开始了。

4.17　曾带孩子去北京参加舞蹈比赛,大城市,规矩多,在住宿上一波三折。转过年,去京郊旅游,又找不到住处;孩子很是担心,原来她完全没忘上一次的艰难,她还小,内心竟然有一片阴影在了!随着年龄越来越大,她心里类似的不适、惊恐越来越多,而做父母的,也不能无休止地遮蔽,孩子最终会长大,自己去面对、去承受,不禁心酸。

4.18 放暑假了,笛的作息黑白大颠倒:一觉睡到中午,傍晚再眯一会儿,到夜里十二点还精神头儿十足。这不单怪她,我们还贪恋电视、电脑呢,我们就不肯为孩子改变生活习惯,而需要改变的习惯都是毛病。为人父母之所以伟大,就是为了孩子能委屈自己、改变自己,哪怕是十分依赖已成痼疾的呢,哪怕是吃了不少亏仍执迷不悟的呢,为了孩子,没准儿就能改过来。我们之所以能自觉地主动改造自己,是因为孩子能继承,在我们这里的一块霉斑,传到孩子那里,有可能就恶化成一个烂疮了!

4.19 孩子以锻炼自己理财能力为名,一个月要 50 元。12 岁的她开始对自己的事儿上心,一直在磨,我一直拖着,能理财是好事,但对于她的欲求,要给予例行的打磨与压制。要让孩子知道:父母不是万能的——父母也确实不是万能的,要让孩子遭难,如果伸手就能拿来,吃完了还有,她反倒深陷欲望轮回的深渊。孩子在父母这里遭了瘪、被刁难,到了外面,遭瘪、被刁难就有了心理缓冲。为人父母的,要做这个教练,要当这个恶人;外人是不会手下留情的,爹娘发难是动手术治病,外人则是挥刀直取性命。

4.20 虽然历来钱不多,我却落下一个豪爽的性格,刚出道时不太在乎钱,很有些耻于谈利,渐渐地长了记性,至少经常事过后悔。说话也直率,不太喜欢费劲地去绕,愿意表达,吐噜一下子不愿憋着。与人交往,自己直,想别人就该直,或不管别人直不直,在表达与交往上,很有些掩耳盗铃的意思。

4.21 所居城市位于两大都市之间,小,安静;作为新兴城市规划也不错,干净。只是近年来车辆见多,谁都在发展,连我这样的阿猫阿狗都"屁股下冒烟儿"了。城市的发展就是楼高、路宽,城市的病症就是拥堵。小城失了以往的幽缓、宁静,就像一个婀娜少女,过上几年婚后日子,富态成一个胖娘们儿,以示家境富足,虽不是坏事,也不是什么好事。

4.22 人至七十古来稀,那三十五岁便是一个坎儿,滑过去了,虽然前面还有空间,后面淤积的是越来越多。从此以后,故地、昔人就多起来了,当然,大半物是人非。但避免不了重逢,只是在重逢之前,自己应先灭了念想,以免让人家先说"不",热脸贴了冷屁股;弄一个主动,然后再彼此遗忘、渐次空白。大千世界,却是谁也靠不得谁,兀自悲欢吧。

4.23 居家过日子,天天紧折腾,也不一定弄回钱来;手一松,钱就漏走了。其中大有运道在。我的 个哥哥,曾叱咤 时,但不幸病倒,其余祸事也降临,他努力挣来的家业,好象就是用来弥堵这依次的窟窿一样。何为顺?父母健康、儿女聪慧、夫妻感情平稳、升官、发财，大体就这几样儿吧；不顺的话，把这几样儿翻过来即可。这些年，神佛保佑，虽然后两项指标没有完成好，但前几个指标也没有太糟，所以说中等水平发展了。当然有中等偏下的，还有直接就扎下去的，运道之事，不能强求，不说也罢。

4.24　看电视剧《闯关东》，家族故事，有历史感的民族性的东西，很容易让人肃穆起来。剧中人物朱传武苦战疆场，身边有红颜知己，爹娘也来阵前看望；捐躯后被送回家里，洒一家热泪。悲痛诚然悲痛，但在外面遍历荣光与艰辛、胜利与惨败，再回到父母膝前，是多少人百求而不得的？很多人窝死家中，一生缺盐寡醋滋味淡薄；更多人异乡孤苦，没有爹娘的遮蔽，独撑自咽。泪不能止。

4.25　开车去市郊玩，日暮归。大路在修，绕行一个村庄，小心翼翼地通过一个窄的石桥。桥西便是郊外，地里的庄稼重重叠叠，冷静、肃穆、苍翠，道路上淤着泥水，屋舍简陋而安然。过石桥向东便是市区了，道路骤然宽阔，人密了起来，车等在红灯的后面，热哄哄的气息扑面而来。自小就对黄昏很不适应的，安在城市里的家，过两三个路口就到了。出身的家在三百里外的农村，是桥西再桥西的，每个村庄都很相似。出村入市，这座窄石桥在中间，好像一个瓶塞子。

4.26　有时反思自己的家族，两辈人均缺乏经济头脑和果敢，这没什么好办法，性格里的东西。爹很是自傲，但命运并未过多地眷顾他；娘不识字，胆小复心小，加上他们俩共有的热忱，导致了我们姐弟热直而无用的性格。爷爷不是的，他经商，提倡"好汉不挣有数的钱"，挣下不小的家业，虽然最后在运动中被瓜分。算来爷爷已过百岁诞辰，他已经离世五十年了，到我这一代，商业的机警与眼光就差远了，只能弄些文墨且不成气候。

4.27　对于孩子，我们一厢情愿地划出道道儿，希望能培养出一个中规中矩、完美无缺的人来。其实，对他人施以影响，一般是没有什么准头的。外界的影响重要，受体自身的运行更关键，"响鼓不用重槌"、"死猪不怕开水烫"，你最终是槌还是开水，取决于对方是响鼓还是死猪，这里面很有运气在的。还是先做好规定动作：礼义廉耻、家常里短，多浇水、多施肥，尽量不去污染，全力规避外来星体撞击；他自会日生夜长，应该不会出什么幺蛾子。

4.28　明日开学，老笛又在赶作业，晚饭都不吃，估计手都写软了。总是这样，自己没有规划，先是疯玩，最后发疯。我们也有责任的，觉得假期她该放松，也觉得还有时间。唉，人总是这样：若平时不遭难，关键时刻就遭大难；这时候舒服了，总有时候要你连本带利还上。若不让孩子受大罪、长时间受罪，那就得盯住平时的细节，否则为难的是她，心疼的还是你。

4.29 我们对老笛的管教,是真希望她出落成一个端庄、自强的少女。她终会从我们手中飞出去的,外面的天空岂是那么晴好? 她和我们之间可能有误解,单飞后遭遇误解倒也罢了,又有多少赤裸裸的攻讦? 一片黑云飘过来,罩在头上,飞翔的鸟面容枯槁、心如死灰,但凋落再多羽毛也要冲出去,以作为重获阳光爽晴的交换。我们也知道,每一片阴晦下,都会有一些永远羁留下来。

既然在外面难免受难,还不如爹娘事先给一些折磨,今后就有承受的经验了。很多爱表现为娇惯,你松弛一些,她就鼓胀一些;就好像穿鞋,总是休闲大号,脚号不长了,脚面也肥,一旦穿上小鞋,就会受不了。所以,在棒杀之外,还有一种爱杀。小错不纠,大错就不容纠,也纠不过来。打击也分轻重缓急,没有循序渐进,让孩子面对一下子承受不住的雷,不可谓不是害。

身边禅 物质往往压覆着精神

5.01 画家陈丹青说:"善而再善,很难,恶了,只会更恶。"鲁迅先生说:"我向来是不惮以最坏的恶意来揣测中国人的。"逢酒必喝,一喝必醉,一醉必耍;斜着眼,撇着嘴,发着狠——这样的人太多了,反倒左右逢源,至少不吃亏,不禁令人浩叹:"高尚是高尚者的墓志铭"!物质的巨大的深渊,令人们像饿狗见了大片新鲜的屎一样,乐不思蜀。现行现报,你还苦苦修行作甚?在这人生的饕餮大宴前,狂舞的不光是群丑,能止住脚步的人不多,能掉头走开的人就更少了。

5.02 在一个区域里绝对权威后,就嬉笑怒骂皆成文章了。国人有为尊者讳的心理,不像外国,总统念错一个单词,都有人当面指着哈哈笑。谣曰找女人:皇上是游龙戏凤,大臣是生性好动,百姓是流氓成性。都是一回事儿啊,只不过中文太精妙了。

人一旦被固定在某个职位上,就会相应地焕发出那个职位的声色来,曾言,就是苦力也禁不起尊崇,只要给阳光就灿烂,只要有纵容就会有撒娇。比如一把刀,刀刃的锋利有时并不重要,起更大作用的是抡起来的势。曾言,甚至长相也会因顺逆而发生变化,承蒙祖国语言的丰富,五官威仪与肥头大耳、玲珑紧凑与贼眉鼠目,其实也是一回事儿。

5.03 人都有得寸进尺的劣根性,如孩子,摔个杯子你不管,他就敢糟尽个碗。在人际交往中,有的人没有架子,就会受到轻视,就算曾被称为某老师的,也会成为老某。啄你一口你不在意,那攻击就接踵而至了。一个人在街上摔一跤,不懂事的孩子、弱智的傻子都会哈哈大笑,他们又知道什么?人的哄笑心理是天生的。身大成靶,又有表达的欲望,很容易就卷到话题的中心了。舌战群儒?应该是"开口使人空虚",面对一群无聊甚至心怀恶意的人,有意思吗?因寂寞无聊,博取劣质的快乐,反倒招来轻薄,为人需谨慎啊!

5.04 都市白领的生活是高来高去,他们所讲究的生活品质,即新近总说的幸福指数,就是不吃白薯吃肯德基,花完钱后还要担心激素过剩,发愁怎样减掉吃垃圾食品造成的肥。城市人来钱容易,也敢花,但论及幸福,还是过犹不及的问题。

5.05 与一友聊天,他遇上事儿了,但处理手段颇为惊人:对方不按规矩出牌,他也只得不按规矩出牌。人生在世,难免有什么地方发炎,也难免有些神经兮兮。病症往复,会出现两种结果:一、疼痒入骨侵髓,敏感而脆弱。二、疼消痒止,已成死肉。能麻木也是好的,混挣尘世,有什么事不会发生?只有想不到的,没有做不到的。西方哲人黑格尔言:存在即合理。

5.06 许多表面光辉伟大的,幕后其实都是扯淡。写稿为文有定式,为人处世也有,怎样怎样能达到光辉、感人,怎样怎样能得到好的效果,这就叫做策划与炒作,照此方法,典型是可以批量生产的——当然,不能对世事求全责备,伟大是平凡堆出来的,或是平凡撞上了好运而已——看得多了,也程序化了,自己说服自己,就这样吧;但见了明显的作假也能接受、迎合,这是不是就叫粉饰?

5.07 在阳光与水诸条件齐备的情况下,什么都会茁壮的,爱意、豪情,或者狂妄,哪个仓库养不出硕鼠?出发点往往是卑微、琐碎的,但走着走着,就会淡化了这些不光彩的,只剩下那些光辉、感人的;本来虚空甚至虚假的部分,一再得到强化,不但浸染得他人认同,渐渐地也鼓动、迷惑自己信以为真了。陈佩斯小品中小偷扮成警察放风,最后在别人的尊重里真把自己当成警察了,其同伙的一句话震耳发聩:"你以为你是什么东西!"

5.08 一个女孩坐在对面,可谓皮肤白嫩,不过脸上有一道明显的疤。不由多看几眼,是胎里带,还是不小心伤着?经端详认为,很可能是被人用利器故意划上去的,传说中的划脸毁容。无论怎样,少女脸上的疤肯定有故事在,而且大半是惊悚的。女孩坐在灯火通明中,可见内心已经平复了,这是不是灾难被平俗生活消溶之一种?

5.09 男人与女人的思维是不太一样的,少壮时图谋远大而虚空的功名,渐长,则常构想一个庄园,楼廊殿阁均按自己的性子来,虽然务实了不少,但也有建功立业的色彩。

傍晚散步,至城郊村落,街巷都铺了沥青,临街小院佐以花树;应是我期许的城市与乡村的结合,却仍渗透着灰暗、潮湿,是我微微发晕的头,还是黄昏心情不佳的缘故?心情不怎么样,入目的自然是萧索。其实什么样的楼台也禁不住秋伤冬暮,物质固然重要,但愉悦是内心的事,倘若快乐,晨曦中的茅屋也是醉人的。在追逐中失落,或活着活着模糊掉了本真的乐趣,这时再去倚重无底洞般的物质,就有些缘木求鱼。

5.10　现代人的生活,你能想象没有电脑、没有汽车的状况吗?虽然我们不久前还物质匮乏,但"由简入奢易,由奢入简难",人啊,享受的文明成果越多,所受的限制也就越大。被各种技术支撑的现代生活,在很多层面上是一戳即破,瞬间就寸步难行。是否什么都没有,也就无所谓失去,如果没什么奢求,也就不受什么条条框框的限制?

5.11　为人处事,人也有近视、远视、斜视、弱视的,还有青光眼、白内障,看不清局势,辨不清是非,更不知好坏人儿!万物皆诡秘,这倒罢了,关键是,很多时候看自己也有误差,这误差来自主观臆断,年轻时叫做幻梦,及长就为顽冥不化了。一直在臆想里漂浮着,岂不知一直都在错着,有朝一日醒来,想象的花径消失了,手中仅仅擎着一根狗尾巴草,你还敢像以前一样妄求整个春天吗?

5.12　去市图书馆,新近建成的,还有读者停车处,一个个车位划得整齐。车轮轻轻轧过宽直干净的马路,拐入一片精致建筑中,草绿、树青;泊车,上楼,至安静明亮的阅读室,翻书阅报。这样的环境,想不高尚都不成,如同在充斥烟雾、脚臭、浓痰的湿冷工棚,想不俗腻都不成一样。环境,会慢慢改变人的,这也是一种润化,一个人不会总使不好牙签,剔牙的动作在观摩一段时间后,也会优雅起来的。

　　当然,润化也得看什么对象,看对方是幼苗还是铁板。幼苗吸吮了雨露,会枝绿叶亮;铁板泼上水,不但不松软,反而让人尤不能容忍的绿锈斑斑。

5.13　近来迷台球。与台主打,十杆不开胡,更可恨旁边有人观战,指点、嘲笑——满足他好为人师、把玩弱小的心理,否则谁去观战?胜骄败馁,谁都是的,虽然满嘴不在乎,但内心难免焦灼。不过最好别显露出来,不要正称了人家的意。后来赢了两局,在"下一杆"的侥幸中,共输十几杆。十赌九输,有时越掌控不了局面,越强攻,屡败屡战,典型的赌徒心理。

5.14　儿女教育真的令人如履薄冰,现如今大多一个孩子,更是关乎身家,倒不是想日后沾多大光,只求将这义务尽完,能修行到生死由己的境界。如果偏了,出了岔子,就成为人生一大败笔,生命的意义至少损失百分之三十——还有父母的供养,粗粗一算也得占百分之二十,人至少有一半不是为自己活的。巨大的成本,两侧的悬崖,可见我们苦苦修炼的正果其实悬于一线。

5.15 生活中禁忌多多，像一个个架好的老鼠夹子，其实谁都知道后果的，但总是在没夹下来之前，心怀侥幸地去逾越；一次没被夹住，再去一次、两次……渐渐地，反倒有了一种挑战的刺激感、成就感，明知不可为而为之，越是禁止的事就越上瘾。从心里把鼠夹视为虚设的人，也许就有了精英的感觉，多半就在这个当口儿，"啪"的一声，一切逆转……

被夹住后的惨状，以前是多次想到过的。当铁夹无情、口喷鲜血时，后悔当时孟浪的居多，而很少有人因享受了逾越禁忌的畅快，从而坦荡、无悔，从而死得豪放些。

5.16 人要弄明白点儿，不要太相信"苟富贵，勿相忘"这句话，两个人之间不均等了，剩下的只能是尴尬。有一朋友，其发小成为巨富，每每念及旧情，给他多方照顾，但渐渐地他自己就远离了，他帮不上对方任何忙，双方太不对等了，也没必要让人家养起来。所以，对发达了的故友，挂在嘴上过过瘾就得了，不要把自己做扁了；须知，人家的官儿不是为你当的，人家的财也不是为你发的，拾人牙慧，虽也舒适，但着实没意思。

5.17 花花世界易进难出，尝到甜头了，曾经的清苦就变得万分的不可当。人性就像出大力气干累活儿，一停下来，就会腰酸背疼，不能重启了。勤劳、正派、坦荡、高雅这些优秀品质，一旦被色缠上，很快就会变异了，子曰："吾未见好德如好色者"。

5.18 "不听老人言，吃亏在眼前"，这话在理儿！年轻时总嫌父母唠叨，认为他们看到的坎儿不存在，就是存在也不是当前。孰不知他们是经验之谈，是摔疼了，才探出那些沟坎儿。结果大半应验。他们竟能预测你的命运，喊痛之余甚至有些气恼，为什么那么准啊？好象他们这些提醒者成心在诅咒一样。

5.19 现在物质有些极大丰富了，物价也在人们不经意间向上蹿了又蹿：汽油一升由两块钱涨到五块，猪肉每斤由五六块涨到十来块，火烧夹肉由一块涨到两块——吃顿早点就得六七块。日用品涨幅都在两倍左右，在这种情势下，钱也就不是钱了；你觉得一个月挣两三千，但较之以前的物价标准，也就千八百，钱不实着了啊。

膨胀之下，一些小额的钱币就作用不大了，分币早不找零了，现在块儿八毛也忽略了，人们拿它们穷大方，满不在乎。有时候真为那些零钱叫冤，毛儿八分也是钱啊，我们还没有真正的阔起来；集腋成裘，总有一天，遭到忽视的他们，会结结实实地绊倒我们。那么多细小，终会事关成败。

5.20 看见那些在超市大包小裹的人，不禁庆幸自己还流连在菜市场。没什么可嫉妒的,超市的东西肯定贵过菜市场,虽然"一分钱一分货",但不会相差那么多;为了好那么一点儿,就多花上几倍的钱,与其说有品味,不如说钱不紧。其实,只要不臭,什么带鱼不是那个腥;只要不假,什么酒不是那个辣?一把芹菜,一掐香葱,能差到哪儿去?只不过经济状况决定人的消费习惯罢了。

5.21　传统的教育总是强调好的名声,你得听从、忍让、吃一点儿小亏,不要想发作就发作,就是做得很好也要接受别人的挑剔。这一套做下来,一般把不爽留给自己。关键是你最后的隐忍,只能换来他人下一次的颐指气使。同善恶的消长一样,人的感激是很难累加的,而怨恨则容易日新月异,如此,要这好的名声有什么用?人活着,有谁那么兴高采烈?看得越来越清楚,心也就越来越冷硬。

5.22　人生不像词条一样,可以遣词造句、着意安排,谁也逃不过命运之剪的修铰,谁也抹不去枝干上的疤痕。心态好与不好,都是一个阶段。从已经装订好了的一本书来看,或春风得意,或艰难苦涩,不过是其中一个章节,很有往下翻看的必要,尚不知后记或跋的模样!

5.23　冬天冷,身体需要热量,爱饿。吃下三个馒头后,又得想如何消化它们,不让脂肪增多。每天先是费着劲挣钱,买来吃食,又安排怎么在胃里消化掉。买东西,吃饭,任由自己的辛劳由新变旧、由饭变排泄物。这个过程就是活着。生的主旨:首先是自己尽量多活、亲朋安好,如能再加点儿葱花儿、香菜,那就是有品位的日子了。

5.24　去采访一位民间工艺家,其实就是一个能工巧匠,在贫困清苦的日子里,有个嗜好并坚持了下来。如今竟可称作大师了,他的心理得做很大的调整。生活就是这样,天天梦想成为大师的人有多少?都做好了各种准备,练字也是为了给人家签名、题词,却望山跑死马,做不成的。

5.25　有些地方断不能悬挂"欢迎您再来"的条幅,医院是其一。到了医院就没个好儿,管你多大本事、什么级别呢,自己的罪只能自己受。住院部不远就是太平间,医院是对人修修补补的地方,实在修补不起来了,就直接作废烧掉。人从年幼及长至老,新三年过得爽,旧三年尚可,缝缝补补的三年就不好过喽。

5.26　国人对离经叛道的做法始终心怀批判,虽然自己也渴望逾越陈规,去享受那规定外的快感,但一换情境,一换对象,很快就回到原来的中庸立场,持原本的态度了。

5.27　游京郊红螺寺,中有紫藤花架,雨中花瓣萎地;左近,几代高僧长眠,墓塔寂然,不禁潸然,为他人那其实与己无关的修行。十几年前,我曾写诗给自杀的海子:"不知他如何来去/却道他历过沧桑",就是这感觉,对于信仰与追求,应给予起码的尊重,尽管我的思想平俗得很。

5.28　新的东西很快会变旧的。在花了亲钱,满足了先前的艳羡后,它会由新得令人下不去手,到第一次碰损的心疼,又到习惯了碰损,渐渐不为其所动,最后又想换新的了。再买,也是这样的一个过程,不如修修旧的,"新三年,旧三年,缝缝补补又三年",使着顺手不说,先是从消费心理上就占了便宜,时间长了,还会有肯定自己挑选眼光的成就感。这就是人们的"不厌旧"心理。当然,它与人们的"喜新"并没有什么冲突。

5.29　心里的伤痕,是自己或别人刻划上去的,有意或无心,一道一道,崭新就没有了。我们看影视剧,往往经历过大磨难后大团圆了,很为之欣喜,而不去想团圆只是一个站点的好,之后还会有新问题出现,老问题也有复发的可能。剧情是结束了,人却还没有死,人生中鲜有一劳永逸的事儿。其实伤痕是不会被消除、弥补的,就像山岩的沟棱,凝固了,它可以不复发,但也不能抚平。

5.30　芸芸众生是讲体制的,人们都生活在惯性中,诸多好恶都植于血液里了,特立独行不容易,而特立独行遭受的孤立与打击又次次不虚。第一次遭受打击是吃惊,第二次是不幸,第三次则已习惯了。现实是不允许你固执的,体制内的温暖、职、权与虚荣,食有鱼、出有车,甭站着说话不腰疼。自己受了罪,又遍遭嘲讽,真理往往是置后的,所以我们中庸得有道理。

5.31　道貌岸然这个词儿原先是褒义,用着用着就贬义了。正中端坐,心中男盗女娼,多少年都如此下来了,也没什么可气愤的。现在处处谈性,满口污秽,就是满脑满心污秽的延伸,连遮掩都不遮掩,你还妄求这样的人内心澄明吗?如此开放,还不如"封建"一些呢!

5.32　人突然变好是不太可能的,因为原先的好可能就是伪装的,本来装得就有很多破绽;有人装得不错,但也许会突然腻烦,不再接着装,直接坏去了。人突然变坏则太有可能了。从本性上讲,坏的成份一直潜伏在我们的内里,一旦诱发就会见风就长。坏是不需要装的,坏比好舒服多了,坏很多时候正是我们的本性。所以坏基本不需要什么迂回,筋肉一松弛就是了。

5.33　在不该节省的时候节省,这种人恰恰会在不该浪费的时候浪费。很多时候在拆东墙补西墙,生产力与日益增长的物质需求之间总有差距的,所以绝大部分人不会整体优雅起来,总有灾难的阴影若即若离,"人无远虑,必有近忧",所有舒缓都是局部的、暂时的。

5.34 四川大地震成为大众话题,曾对人摆活:若同样压在废墟下,象我这样的胖子肯定能多撑几天,脂肪多啊。不料对方很有逆向思维:不一定,越胖越对食物有需求,吃大餐习惯了反倒不能抗饿,胖子的渴求比瘦子大很多,也容易绝望,可能先饿死。人家说的有道理。

5.35 有的人语言越是奇伟,作为越是笨蛋,即便跳脚大叫也是小猪的歇斯底里,没什么新鲜的。遇到这样的冤家。冤家这个词常见于古代文学作品,既有疼爱的成分又不乏嗔怪,或恨得牙根儿疼却又无计可施。冤家是命运派发给你的,你不能不要、不许退换,只有老实面对。

5.36 经常听到人们在斥责,说某某不仁义、心狠手辣,细想不禁发笑。谋权找地位,厚黑是太正常不过的事,谁都有立场,你站在他的对立面,那就万难成为朋友了,你还想讨来温情与体贴吗?这哀怨就显得自作多情,是徒劳而可笑的。

5.37 带女儿去饭店,她告诉服务员:露露要常温的。才八岁的小孩,就这样熟稔于饭店了,忍不住跟她说起自己小时候的物质匮乏,吃一次肉是多么的不易。她说:知道,你们那时候不是没开革吗。她把改革开放误读为"开革"了。"夏虫不可语冰",一个人有一个人的情境,你想影响谁、引导谁,没那么容易!

5.38 资本会散发令人瞩目的光环。时下,"有奶就是娘"现象尤甚,且不管这奶是怎么来的,或出于什么目的给予的。如此,恶的人也大有可能救赎了,即坑杀九个人积累财富,救助第十个博取清名。比那些始终心软者,空怀无用的善良强多了!"无毒不丈夫",一些人未发迹前格外不要脸,发迹后就转移方向,因为要摆样子,就格外要脸了。

5.39 跟一朋友聊,他说一句:"人主要是活得快乐",这话是大道理,却甚合我意。我们总是关心钱多钱少、官大官小,而忽略了快乐不快乐,那挣钱、升官为何?我为什么总闷闷不乐呢?在生活的挤压中,处心积虑又前忧后患,翻来滚去与各类敌手斗,这是一种性格,还是一种宿命?突然明白,快乐与否跟才智、地位其实是无关的。很多发大财、成大事的人恰恰举重若轻,甚至浑浑噩噩、误打误撞。即便小人物了,内心安宁者也大有人在,关键是人家安于现状,拿吃亏当免灾,有着阿Q式的快乐;此处称人家阿Q,绝非嘲讽、自认清高,谁也不能规定弱小者就不许快乐,谁也不能断言弱小者就没有快乐、不能滋润。

5.40 心情不好,但还得干活儿,不像琼瑶笔下的男女,可以任意抻长、弄乱自己的愁绪。这样也好,虽然有强颜欢笑的委屈,但也能暂时的忘却,笑上那么一两下。天不知不觉下雨了,胃寒,我已经抽了四颗烟;有人研究:抽一颗烟大估摸少活两分钟,那我就自行缩短一段了。也好,这种缓慢地靠近死,有时不胜其烦忧了,就自己推自己一把。

当然,上有老下有小,不能让他们老来凄凉、少而孤寒。完成这两大任务,至少还需二十年,那时才算尽完人生责任,才是属于自己的自由身。人生说快也快,爹娘六七十了,小孩也舒展开枝叶了,但有时是一星期一星期地熬,挺不容易的。其实时间的速度是恒常的,春风得意就白驹过隙,愁容满脸就时空凝滞,快慢的感觉,来自每个时段的心境。

5.41 看老片《西游记》,一般是师徒遇妖逢魔、费些周折,或悟空打死、或请神仙帮手渡过难关。不少妖怪是来自仙界的,多是某大仙的童子或坐骑,都依仗着身份或便利下来为害。这个很有社会现实性,"一人得道,鸡犬升天",鸡犬升天后干什么?还不是凭着沾来的仙气儿,得到一些别人得不到的东西。

《真假美猴王》,说一个道理:悟空与师傅生隙,心里有意见而变异了,方有一个假的悟空——其实是他一些潜在的与平时信念截然相反的想法,一棵树上的两个不同的果,所以难辨真伪、不分伯仲。这个妖魔的说法很有哲理,应在八十一难中佛性的意味最重。

5.42 相机,尤其是性能精良的相机,是可洞若观火的。皱纹、赘肉、眼袋、变大的毛孔……照得纤毫毕现。可以做些技术修补,但无一例外的假。小孩子照像就自然,因为她嫩得还不知道做作,所以就不用做作。有了缺陷的人本能地进行遮掩,就不免做作,所以好多事不是有好情绪就可以了,得看硬件,谣云:不到首都不知道自己官小,不到南方不知道自己钱少。我给加一句:不照像不知道自己有多老!

5.43 某显贵落马,以前曾与之有过交往的,内心不由翻腾。曾经疯玩一种名叫"抢滩登陆"的电脑游戏,每十关中最后两关都非常难打,之后容易,然后再难。人的发展也如此,一关一关地闯,顺逆是有周期的,且情景惊人的相似;胜败几率一样、付出心血一样、经历悲欢一样,那么,死在第九关与死在第九十九关何异? 倒不如只选那最难的几关打,图个刺激、找个心理安慰,至于升入什么档次,终止在哪个档次,其实并不重要。

5.44 不要以为弱小者就可怜,不要以为你一个月挣三千,就可以垂下头去可怜那挣三头五百的。每个人都有一个情境,在里面悲喜善恶。曾看街头打架,一个人大耍其横,因为是在他家门口儿,如果离开他的一亩三分地儿,他才不逞这个好汉呢。由此可见,一个平时猥琐、低眉顺眼的人,到了能发威的时候,会是怎样?去一个小吃摊,伙计很傲,可能是生意好,不在乎一两个食客,不禁气恼——其实是我自己的偏差,伙计怎么就不能咄咄逼人？完全是把自己看得过高，以可怜人家的心态，不许人家与你齐肩并坐。

5.45 　与人聊天，谈及贪占心理。如今黑人太多了，一个人群若有一半以上不要脸了，那社会风气就会逆转，少数人的坚持就显得不合时宜。面对那些跳入欲望池中大搓特洗的人，你可以心怀鄙夷，认为自己在诱惑面前还挺得住。但就风气而言，嚼舌头根子的是大多数，量变带来质变，社会已有了新的道德标准、新的荣辱底线；虽然新旧还在过渡、纠缠，很多人早就"存在即合理"了，理虽不太直但藉口众多，早就做了，只不过一时不便明说而已。是非混淆时期，什么都是相对的，独行者又怎么样？也许在不觉中，你已成了独睡不悟者。

5.46 　经历世事，当有干得、干不得及干得好、干不好之分。年少气盛，一些难以企及的事也拼力而为，人谓执著；"明知山有虎，偏向虎山行"，大有少年孟浪在。冲杀数年，锐气消磨，就讲取舍、工谋略了。很多事不仅仅是干得、干不得的简单层面，还有干得好、干不好的技术问题。干成了且干得好，才能吐气扬眉；干成了却一团糟，不但无功可论，还要面对瓦砾一片。如是，干不好，反倒不如不干。

5.47 　喜新厌旧、嫌贫爱富、饱暖思淫欲、"人一阔脸就变"……这些可称得上人之通性，人可以地位不同、财富不同、才智不同，但个通性，谁也逃不过去。掌握了这些通性及其相互间转换的规律，就成了有经验的老中医，拿眼一搭、用鼻一闻，就了解个大概其，就知道眼前的人害了哪种"通性"病，任他怎么遮掩也没有用的。

5.48 　世上所有的饵都是香甜的，否则就不能吸引人上钩。道理都可以反过来：所有香甜的东西后面，都有着一个钩——或软性的，慢慢侵害；或刚性的，一下子就勾得鲜血淋漓、置人于倒悬。世上懂得这个道理的人不多，懂得这个道理后，能扛住诱惑收手、掉头的，更少。

5.49 　带欢欢去宠物医院，看见同类在白大褂手下鸣叫，它躲闪着耍赖，眼里流露出惊恐，活脱脱一个小孩儿模样。狗有人性，人也得象待人那样去待它，打针、输液、洗澡、铰指甲，这才称得上宠物，它才与人贴近了，神态、动作乃至心理。换言之，若不以平常心相待，久而久之，即便是同类，也会变异了。暴力、欺诈、变态，那些咄咄怪事不都是发生在我们中间吗？

　　忙活一阵儿，为欢欢花了八十元，有些心疼。贵啊族！你吃顿早点花七八块吗？你养条狗花千儿八百吗？这不是看家护院实用型的那种狗。心理贵族很多时候是没用的，真金白银才管用，很多时候咱真的不如人家的一条狗，所以贵了才是骄傲、得意的一族，口吃的念法是贵啊——族！

5.50　人的才情与机遇是很难对等的,就像北京奥运会上拿奖牌,同样是苦练数年,同样是业界佼佼,一些人绊倒在了领奖台前;而最终登上去的,虽然也辛苦、也优秀,但总是幸运从中起了作用。同理,一个人的努力与机遇搭配得无可挑剔,拿到一块金牌,成为一生的高度。而一些人拿了一块又一块,在高手、幸运者之间再次脱颖而出,不服不行,这就是顶级高手与一流、二流高手的区别,这就是大师与著名的区别。

5.51　一个小贩来收家里的花生,挺大的一个男人婆婆妈妈,且说话很是难听,不藏着掖着,直捅人肺管。刚入城市的时候,见过在办公室里双方的争执,戴眼镜别钢笔者,话来话往不乏含沙射影、笑里藏刀,但即便谈僵了,出门时也象进门时一样握手,用几句外面儿话垫底。当时就很感慨,干嘛不直接开骂呢?这就是"高层人"的虚伪。但处身市井农舍,连伪高雅都没有,赤裸裸的脏,这就是坦荡的真了,这就是我们需要的吗?

5.52　在人群中讲礼数,温、良、恭、俭、让,会让他人感到很舒服的。因为在内心认可了礼数,自己也不觉怎么憋屈,也会因为明确了处世标杆,而愈发笃定。一个人可以不讲礼数,但他也知道讲礼数的好,也很乐意享受别人讲的礼数,但他只是要求别人这样,而自己并不会自此也讲起礼数来。

5.53　评比,就是成批的同行扎堆儿,去争做一个分数的分子。竞争的难度,要看分母的大小,因为要百里挑一、千里挑一,你就得以一当百,既得有实力,又需要运气,关键得承受得住别人的评头论足,于林立的规则之间大玩凌波微步,才能够脱颖而出。
　　发明出评比、选举,并拓延出庞大的利益体系,是动物界早就有的事儿了,诸如狮王、猴王。没办法,僧多粥少,资源有限,同类一多就需要分出等次,你多我少地做出分配。世上的资源本来就少,还需要向少数人倾斜,撑死的撑死,饿死的饿死,大家岂能不争?岂能不热衷于评比?
　　有资源的地方就有争夺,有争夺就有立场,有立场就有偏向,有偏向就有不均——一帮人好了,另一帮人就得倒霉。搞不上也别太搓火,大家面对的是概率,再说,哪个庙里没有冤死的鬼呢?一想这个内心就平衡了。

5.54　与人聊天,多年未交流,岁月葱茏中,他已然活学活用成长为一个花花公子了。谁都有自己的活法,谁都有自己的理由,谁拿谁也没有办法。世情民风的悄然转变,最终形成浩瀚的时代大潮,潮来潮往之际,有谁不被冲刷?更没有几个能抓住身下日渐松散的沙地。社会的每一个发展阶段,做先锋做领头雁做出头的椽子,冒天下之大不韪,受到的瞄准、打击,无疑会最多;而筛来筛去,渗留到最后的,也会遭到孤立甚至诟病。相对于庞大的灰茫的中间群体,开路者与坚守者都是不易的,都将付出代价,正因为如此,他们通常被冠以英勇之士的称号。

5.55 人生不是处处精彩,生活本来稀松平常。"谈笑有鸿儒,来往无白丁",那是多么无菌化的生活,其实存活不了多久的。你只要生活,就要融入生活的圈子,修车的、卖菜的、门卫、出租司机,结交他们也不是你的委屈,职业没有贵贱,只有人的贵贱,所差的只是心态问题。

这些人恰恰是你的生活构成,低头不见抬头见,远亲不如近邻。在此处生活,你认识一个修鞋的老王;搬到新家,你与补胎的老刘相熟。如此而已,生活平凡无奇的本质并没有变。生活本来就是活着,很多动植物,你不见它们尊卑悲喜,但他们也呼吸,也加入生物链,你不能说看似茫然的它们就不是活。

5.56 居家过日子,家常便饭久了,就要出去撮一顿,改善、犒劳一下。平素的幽缓、无味,会因此温馨、浪漫一下子。这就是物质所起的作用,美味、精品,总会给人带来感官上的惬意,谁面对物质也会笑逐颜开。我们总是强调精神,是因为物质所带来的沉迷太过明显了,太容易压覆住我们对精神的追求了,玩物丧志、声色犬马,与物质一比,精神整个一弱者,需要格外的提醒,才不至于落下得太远。

5.57 很多快乐的中间夹杂着忍让,你若想得到这快乐,就得接受附加的无趣、懊恼。只要有比较,只要睁着眼睛看,就没有纯粹的快乐。生活就是你进我退,快乐大多是零存零取,悲怆则为零存整取,我们经常感到甜少苦多,其实二者的总量大致相同。

5.58 看影视剧,一人艰难戒毒,发誓,又难抵诱惑复吸,期间有辜负亲人眼泪的内疚,在欲望面前,内疚又被挟裹着冲入深渊不见。这就是瘾,是积习,是欲望。恶习为什么会难以戒除?是人活着过程中难以排遣的空虚。人无所事事会无聊,一蹶不振会无聊,头顶光环、如日中天也会无聊。在强劲的动力下,一个个已经完成的目标迅速远去、虚化,谁也不能使自己永动如新,在高潮退去以后,是难以忍耐的虚空。这就是很多明星吸毒的原因:他们站在聚光灯下的时候,已然注定谢幕后难以化解的落寞。

5.59 人际交往中,会来事儿的人让大家心里舒坦,会来事儿的人都精明,关键是:会来事儿的人不会总会来事儿,他们到底是有所图谋,"会来事儿"只是其表象、只是因,到了最后的时候,终会不会来事儿,终会露出獠牙来。

5.60 笛回奶奶家,大姐的女儿琪琪过来,表姐妹有几个月不见,应该玩一下、熟络一下。但她们也没什么可玩的,也不太兴奋。其实孩子的世界很是简陋、苍白,她们更多时候无所事事,但他们是高兴的,至少不犯愁。她们没有什么远大的目标,也不会主动地发奋图强,除非大人强压,她们玩玩、吃吃,没有什么压力的。

　　相比之下,大人就像高压气枪射出的铅弹,是瞬间产生的高压,使他迅疾地射向目标。人长大了就像骡马上了套,让你向前就抡起鞭子打屁股,让你刹车就拽紧嘴嚼子,勒出血津儿来;前进的动力是疼,停住的手段也是疼,前面的目标也是受人牵制,如何不焦灼、抑郁?

5.61　社会中有很多标准的,在一个点之上或之下,再严格些还标明含不含这个点。你偏过去了,就不行。但生活在一个讲究中庸的国度,法之外有理,理之外有情,情之外还有好恶,好恶之外更有利益,这几层下来,就有了数不清的迂回、变通。有一个规矩空泛的戳在那里,余下的,都是潜规则。对潜规则,人们大多揣着明白装糊涂,还打着旧旗号,找出借口、理由,从而不躲不闪、大言不惭。规则就是用来比照潜规则的,但又不肯把潜规则扶正,这就让较真儿的人伤心。五十步笑百步,二十五步还笑五十步呢!已经逾越了的,谁都可笑,从而没有了笑别人的资格。

5.62　生活,一般都有发出莫名力道的幕后黑手,你万不可安排它,不能将你的心思一厢情愿地透露给它,本来你是想融融而乐的,你张开嘴正要赞美时,它可能往你嘴里拉一泡鸟粪。它岂能任你摆布?它是那么不可臆测、不容商量,会把你美滋滋儿的想法来个满拧;你就是与它拼命,以卵击石地去死,它也未必收你,一扭,就堪堪躲开了。

5.63　有些人春风得意,有些人秋雨霏霏,两下里的感觉天壤之别。混挣在尘世,窘迫与灾祸其实一直在不远处遛达,命运给每个人都一个存活的定量,有人多点儿却也不是无限量。就好像一辆车,在报废期内你尽可以风驰电掣、两腋生风,怎么撒欢儿也没人搭理你;可一到限制公里数,就会有一根无形的绳子勒紧,令你顿时窒息,走过千山万水后却寸步难行了。

5.64　与友聊天,几十年活下来,都是经历了很多输赢的,感触也一致。常说一句话:"只看见贼吃肉,没看见贼挨打",多年的顺逆排布,也是有一定规律可循的;人一定要想得开,幸福是自找的,痛苦也多是自身处理不当所致。

　　为什么我们总感到憋屈呢?可能因为我们太过心细,吃肉总嫌少,挨打苦兮兮。就像吃一碗米饭,讲究的人发现里面有砂子,就会皱着眉头抱怨,叹自己、骂厨子,恨不得连种米的农民都捎带上,从而摒弃了一桌饭菜所带来的营养;马马虎虎的人不这样,不在意这几粒砂子,即便硌了牙,吐出来就完了,而把剩下的饭吃得喷儿香。又像 dvd,配置高、纠错功能强的,光盘有一道划痕就放不过去,不像那些平常机子,磕磕碰碰的反倒能看完。生活本来不是真空的,我们太追求完美了,反倒自找痛苦,很多精致、讲究,反倒不合时宜。

说艺 俗雅一体无雅俗

6.01 头顶诗人帽儿,成名与否暂且不说,先是感受精良了。总看着别人好,别人有这么多隐忍吗?看书,德国文学老二海涅一生纵情,精神与物质都大师了。人啊,作品经典了人就经典了吗?文化,更加"胜者王侯败者贼"。通往不朽的路上都是灰色的繁琐,或昔日龌龊,渐成今之经典!

6.02 前途,更多成份是钱途,无论何种境况,要脸是难以要钱的。文人做官不成,发财就成吗?心游八极的文人,往往存在一个何以安身的现实问题,宏业难张,退求小成吧,即保家小平安,较体面地活至晚暮,这也是不错的。文人多的只是感慨,可能正由于这感慨,疼痒方甚。不合时宜,前行艰难,左右则堕之。在这个忙碌庸浮的社会,俗人都压力大,文人就太有可能抑郁了。

6.03 现在影视剧兴未删节版,拍出来又删去的无非是裸露,与三级片无异的。现在是一个"脱的时代",女演员脱衣服,进可以艺术,退可以三级,只是在什么场合以什么名义脱的区别。世人也都在脱,脱思想、脱情趣、脱情感,连衣服都能冠冕堂皇地脱了,而且还没人戳脊梁骨儿、拍板砖(哪怕是背地里呢),还能领一时风气之先,那还有什么不能脱?脱到最后,仅剩一块白板!

6.04　文人多不成器,只要不太艰难,就愿意从容一些,就又浪漫去了。这哪儿行啊,活着只有两种状态:战时与备战。要向传销人学习,时时处处都能嗅出利益来,跳油锅也要站在高坎儿上,这就叫做未雨绸缪。

6.05　大片《投名状》,讲三兄弟在征战中渐渐变了心意,或一开始就有二心,到最后包瞒不住了。功利、女色,这都是男人骨子里需求的,怎么约束?就像让猫发誓不吃腥,你信吗?信了又是何等的愚蠢!世事如斯,到了一定的地步,具备了一定的条件,人都会发生逆转的。只有笃信了情义,才不设防,才会被准确击中,伤害才沉痛。人与人之间积累爱是不容易的,而怨恨不可遏制,且具有穿透性。忽忽人生,知音难觅,而尽是"他人即地狱"了!

6.06　看赵本山导的《乡村爱情》,屡屡发笑,人俗到了极致,一两个人俗,一个群体以俗对俗。艺术有概括、提炼、夸张的因素在,但须在真实的基础上。细一想,生活确也无聊、恶俗,"刘能"无耻的直白,"谢广坤"的稍加掩饰又迫不及待,在我们生活中还真不少。赵本山的黑土地风格源自东北二人转,与一些无视现实、杜撰人性的作品不一样,他是忒真实了。对于这样的审丑,我们当下已适应的文艺接受心理,有些还不能去完全迎合,我们还需要一些虚头巴脑,滋生一些凛然之气、浩然之气。艺术怎样反映生活,怎样逼近事物的内核,永远是一个常辩常新的话题。

6.07　老笛学画,一帮小孩儿在广场写生,引来一群人看,他们写写描描,心里肯定有优越感。书画是可以当场做的,私下里磨练,然后泼墨成风。这样的场面见过不少了,甚至几个书画家共同完成一幅作品,你书我画,再盖上独特的小印戳儿,真是显摆。诗歌不行,一直认为应每写每新,且喧嚷着不行;也曾开诗会,做同题诗,年少轻狂诗兴所至也口占一绝,但真正出口成章的没几个,逼急了就成了顺口溜,掺水不止。而且不知怎么的,若有人说:"来,给我们写一首诗。"我就有变成杂耍的大马猴之感,被戏耍了。这可算做诗歌与书画的一点儿不同。

6.08　某同志迷上书画,又非常外行的,大言粗声、不管那么多;经他介绍认识一些书画家,均在矜持中露出傲气来,傲气中又不乏攫取的意思。俗人偏雅事,这种情形见得太多了;而雅者也看不出高蹈的意思来,正所谓雅者露俗,你也大可不必想不通。雅俗历来共存共生,雅从俗中,俗尽雅现;俗到雅是装的姿态,雅露俗是装不好的技术问题,到头来,雅俗一体,从而无雅无俗。

6.09　转图书城,皆教辅、励志类图书,难道国人至今仍需要榜样领引、喊口号?文学多是那些名著,不活却也不至于赔死,还有傍着影视剧的剧本小说,鲜见令人耳目一新的文学新著。2008年的文学,比之在书店以单薄心血对古今中外、琳琅满目,又是另一种的绝望。面对脸阔了一圈儿、由土腥渐至优雅的包工头,文学何言出路?你不要奢求:先拿出十年来,去算计、坑人、龌龊,从而小康,然后再扭过头来恢复高雅。行不通的,不是皓首穷经的寒酸,就是商贾的恶臭,在中间骑墙,反倒不伦不类。

6.10 去图书馆,看见一些熟悉的名字,这些校园杂志、文学期刊,自己少年时就买来读,并试着投稿,它们至少都有二三十年的历史了。它们又都是变化了的,变得时尚、动漫,而非那时中规中矩的版式、简素的插图,它们又被我的女儿喜欢着,可谓与时俱进。

上世纪八九十年代,儿童文学很是"伤痕"过一阵子的,曹文轩、常新港、秦文君,少年世界的成人化,通过少年的眼观望现实;现在曹文轩也去写长篇科幻了,好久没看到那纯净的美中夹杂着淡淡哀愁的小说了。相对于当下的物质化、快餐化,儿童文学曾经的精神操守、厚重已寻不见了。当然,现在的孩子迷动画、迷卡通,也是他们时代的选择,如我们那时的单一却深镂、淳朴。时代变了,一路走来,有什么不在变?

6.11 看新版《三国演义》,曹操"挟天子以令诸侯"的骄横,其实并没什么。"客大欺店,店大欺客",总看见汉献帝孙子了,怎么没看到汉武帝的骄横,几十年开疆拓土、玩弄重臣于股掌之间。某个人,一旦得势了,资源与势力远胜于众人,自然而然地就骄横起来,语气也就顺理成章地傲慢起来。人云"胜不骄,败不馁",那是超人的标准,因为谁都是一胜就事儿大、一败就草鸡,这是人之本性。人家得势了,既不加你以斜眼儿,还热忱、谦恭,你倒是舒坦了,那人家好不容易发达为了啥?须知发达起来多难啊,我们总是对别人严格要求,却改不了自己"气人有笑人无"的毛病,已经输给人家了,还希望人家礼贤下士、温良谦忍让,否则就做怨妇状,真是不像话。

6.12 看《三国演义》,汉献帝做了三十年儿皇帝后,被逼逊位,最后沉河而亡。他这个皇帝当得着实不易,较之汉高祖刘邦的无赖开国、汉武帝刘彻的霸气拓疆,一个天上一个地下。昔日玩弄他人于股掌,今朝被他人玩弄于股掌。正所谓风水轮流转,昨天吃肉今儿挨打,一个王朝几百年的气数尽了。虎落平阳,落架凤凰不如鸡,其实还是"店大欺客,客大欺店"的问题,实力与势力所致,什么状况都会发生。这个时候,就不要徒劳地感喟地位、功勋与道德了,让位于新贵吧,哪怕他是无赖呢。

6.13 看一个家庭故事剧,故事还算曲折,矛盾也具有现实性,看得起劲。到结尾了,光明的皆大欢喜的结局,这是中国特有的,所有的怨恨一股脑儿化解,主人公歪打正着地高大并定型。顿时倒了胃口,从小受的教育就是这样中庸而光明的,"渡尽劫波兄弟在,相逢一笑泯恩仇",心里也是希望英雄完胜苦尽甜来的,有这样的惯性。但经历生活至此,已深味日子的琐碎、灰色、恶俗、操蛋,对装饰一新、容光焕发的结局甚是怀疑,糖分太足了,不足为信。

6.14　看战争片,拍得很好,看了不止一遍了,仍然有所触动。我是醉心于枪械、硝烟的,男孩都有军旅梦,虽然我长了一个大个头儿,却早已肌肉松垮、外糟里糠了。只是在情绪上被感染,无畏牺牲、冲天豪气、患难真情,生在体制年代,受着国家的理想教育,我们这些七零后心里还有一根棍儿支着（再年轻的就不好说了）,相信真情,敢于真诚。三十而立四十不惑,摔过跟头了,吃过苦头了,看得清人与人之间的猫腻儿了,在一场场粗俗的现实冲刷下,越来越绝望。

　　豪情之后是细碎、烦琐,热血冷却下来,伤疤触目惊心。是啊,人的勇气就像放炮仗,就是一下子激发起来的,不能分析、琢磨,信了就信了,干了就干了,至于以后,就是后悔也与当时无关了。

6.15　看史书,东坡在放逐中,尚能与美妾朝云厮守,写诗文、弄红烧肉,虽然他内心的不平与凄凉是不消说的。人生大半是百无聊赖的,"睡到自然醒"就已然不错了,难道还奢求"数钱数到手指头疼"？一忙就累,一闲就慌,可人生能有多少精彩给你一个人上演啊？机缘巧合,能通顺那么几次,就有了亮色,更多的时候是迂回、蛰伏。吃了睡、睡了吃,正是绝大多数的正常状态,既然想到了这些,为何还那样惆怅、彷徨？相对于正常人,文人总愿看重自己内心,觉得会哭的孩子就多得吃食,可往往是空费一番心思,生活不会因为你的柔腻而通融半分。

6.16　与一个诗友聊,于诗歌他有自己的执拗:既然小说、散文最高的境界就是诗意,那么干脆直接写诗好了。诗之所以成为文学中的文学,是其高度凝练,境界最为纯净。诗歌有过唐诗、宋词的主流,推及当代也有"村村出诗人"的大跃进运动；如今,退化到报屁股补白了。

　　目前小说最受重视,人们希望更复杂地表现社会人情,史诗般长卷,波澜壮阔的主题展现,尤其信息爆炸的当下,小说与影视剧发生关系,在传播上引发质变。人们同时也从诗的意境中退了一大步,开始家常的琐碎、庸常的无聊了。一位小说家朋友曾说:写小说可以在现实生活之外,重新排布一种截然不同的生活,可以让政敌死翘翘,也可以让美女投怀抱,在纸上拥有一种"阎王让你三更死,谁敢留你到五更"的权利,这是一种臆想中的发泄。

　　按诗友的说法,小说、散文于诗歌,不过是根本之外的排布、补充、技巧、途经,就好像从电源引出的线缆,与其那样弯弯绕,不如一下子就摸到电门上去。这也算对文学体裁的别样论述。

6.17 读书,遇见聂绀弩。一个"文可为相,武可为将"的现当代人物,却屡历灾难,才情中夹杂着辛酸与血泪,因苦难而奇特的生活,孕育出奇特大气的作品,终成当代古体诗翘楚。聂还是幸运的,离乱中那么多作品被朋友保存了下来,劫后痛定,带给他殊荣。苦尽甘来,赞誉只是苦难的副产品,不值得后来人艳羡、效仿,但总比沉沦于深渊永无出头之日强。相同经历的还有司马迁,遭受腐刑后调血磨泪,终有《史记》煊赫后世。内心再苦再痛,最终沥出纯金材质的艺术品,美轮美奂,恒久流传。他们强于更多心怀锦绣的人,在现实之中,在史书之外,仅一句"郁郁而终"或"不知所终"便了事。

第二辑：庞门左道

　　通常情况下，越是主旨宏大的言论，其背后的目的可能越简单，甚至还龌龊。敝人经风沐雨、阅人剖己，没啥了不起的，反倒希求波澜不惊。如今信息爆炸，一二知音却是难觅。所谓文字，遭人指点，误读久矣！此次为扬姓氏，曲解成语，还恐带偏学生，引来正统之士的唾弃。鲜花也好砖头也好，看怎么对待了，可以收拾起来垒个花坛嘛。碎嘴闲篇、嘟嘟囔囔，心弄服贴了，即便旁门左道又如何？

第二辑：庞门左道

7.01　弓弦轻响，利箭飞出。但有时竟模糊了目的地，只有或迅疾或迟滞的飞本身。也许早已仆跌下来，在月夜里闪着暗光的铁。所谓过程论，所谓谬之千里。

7.02　与同学旧好相见之尴尬：一、有旧时好印象，却已无旧时拍肩搂背之自然。二、实力悬殊，阔的一方想摆谱又不得摆。三、说话乡音夹杂官调，表情热烈，其实没什么实质内容。所以着实没劲。

7.03　朋友间更是讲究对等，一方太发达了，跑得高远了，也就失去了。

7.04　一些人从农村挣到城市，言行、思想都难去土腥，而另一些人，比城市人还城市。

7.05　老笛学字：大，大小的大；唐，唐三藏的唐；情，感情的情；史，历史的史；岳，岳父大人的岳——她迷了一阵儿八三版《射雕英雄传》，郭靖这样叫黄老邪。

7.06　老笛不知哪根神经搭上领袖，自己嘀咕："毛泽东同志，叫我妈甭再揍我了，我找到我的画笔了！"

7.07　八岁老笛已出现嗜书症状，曾道出绝妙语："看看书，解解眼馋，我的眼馋啊！"

7.08　任何商品在货架上都整洁靓丽，如新娘，掏钱买的人为初见而兴致勃勃，而很少想到她日后的磨损。

7.09　钱存在别人那里，是很容易生事端的，所以要尽量避免大量的钱被别人掌控，这也是挽救、挽留朋友的一种方式，不给他生异心的机会。

7.10　快乐总是轻飘飘的，而且多有隐患藏于其中。

7.11　沟通是需要机会的，表达的困难是人际关系的大障碍。

7.12　底层人的执着，往往可悲中显得搞笑。人生中一意坚持就是绝境，也即艺术了。

7.13　命运，谁也不能改变谁，人大多自顾不暇，也只有任由目冷心凉，但求小家的平安吧。人生在世挥舞利刃，半径却是越来越小，起初时尚立志"扫天下"，渐长后反倒

"门前雪"也难扫了。

7.14　图强者,实不强也。

7.15　"春劫",刻意安排的欢庆,各种紧张、琐碎、灰色扎楞出来的欢庆。

7.16　尽力去挽回的,分明就是已然失去了的!

7.17　越是极力装的人,越让人想起他遮盖不严实的屁股。

7.18　坐长途车,有幸与一美女同座,也算气球般的幸福,禁不起一戳的。

7.19　平凡生活汇聚亮点,复又归于平淡,抛开所知道的背后粗糙的东西,还是能被感动的,艺术过滤了太多的灰色与琐碎!

7.20　关心别人也需要资本的,也是一种高度,"穷人的善良不是善良",窘迫的人就往往没有心思,已悲未除,何言他人?

7.21　感情一旦滋生就会后患无穷,相处常有伤害,但分开又是另一种的痛。

7.22　有些人出卖灵魂,而有些人在挽留、回收灵魂。灵魂是很诡秘的东西,倏忽间已跑得很远了,无处啼唤!出卖了灵魂的人,有时又能收购别人的灵魂,他们是某些艺术家。

7.23　一个情人,多年过去,残余的情分,大概能抵一个表哥的。

7.24　翻读少时文字,昔日的足迹历历在目,只是颜色已浅。少年的忧郁、炙烈、狂傲,很多地方是幼稚可笑的,现在看来羞惭得惊心。年轻,就是郑重地无知。

7.25　末路,光彩明亮也是末路,而末路都是平时铺就的。

7.26　人生不乏机缘巧合,谁遭遇谁都有定数,但缺乏浪漫底色。缘分。缘分不一定就是美丽的,也不一定能带来美好。

7.27　活着,有谁每天都乐不滋儿的幸福?不快像疤痕,不去揭就不会疼,不如忽略、忘却。很有些时候，能麻木也是不错的，从而不知死将至矣，不知死已至矣!

7.28　渐渐地有一种心态:念及自己的一路艰辛，容不得别人很容易就"得逞"。

7.29　钱财是可以靠积累得来的，感觉恐怕不行，在物质不断丰富的同时，精神已彻底萎缩，怎么办？这物质是何其空泛啊，只剩下徒劳的活。舞台上，无论跑腿儿打旗儿的，还是名角大腕儿，最终不还是一样的出局？那咿咿呀呀何益？

7.30　我们可怜垂死者，是因为他们的"垂"；而洞察末路者呢？欢喜全无，谁能逃离满心荒凉？

7.31　很多征战是这样的结局:冲着冲着就失去了目标，双方只是为了减少失败的量，而早就没有了胜利者。

7.32　街头揽活儿凑份儿之人，往往宽衣松裤；有些小来历的，则西装革履；再往上发展的，又宽衣松裤休闲模样了。休闲服，主要是心得休闲。高过了，再低下去，人能活到这份儿上，不易。

7.33　优雅不只是属于富贵者的，尽管有些高档楼盘称"高尚社区"，好像买得起豪宅的人就变得高尚了。虽然浪漫最好有物质的粗腰，但春光不会拒绝任何人的，只要你的心里没有阴霾。

7.34　人生在世，应做到不喜不忧，皆因喜忧不由我；喜忧既然不由我，喜何，忧甚？

7.35　少年时谁都无畏于艰难，因为有大把时间、无数可能在。已过中年再遭重创最令人黯然，强弩之末，才是人生彻骨的悲哀。

7.36　极端。人生在世，很多时候一伸腿就是悬崖了。终不是好勇斗狠之人，回来吧，忍一时恶气换来继续的存在，谁也看不出心神游荡的痕迹。

7.37　一些人纵然无害，但也多交无益。成年人要相信自己的直觉，即第六感觉。有时返回去再去交往，仍是灰头土脸、了然无趣。

7.38　爬坡的人，有上不去的苦恼，也有扒在中间的优势，看你怎样的心态，如何排布苦乐了。

7.39 有些人"不求甚解",不只是读书、学艺,于人生态度也是;散漫成性,不忍心在真正了断的时候正视对手,想,还是算了吧,哪怕自己重入水火。这是一种忍让——也是一种代价极大的浪漫。

7.40 常想:这世上谁欠谁的?亲人、爱人、情人,推延至朋友,在漫长的人生过程中,谁有恩于谁先不说,至少谁也不欠谁的。

7.41 理由碎了,凑不成形,却满地都是。

7.42 尼采说,放纵之母不是快乐,而是不快。

7.43 一幅漫画给我带来的触动很大:一个人奔跑着,超过了旁边道路上的人,精力充沛、满脸带笑,而不知前面不远竟是悬崖。什么样的路都会有个终止,只不过是时间问题,只不过是心理准备问题。

7.44 有一种消亡是缓缓的,只有流血淅沥的伤口。一艘大舰,缓缓驶向礁石,很多人都在狂欢,只有甲板上远眺的人发现了,他该怎样表达自己的惊恐,有谁能理解他的惊恐?

7.45 有时你会发现,苦心经营半天,你的命运成败,竟掌握在一个与自己八杆子打不着的且善恶难辨的人手中,寄命于人,唉,荒唐啊!

7.46 姥姥不识字,却有民间大智慧,谈及人与人的关系,说:"有情甭说有情,说了就没情"。亲近的人讲不得细节,也论不出恩怨。

7.47 走过一生,倒霉者如同服毒,烈性毒药疼痛明显,死得也快;另一种是慢性毒药而已。鲜见喜剧。

7.48 无论曾经多么低下,人一成大款后很快就有大腕模样,当然,大腕多数已成大款。这二者是互通的,就如书生的穷与酸,很容易沟联在一起。

7.49 久叩命运之门不开,不禁慌乱,病急乱投医。但谁也不知道哪片云彩会洒下甘霖,哪个媚眼儿会换来耳光,世事没准儿而无奈,谁也不要嘲讽谁。

7.50 "君子喻以义,小人喻以利",要循万物内部的规律,站在对方的立场去想,千万不要以你的好恶揣摩对方,这样只能一败再败。搞明白这些了,投其所好了,把自我抛光弃净了,才能庖丁解牛、左右逢源。

7.51 谁都受伤,谁都浸泡阳光,同在一个时代里,喜欢的歌星都一样,一眼望过去,谁跟谁境况都差不多;好像一树苹果,争着成熟,争着烂!

7.52 什么人都有烦恼的,领导伟人也大有为难之事,郭德纲言:喝酒也晕,挨打也疼。长到一米八就什么都好了?这只是矮子们的想法。

7.53 生活中很多时候只能走个形式,或圆满或漏洞百出,我们说:有心足矣。

7.54 一旁看人打牌,插不上手,就自觉清闲得可耻、可恶,怎么就不能像那些心愿朴素的人?精英意识,矮子遭遇。

7.55 诸难皆缘。好事多磨是别人说的,这句是我的。人生在世哪无冤屈?这样一想心就平了。

7.56 2004年,为诗文自选集《一个男人的青春经典》写下八字之跋:人生诸味,不忍独品。

7.57 性开放者,总给人一种公共财产的感觉。

7.58 偷情者总是憔悴的。

7.59 每个人都是从纯洁开始的,并且都有变坏的理由。一言一行是简单的表象,其心理蕴含着复杂,一旦展现出来,足以令人惊心动魄。

7.60 文学这个精灵,最终是要拷问其追随者灵魂的。

7.61 我满腔真情,却招来哄笑;索性我就编造谎言,让你们信以为真!

7.62 坚持就是拼命撑着,燥热、痛痒、干渴等等不适的感觉煎熬你,你想了一千条理由要放弃;但还没等你放弃,在你刚刚松动时,"扑通"一声,你的对手倒下了,这就是你的胜利。

7.63 一朋友来电话,与他不经常见的,他说近来很苦闷,欲找我一诉。我也不痛快,却不愿与他一见,不是心硬,而是我不相信,两种不同的苦闷摞在一起就会好些。

7.64 我对你有一种狼对羊的关心。

7.65 如果我意识到你在伤害我,那你就再也伤害不了我了。

7.66 一个人不可能第二次踏入同一条河流,我也不会受到同样的伤害,我不会有那样的机会,要知道受伤也需要机会的,那个机会也得众多梦、百般等才能积累得来。

7.67 生活太平静、太平坦了,一些灾难就会从潜伏的地方探出头来,问候一下,提醒你注意它的存在:"嗨,hello,你!"

7.68 女人微笑着与你说不行的时候,就再也没有商量的余地了。

7.69 我们热烈追求的一切,都在得到之前万分不可少,可一旦得到就逐渐黯淡下去了。永远美丽不可测的,是那些始终在我们面前跳跃令我们触之不及或者干脆永久消逝了的。这是何等朴素但又广泛存在的道理啊。

7.70 情为何物?情乃人生在世细细咂摸就存在,而铁了心肠、匆忙了脚步就黯淡了的东西。

7.71 往往是这样:男人花心,女人伤心;女人花心,男人又不能承受。女人狠心,男人伤心;男人狠心,女人又回忆当初。

7.72 你曾为我付出真情,我始终坚信不疑。

7.73 这一生中,你曾有一段时间爱过我,我就很知足了;而我以后日子的努力,只是想证明:你没有爱错。

7.74 月夜。无论什么样的月夜,都在他的心里留下了感动。

7.75 现实社会中,每个人都活得艰难、猥琐、尴尬。大家在虚空中寻求着空虚的名与利,得到一些麻木的快乐,这样,如果没有真爱闪现,那将是一种什么样的存在与悲欢啊!

7.76　经历过了,品味过了,也就平静了下来,也能在平静中孕育了。好像冬季的田野,他的宁静是丰富的宁静,也是深刻、有力度的宁静。

7.77　是梦总要醒的。

7.78　有种女孩生来就是被爱的,她的笑令你万分愉悦,她的哭令你异常痛悔,她的平静使你纯洁,她的狡黠让你雄壮。这样的女孩有一种毗邻危险的幸福,使身边的男孩很容易进入一种欢愉的苦难状态。

7.79　你身边的女孩变得格外顺眼了,是指美的美了,平常的你也能接受了,凹得别致、凸得水灵,你开始欣赏她的小脾气、小毛病并为之开脱了,那你就真的有点儿爱上她了。

7.80　一个男人正颜正色地跟女孩谈话,讲人生、命运、国家、思想、艺术时,他心里肯定没想好事儿。

7.81　每一个故事都很朴素,像平常的露珠,但又能把我们经历着的脊背,像细草一样压弯。

7.82　忘掉一个女人的最佳方法是:再找一个女人,这样即使又失败了,那种哀伤也不是她给的哀伤了!

7.83　我对你的最大报复是:忘掉你。一个女人在一个男人面前,而这个男人丝毫不为其所动,那这个女人就没有任何炫耀的资本了。

7.84　男人醒着的时候没有什么能折磨他,他睡得沉稳时也是这样,只有在半梦半醒之间的男人最脆弱。

7.85　扭过头去就是天涯。

7.86　青春是不可选择的,就像一根浸透汽油的木棒,无法选择被谁点燃一样。

7.87　你赠予了,希望受赠者快乐,他不一定快乐,因为快乐不能赠予。

7.88　人在少年时,吃些苦是很有必要的,培养心理上的适应——正式登上生活的舞台后,需要吃的苦太多了!

7.89　有些人,怕遭到背叛而先行背叛,这是另类的在意。

7.90　主席台上,副手的缄默。

7.91　人生分四季,有风景,有煎熬。夏的炙热,冬的酷寒,预知结果的人,就是站在气候宜人的春,是兴趣索然,还是兀自等待?

7.92　酸人一筐、坏人一帮、俗人一席、小人一路,我们置身的前后左右,搓成坛、帮、会、某某界,许多名号、称谓已恶臭酸腐,已经有所了悟的人,为什么还流连不返?

7.93　有人抡刀壮势,有人茫然不知,人的一生其实是脆薄的。心血、事业,一块一块地垒高,四边加固,一道复一道,保障一多心也就放松了。孰不知一旦被点中要害,也就是一指之力,就整个倒塌了下来。

7.94　旅途,有去有回的,无论怎样的曲弯,终究回到了出发点——人生不如是?

7.95　人生好像一块顽石,混沌着、坚硬着,里面那块温玉只是倏忽不定的一小块儿,绝大部分有意无意的浪费掉了,生命的精彩不过一二,大半的茫然。

7.96　人生处处有因果,曾与人言:走到最后有些人就没有了出路,而上吊的绳子都是自己平日凑丝攒线拧在一起的,缘分啊。听者苦笑着点头。

7.97　我们为孩子而焦灼,完全是站在自己的立场上,在孩子的岁月里,远没坏到我们想象的田地,他们不懂我们这些成年人的羡慕与惋惜。

7.98　物质为首的当下,谁都有攫取的心态,无可厚非的。脸皮厚一点儿就能说出来,也就能吃上,"脸皮厚,吃个够;脸皮薄,吃不着",很多人矜持,为如何"既当婊子又立牌坊"费尽气力。

7.99　人很少是被别人说服的,只有自己内心的某处松动了,才会做出选择。心好像一扇厚重的城堡之门,没有外面的锁只有里面的闩,别人在外面怎么使劲蹬踹,不如里面自己轻轻地一拨。

7.100 "条条大路通罗马"。人活一世,有正当途径熬上来的——这样不多,有偷鸡摸狗钻上来的;有人以头插鲜花为美,有人炫耀烂疮作为噱头。人很有些时候脸皮要厚起来,谁也笑不得谁的。主要是能否爬上来,途径反倒不太被注意了。

7.101 看电视剧。亲人之间也可以翻脸的,因为有付出与期许,翻脸后会带来比陌路人更深的恨。情景所致,我也跟着淌泪。人生无至喜的,至悲却不少;就好像一根细线,自己牵着,被别人绕着,有时只是轻微地一碰,就毁灭性的爆炸了。

7.102 玩孩子们的玩具:一条鳄鱼张着嘴,一嘴牙轮替着做机关。摁下一颗,没咬下来;侥幸之余又意识到,离最后咬下来的那个机关又近了一步。总有一颗的,虽然你不知具体是哪一颗,不知什么时候把它摁下。很多灾难是预定好的,你迟早会签收。

7.103 相对于奔忙、苦斗,有时发愣也是幸福的,前一波强敌刚刚打退,后面追兵尚未杀到。喘息一下,把大脑调到黑白状态,一如深夜里的公交车场,在两场繁乱之间的寂静、落寞。

7.104 一个人,沉浸在自己的伤悲里了,也就不易看到别人的不顺;同理,注意到别人在难过的人,自己的憋屈也就放在一旁了。

7.105 有时候越是精心准备的事,越做不好。首先是紧张,太患得患失了。如果这些事再是不情愿的,却必须要做好,那失败后的懊丧会更大。就好象被强迫着去闻一摊屎,谁能精神愉悦?但不做又不行的,不禁老羞成怒。

7.106 有些人天性温良,容易自作多情,而自作多情多半会自取其辱。比之天生清醒、刻薄者,这些人要晚熟一大截儿,直到遭受到相应的打击,才会变得冷硬起来。

7.107 童心无尘,童言无忌,孩子往往会发出最客观最准确的声音。成人们或看不清,或回避着不去看。孩子的心与眼睛能直接映放,传说婴儿能捕捉到死亡之气,垂死者来抱,小东西就会哭个不停,多瘆人的一种清醒啊。

7.108 久盼终得。只是得到了应该得到却总也不给你的东西,因其不易才显得珍贵,但又不是什么优势,别人可能早就有了。所以当我们直起腰来喘口气时,生活不会因为这小小的得偿所愿,自此变得面目温和起来。

7.109　闲话。虽然大多是信口说出，但往往客观、准确。因为不是当面说出，也不用负责任，坊间传言都锋利，经常无情地切中实质。你可以不在乎它，但它飘来绕去不消失，好像装进档案袋里的材料，过多长时间再拿出来，虽然陈旧，但仍棘手生疼。

7.110　现实就像一个中药罐子，综合起来的腥苦，四周遭都是，嘴里心肺都是。找到一小块儿甜的，就扎头不出，这就是逃避吧。逃避也是有时有会儿的，难题不会因为你不去看他而挪走、而自己变温软了，这就有掩耳盗铃的意思，搞不好还成了饮鸩止渴。

7.111　功劳是一点儿一点儿挣来的，有时闲熬年头也能长资历。而过错也是一点儿一点儿压下来的，一城一池渐失终至亡国丧邦。

7.112　现实如此，三十以后始知渐觉。也得感谢上世纪五十至九十年代的教育，使很多人有了空洞但坚挺的理想，能够在利刃林立的现实中支撑危楼。读书多，破灭也多，当幻梦之雾散尽后，生活一点儿也不绵软。

7.113　"出名要趁早"，看着一些已年过半百的人还在费劲地游，强弩之末，出路渐堵，才是人生彻骨的悲哀。自己黯然，对手也不是快乐得要死，在纷争醒醒的现实中，谁活得也不是那么滋润、讲究！

7.114　瘾，是不可抑制的欲望，满足了也就安静了。像一只向上的碗，注满而溢；空了，过一阵儿再接满。平时也能清醒着后悔，但瘾头袭来时就不能自制了，这其实是一种心理习惯、一种倔强的生命记忆。

7.115　暮色，充斥在一个人心中的暮色。惶惶然如丧家之犬，不知为何这般没着没落，看见开怀的人，就想探究他为什么这样快乐。人要决绝一点儿好，如果一些念头久拖未决，它已然是坏的了，人要对自己狠点儿。

7.116　世态炎凉，都是从自己亲近的人那里感味到的。人可以有鸿鹄之志，但目光所及，都是一个小圈子的荣辱，即便声名在外，好的或坏的，也没有什么实际意义，陌路人是触不到你内心的。

7.117　人的毛病往往是有其一就有其二，这个规律是应该能预料到的：既臭又烂，很少单臭或单烂，不会让你因尚未臭或尚未烂而心怀侥幸。由此推论，人活着应该时刻清醒，糊涂不得。

第二辑：庞门左道

7.118 一些危机就像狼狗,在后面呼哧呼哧着,有时消隐了,但只是放松一刻;他不会主动跑掉的,既然盯上你了,就不会轻饶。你只有两种选择:打跑他,累倒在地被他吃掉。

7.119 京北一带,以红鳟鱼为特色,鱼肉成块且易脱落,很快就能剥离出一个干净的骨架来。味道怎样先不说,它生得就大方,为磨牙张嘴者,最大可能地提供了吃自己的便利。

7.120 经常的,你会发觉身边的人变了。为何变?是一直没有看透,还是什么条件具备了?人要时常清醒的,不要自作多情,因为世间之事很少出乎意料的好,却太多时候出乎意料的坏。

7.121 人在江湖飘,对某个圈子是要讲义气的,秦侩也有三两挚友,而对于大多数人,则似乎没有太大必要。好像一个大的宴席,举杯前不相识,散席后也不熟络,那你的投入就显得有些可笑,再喝个七荤八素,那真是脑筋搭错。

7.122 一个人,从多方面了解了他的差劲,但有过较长的交往,可称作"历史的厮混",就也觉得亲。人就是怪,对富丽堂皇留恋,对矮屋脏水也回味,明知不是美的好的,但也允许有个心里的空间。

7.123 官场是很有些意思的,职位确有肥瘦之分,县官不如现管。"宁为鸡头,不为牛尾",再小也是头,再粗也是尾。在中国,一把手文化影响甚深,信也。

7.124 晚饭买一斤猪肉,解馋,炒着吃。吃完后油腻了心,出去运动,打台球,总输,花十五元。一斤猪肉也是十五元。前十五是吃下去,后十五为了消化掉,这一过程里里外外三十!若无前十五,也就不必后十五,不会算计啊!

7.125 在宴会上遇见一老者,七十多岁的人了,还目光灼灼,表达欲望强烈。都这地步了,他还想从这世上讨走什么呢!人称其精神头儿足,心态好;我看恰恰是心态不好。

7.126 经历完一切的老者,内心压缩了太多的善恶进去,若能品尝其滋味的话,早已不是明显的甜和苦,游离的、掺和的、扎楞交错的滋味。

7.127 读一本心理疾病的书,偷窥、暴露、疑心、恋物癖……忽然明白:其实各种疾病在我们体内都有一个基本含量,不加疏导、碰上诱因,便彻底偏了过去;人的心理,只是盐多则咸、醋多则酸而已。

7.128 时下讲究运作、包装,大抵是做足表面文章,但世事艰辛,吃的苦都变成了额头、眼角上的皱纹,卸去浓妆后,条条可数。就像一头烤乳猪,外表金黄、肉香四溢,但有谁知道它的炙烤之苦?

7.129 丑女多大方,对自己狠,舍得花钱——除非失去信心,破罐儿破摔。美女是不用怎么倒饬的,除非那美是人工堆砌出来的。我不是女人,不知这样揣摩对不对?

7.130 与同事看车,一分钱一分货,没钱也只有被迫谦虚,颇受刺激。物欲,是在比较下滋生出来的。"昨日入城市,归来泪满襟。遍身绮罗者,不是养蚕人。"此种悲愤古今同理。

7.131 人生际遇就像抛物线,到达顶点后就向下俯冲,下俯的时段就是罪罚的开始,来还上扬时砍伐、拓展的债,无论是对别人,还是自己。

7.132 艺术大多是偏执之果。也许正因了狭隘、偏激、酸极辣极了,才有别样的光芒。我曾提"悬崖论":只有抵达人性的绝境,才能采到艺术的雪莲。九阳神功之绝与葵花宝典之绝是一样的,一至阳,一至阴,殊途同归矣。

7.133 "百善孝为先,论心不论事,论事天下无孝子;万恶淫为首,论事不论心,论心世间无好人。"此联讲人性着实精准,应说人不要太较真儿,要做些迂回。若细论,在道德上,我们百死莫赎。

7.134 现在的年轻人,在情感上大多不会拘于一格的。时代变了,情人最终成为朋友,爱情最终变成"偷情",流连人世间,随时准备艳遇,随时准备接受背叛与打击。

7.135 人生中的很多邀请与访问,都是陆续发出来的,好像一班班客车,即便在路上有所耽搁,但只要方向是冲着你的,它早晚会来到。反之就会擦肩,来得越快,消逝得也就越迅疾,缘分而已。

7.136 天气变化对心情也颇有冲击,几次写诗都在大雨倾盆中,强烈的外部刺激,虽然这些年心已半麻半木,但也如人工呼吸一样,能起一些作用的。

7.137 其实谁也不可能完全准确地侦知,自己在别人那里是什么样子,肯定是向好的方向想,即便是得罪了人、作下了孽。你与对方的立场差别,有如刀柄与刀尖,部位与锋利程度截然不同。

7.138 人啊,到了老死的时刻会发现:一生中得到的东西越多,终结时失落感越大。对于世间万物,个体生命只是过客,需处总嫌少,别时又恨多!生命中的牵扯,越少越好,与其彼此之间贪婪,不如一开始就有所疏离。

7.139 人老了应该有佛性——含蓄,知而不为,低调,能看淡的就看淡;不能依靠阅历成精,手一直伸到进棺材前夕,这样令人怜而不齿。

7.140 终日忙碌,哪来"偷得浮生半日闲"?主要看你肯不肯闲,因为前后皆山,彻底松懈的时候,就要告别这个世界了。所以,要懂得偷闲、学会偷闲,时不时地给自己放假,浪漫他一下。

7.141 口号第一次喊新鲜,第二次喊有力,第三次就没啥意思了。

7.142 自私、贪财、懒惰、图名、好位,这些使芸芸众生蕴含毒性,外表或绚烂或木讷,毒性不一,万难解治。识人难,遇知己更是奢侈。

7.143 不要以为弱小者就可怜,这世上每个人都有自己的毒性,缠绵不得。你的纵容,只会使对方的毒牙放毒,正可谓"可怜别人的人最可怜"。戒备,有时是对双方的负责。

7.144 物质不要太丰厚,成功也不要太容易。一块排骨令一条狗乃至一群狗兴致盎然、乐此不疲,如果一条狗遇上遍地的排骨,那他先是乐晕过去,醒来后反倒无所追求了。

7.145 一个人,很平凡的,又遭遇大不幸,并因此受到关注,甚至成了公众人物;然后,归于平淡。本来如此的,如果他不因曾经引起关注而自命不凡。平凡生活,经历大悲喜也作用不大,平淡,真的能淡出个屁来!

7.146 走在大街上,见一女上乘,想,此女也许恰为凡人之妻——有谣:好汉无好妻,孬汉娶花枝——而这正是自己百求莫得的。自珍多年,连一俗人都比不过,那自珍何益?

7.147 挣钱、带孩子、养老人……夫妻二人相对数年、数十年,情淡怨聚,久而成恨。所有恋爱者,若能预见于此,不知还能否浪漫、激情?故曰,爱之易,待之难;成之易,固之难。过程熬人,面目全非。

7.148 为一个女人而疼痛锥心时,不妨转移目光,寻求另一种付出,哪怕是潦潦草草的呢。有了新的痛,就会掩起原痛。

7.149 无论什么东西,一稀缺就金贵了,拥有它也就成了身份及特权的象征,但这东西不一定就怎样,比如鲍鱼就不一定比猪肉好吃、有营养,皆因猪肉你太多了!

7.150 媚,于男人,是一个向上的动词。一开始可能是无可奈何,三次以后就不可避免地发展成一种心理习惯,给自己一些理由,把目的虚化掉,媚得忘掉了委屈,媚出了风姿。

7.151 "一忙就累,一闲就烦",生活,在这两难中兴趣索然,好像块块沉默的铁石,木然而动,难以擦出火花。孩子们就是好,一个园子就足够他们游戏,而成人的天空,宏大却单调得令人绝望。

7.152 冻上、化了,一往一返中,人从中得到的感觉大不一样。从1度到零下1度,从零下1度到1度,都要经过零度的;零度如一个静默的驿站,它本身没有什么波动,不同的,是我们去去来来变幻的心境。

7.153 对于一个新的开始,非但没有欣喜,还一点儿底气也没有,这是不是人近中年的一种征兆?

7.154 搬家,一地的凌乱。甭说是败退了,就是得胜班师,也会对这一段即将过去的时光黯然。告别,虽然前一段也不咋的,可以后更是难以期许。如能把这别告好,更是一种艺术。

7.155 有些人不屑于钻营、运作,但以结果论来看,不钻白不钻;一些举止谦逊的人,可能恰恰是钻营得利后的心理优越,爬上去了可以再下来,从来没上去过算什么?

7.156 回首的心态也不一样,有时候就没有了岁月过去后特有的温馨。艰辛之路,是难免龌龊、尴尬的,仿佛一个泥淖,自己刚刚爬上来,很多人还在里面污泥满脸,弄不好还可能跌落回去,不禁惶惶。

7.157 幼小时不谙世事,不明内里,看各种关系都如拜年,都是好的;及长,各种利益之争明了,各种心思、计较剥开,尽显其丑。

7.158　暴君。如能为君,谁人不暴?

7.159　有很多事是自作多情、自取其辱:别人可以看错,你自己怎么也能想错?有朝一日清醒过来,脸红耳热。人需时时自省,早明白早好,如浑浑噩噩至末尾,那才是没有任何翻本儿机会的惨败。

7.160　由谁来放牧?羊是不必去理会的,在意也无用,需要改变的,是你羊的身份。

7.161　赠一法与诸少年同志:婚前多端详岳母,可知娇妻之未来也。

7.162　美应该是有节制的。

7.163　晨起得一句诗:人死后是要做梦的。

7.164　看着你在我的屠刀下全须全尾地游过,我是一个黯然而羞惭的屠夫。

7.165　恨是不是一种隐忍了的在意?而有种恨,确是因为得不到对方的在意。

7.166　人有一种焦灼心理:越接近一个目标,即将得到了,就越着急,非常害怕失去它。

7.167　不要找一个母亲,去告她儿女的状。孩子再顽劣,在他母亲那里,也会得到袒护;你就是再有理,也不会得到理解和认同。

7.168　当权者大有诡阴权术之精妙,长于平衡下属的帮派实力,摁倒葫芦浮起瓢。葫芦与瓢都红着眼,却不知拨弄他们的,是上司别有用心的手。

7.169　一个晚期病人,还张罗着表达,是欲望强烈,还是恐惧绝望使人变偏执了?都到这地步了,还看不透——看透了又怎么样,也不值得弹冠相庆,噫!

7.170　有时,头脑简单的人,反倒能干出些惊人的事情来。读书多了,见识广了,头脑也就活泛了,多了思忖、犹豫,就不易专注了。

7.171　"只有永远的利益,没有永远的朋友",你来他往,你高他低,或早或晚、或彼或此的纷争，只是导火线的长短问题。

7.172 人无癖不可交，癖就是瘾，而很多瘾是用金钱垫起来的，在玩物丧志之外，瘾是一种孰重孰轻的排布，是人生的一种润化与装饰。

7.173 一个事故现场：三个人驾车去赶集，车一下子冲出路基，扎进了水沟，三个人全死了。瞬间的灾难。命运就是这么差劲，平时他跟你一招一式地来往，你可能觉得腻烦，还叫苦不迭，他没准就不跟你玩了。这可不是什么好事，他来直接的，一下子就玩死你。

7.174 怯懦的人，不容易被惹火，就是暴怒了，也异于莽汉泼妇，大减成色的，姑且称为暴怒的怯懦。

7.175 有些人是这样：倔拗，不说话，不沟通，还暗地里伤自己的心，真让人没办法。

7.176 忙里偷闲犹如肥膘中的瘦肉，感觉真好。

7.177 芸芸众生，面容各异，内心的渴求却是类别大致相同：官迷、财迷、还有色迷……不能吃到的，即便是大饼，也是好的。有时候，烙的过程，比大饼入口的时候还诱人。

7.178 两个人一旦实力相当了，也就具备了发生利益冲突的条件，再要好的人，也会由微妙变化到最终对抗、由抱怨到厮杀，这是利益在从中作怪，实际上怪不得这两个人的。

7.179 造反需要实力与准备的，一造反便被捉，或者越造越不济，那还不如不造，不造无准备之反。

7.180 穷人，有着鲜明目的的穷人，最好不要轻易交往。他们跟你不见外，也绝不"见里"，利己而用人，他们的根本目的是攫取。

7.181 婚姻，只不过是明面儿亏损与暗地里赤字的区别，男女双方都有或明亏或暗损的消耗，盈利几乎不可能。

7.182 吃自助餐最能体现人的本性，眼大肚小，人往往连自己的肠胃能力都估算不出来，在伸手能及的情况下，贪性大炽。加上已经交了份儿钱，捞本儿意识严重，总觉得得吃回来，所以自助餐最容易使人变胖。

7.183 同样是耍赖,会因对象不同而接受程度不同。小孩子撒娇,令人觉得其聪明、狡黠,"这嘎小子!"女人耍嗲,男人会觉得其中有暗示的成分,因为男人时时怀着觊觎之心。只有老疲了的男人不被接受,耍赖就是不要脸,油腻难堪,着实令人生厌。

7.184 两难境地。选择令人看见了希望,同时也内心翻腾:是吃海参呢,还是鲍鱼? 在珍馐美味面前难以取舍者,有可能反过来羡慕手捧窝头的人——他没得选择,也就不必如此烦恼了。

7.185 有时不能多说话的,言多必失,对于一些貌合神离的人,或以后可能成为对手的人,尤其要噤声。"开口使我空虚",沉默至少没有太大的坏处。

7.186 信息社会,云聚鸟炸,人难独身。曹老说:宁可我负人,不可人负我。盖因越执着伤得越深,与其等到谢幕,不如在高潮时掉头离开。未雨绸缪,其实是完美主义者,如果画得不好,宁可它是空白的。

7.187 人贵在有自知之明,否则冲着一个个大坑就下去了,一下子摔死了倒罢了,如摔不死,又如何疗这巨大的伤?

7.188 酒这个东西能使人敞开心怀,迅速地和陌生人胶合在一起,拉亲就朋,笑骂,引以为同类。酒能和色相提并论,了得?

7.189 人生很多场景是相似的,有时主动把心揉搓,看你还不长记性? 有时也忍不住,扎下头去,在一小块蜜糖里,回忆。青春大半荒唐,闲情多于无聊中滋生。

7.190 看电视剧,一对夫妇历尽坎坷,外来的内部的,女人哭的次数很多,给我留下一个深刻的流泪的形象。她一定是笑过的,但我记住的,只是她流泪的样子。记住泪水抑或记住欢笑,是人生观中如何取舍的问题。

7.191 有时候不要责怪别人,是你给了他背叛、变质的机会。人言:不要怪猫偷吃了你的鱼,因为你把鱼放到了猫的势力范围内,猫不偷吃才怪! 从另一种角度说,是你置猫于不义之地,猫不怪你就不错了。

7.192 一个地方,街道熟悉,有三两故人、四五去处。离开后不就是故地么——或曰第N故乡。熟悉的过程也是接受的过程,基于人合群、心理妥协的本性。

7.193 伤口是颤抖的,掀翻开,有新鲜的疼,借助这个皮肤的通道,不知又落进什么去。时光过去,伤痕又是丑陋的,一看到它,就不情愿地想起那段不堪来。

7.194 月光,远离劳作的农村,洗得回乡者思想发白。

7.195 判定一个人的性格,应该在酒后、在赌钱时:喝高了、耍开了,整个人都润开了,抛开了顾虑,露出了屁股,本性都出来了,顾不上装了,是贪是毒,一目了然。所以,酒德、赌风,更接近一个人的本质。

7.196 当今社会,很多职业相互之间如猫与老鼠。猫当然吃老鼠,二者是天敌。但负责公关的、能从中调停的老鼠,与手把大权、决定方向的猫,关系就不一定那么敌对,它们之间大多是暧昧的,很有可能要远远亲密于同类。

7.197 制度就是这样一种东西:在执行者手里,看似松垮,确实也可以松垮,可一旦严厉起来,就能勒死人,你还不能说什么,不能不服气。

7.198 人与人之间就像铁轨,互忍互让,就上了轨道,走顺了就成了发展快车道;一旦相咬相克,一步走不对,步步是坎儿,经不住几哐当就趴了窝。

7.199 在人生寒暑中,令你瑟瑟而抖的人,不是没有春天可给你,不是不能让你复苏过来,而是看她乐意不乐意。

第三辑：青黄

经过因坎坷而激烈的青，我倒坦然面对或曰渴求那黄了。看路边在深秋里极美的树，在西风中，它们或者全部金黄，是那种望尽一切的华贵；或者眩目的红，是那种摆脱了束缚的狂野；就是落光了叶，秃了枝桠显得灰蒙，也有一种无言的沉静、肃穆。多好啊，那什么都经历过后的美！

青　黄

　　忽然就想起青黄不接这个词。舞文弄墨近二十年了，痴过，狂过，到现在慢慢地疏离；那年月，如果要我停止写作进入平凡而正常的生活，我的哀痛与不情愿是不消说的，而现在，自己就墨淡意竭了。

　　就文学体裁而言，诗歌最是精纯，一口血喷在那里，便定型定质了，大多不易修改；散文也性情居多，与诗歌相比，闲笔、碎笔多些；小说则有很多心机在，可以编排、打乱，还可以掺水、作假。以往是鄙视日记、故事等体裁的，认为它们不过是积累素材，样式简单，没有太多的艺术含金量。而现在，一年疏落，诗文不过十篇，坚持下来的，就是写日记。诗文是艺术的汲取，日记是平俗生活的记录，现在我竟要整理日记了，攒鸡毛凑掸子，好像以前大把花钱，现在却捉襟见肘了！名为作家，事实上已近绝产，又缺乏今后创作的大目标，青已尽，黄未至，只能从日记中提炼一些不成形的散漫的东西。

　　时年三十五，而立也已五年了，经营至此，名虚有、职未实、业难就，且钱尚紧；青涩年代的一些理想扭曲着、勉强着实现了，更多梦想吹着吹着就"啪"的一声破灭了，而最好的十几年过去了！再过这么长的一段，我就知天命了！以后会怎样？以现在为基数，攀升、徘徊？抑或跌落，甚至……而无论如何，生命至此已失去半数！黄，即便成功也已末路，何况还不一定成功呢。如一老者搬石头，叹曰：年轻时就搬不动，没想到老了还不行。噫！有些对当下的不满意，有些远瞻冥想后的忧心忡忡，更有生命流逝的痛与畏！

　　由青向黄过渡，由上半场向下半场过渡，每日碌碌，也许并没有什么特殊的纪念，就跨过了正午，就改变了生命的阶段与活的性质。经过因坎坷而激烈的青，我倒坦然面对或曰渴求那黄了。看路边在深秋里极美的树，在西风中，它们或者全部金黄，是那种望尽一切的华贵；或者眩目的红，是那种摆脱了束缚的狂野；就是落光了叶，秃了枝桠显得灰蒙，也有一种无言的沉静、肃穆。多好啊，那什么都经历过后的美！当秋黄压在手上，沉甸甸的，是一生搏过的期许，正因为遍历坎坷、胜败无数，也就无需强求最后的祸福了。

　　青黄，是一种生命状态。若再出本集子，就叫这个名字；或请一位不太高傲的书法家，题二字于书斋，嗯，也是不错的。

末路孑然

　　鼎盛之年，很多不良的感觉、情绪都是可以忽略的，灯红酒绿中，有点儿凄风残月趁着酒劲儿就模糊过去了。俗语云"一怕没钱，二怕有病"，而这两者往往一起来——一没钱，就容易难为出病来；一有病，本来不多的钱也就保不住了。纵横人世，一怕失意，二怕景荒,这两者也是搭伴齐至的,"今宵酒醒何处? 杨柳岸,晓风残月!"

现在是相互抱怨、厌烦的,但"少年夫妻老来伴",须知少年孤独不是孤独,而到了我这样青黄不接的中青年,孤独就开始凸现出来了,再以后呢? 热力越来越少,寂寞相应越来越重,"只是未到伤心处",真正到了末路,豪情与决绝都会消失得无影无踪,从而成为语言的巨人。

谁也没本事令自己时时充实、深刻,常常不由自主的无聊,虚空的时候有谁在身边? 遥见了末路上自己的孑然,好像不能指望谁,活到现在,快乐无着落,而孤苦却已预订了。

希　望

所谓希望,就像揭锅盖:先是焖着,想象里面饭菜俱备、香气弥漫,而一揭开,不是忘了投料空空如也,就是饭菜已黑糊。希望,就是等待结果与答复,充满期盼,想象得到后的种种。但我们要知道,成功的概率不足三成。人的侥幸心理就在此,总想成了及成了以后,而不肯向坏的方面想。有这样的思维惯性,是因为还未彻底长大——即还没有遭受过压灭所有火星的打击。

一口口的锅盖着盖儿,有时候竟宁愿它们在那里盖着,因为一掀开,连先前侥幸的自我安慰都没有了。正如追一个女孩,她总不表态,你就尽可以往浪漫的方面想去。那么,生活,为什么总要揭开面纱、脱个精光呢! 又如一些酸痒美文中傻女子的可笑请求:编个故事骗骗我吧! 经历过大风浪的人,不由起腻,索性他妈的全部揭了锅盖,一点儿希望与温存都不保留,他至少已不再年轻,他开始直面甚至渴望末路上的粗粝与荒寂了。

操蛋的权利

老笛的近视是无法挽回的,不能根治,只能尽力延缓向更高的度数发展。一个器官的残疾,既是孩子的痛(目前她还没意识到),也是对大人教育的一种否定,所以做爸爸的无奈而悲愤。

配镜,选镜框、镜片,动辄二三百,医生说:"如果经济条件允许的话,可以再好一些"。这种选择也是无奈而悲愤的,人活一世,这样的选择会很多的,说刻薄些,如选择死法,清蒸、红烧、㸆炖,让你自己选。

这个权利很操蛋,绝望的同时又有得到尊重的悲壮。除此之外,还有选择骨灰盒大小的,选择绿帽子样式的——不要称奇,这世上什么不会发生? 你没经历过,不代表别人没经历过;这时候没有发生,不代表以后就不发生。

保护色

　　几十年活下来,人都会在自己的外表形成一层保护色,经过无数次的演练、自动变幻,已然形成一种风格,使用自如了。他变幻、闪烁之际,你就对以清醒的直指的不为其所惑的辨析。怀疑,他愈生动,你应愈冷静。

　　一个人的习气也是那么三板斧,在多次被戳穿后,仍乐此不疲。本性难移,即心理上已形成的定式与惯性。人在成年后就没什么新鲜的了,也不太在乎灰色与尴尬,一个人在世上遇见的人太多了,"骗子的身边一定有傻子",隔百八十人"骗上"一个都"骗"不完。

　　我们见到一个男人的幽默,见到一个女人的温情,其实不是专对你一个人的,你也就不必太过于在意。唉,阳光与雨水,不专是哪一类人的,谁都在成长、茁壮,构成了这远远望去芳草萋萋的尘世。

无爱无恨

　　情谊是不能累加的,两个人该绝缘还绝缘,该温水还温水;就是曾经炙烈的,也会因时光的飞逝时过境迁,淡漠下来。而仇恨与芥蒂却难解难消,沉甸甸的,不溶于时光。

　　也有能消融的吧,这种怨恨应是君子之间的,慢慢地不再那么强烈地恨了,甚至回想起一些对方的好儿来。自己主动解开疙瘩,相逢一笑泯恩仇,这也是一种极惬意的事儿。

　　爱渐淡,恨渐消,这两种运动是相向的,中间是平静;到最后,不支于暖色尽头,通体灰冷,那种末路的挤压,最令人窒息。此长彼消,到最后爱恨应是均等的,爱恨相等或曰无爱无恨,心会随着这一境界平缓、安妥下来。

耐性更为重要

　　读陈应松小说《母亲》:坚强一生的母亲落入病魔之手,悲惨至极,几个儿女的人性、耐性,在奇寒的现实面前最终退缩——将生不如死的母亲毒死了。

　　人很有可能成为一时英雄,脑袋掉了也就掉了,孰不知有时耐性更为重要,很多善事不是一朝一夕的,靠冲动不能成就善名;一个人举手之劳地做一件好事不难,难得是始终如一地做好事,或持续地做一件好事。"久病床前无孝子",生活让很多惊骇存在得合情合理。

　　念及那位母亲,不禁凄然。人生之末是鲜有亮色的,人生最后又是什么呢?就好象置身一个澡堂子,青壮时弥漫着潮润温热的雾气,一直摸着走,就会触到凝满冷露的坚固的墙;你推不动,也避不开,触手越久越是冰凉,而你从水龙头下移过来,最终要贴在它的上面,冷冻而终。无论是谁,在世上怎样的洗涤,也避免不了这样的结局。面对身边的亲人,我们又有多少气力往回拉拽他们?那堵墙是充满磁力的结局,吸附着人们一个个贴过去……

逐步清醒

教化也似无心插柳,自己的路自己走,谁也管不了谁。人的清醒是逐步的,四十不惑,过了这个坎儿的人应该百难已历、万念皆平,这个时候的人应该开始习惯告别。人是要渐渐告别一些东西的,酒、肉、亲、朋,否则离开人世的时候怎能一下子释然?牵挂太多闭不上眼啊(散文家刘亮程对此曾有精彩论述)。

换言之,人到最后,已然什么也没有了。如一场聚会,几日欢歌,一旦宣布解散,再遇见就显得多余。人的心理很重要,无精彩,无留恋,由于冷静沉重,也无任何期许——没有期许,也就没有相应的破灭与打击了——空荡荡的人生之末,不走又如何?年过八旬的姥姥老年痴呆,在短暂的清醒中告诉我:活腻了。相信她不是矫情。曲终人散,留下来的半杯水或能保留一些印痕,在黑白的冬里,渐成死冰。

好了伤疤忘了疼

人需要一次半大不小的失误,以灾祸浇醒发热的头脑,如同在一张白净的纸上画一道儿,再揉搓一下,给他骤然的疼,慢慢舒展、修复的过程,从而清醒过来,长记性了,以避免那些致命的过错。在人的成长中,这非常有必要。我们在咧着嘴、倒吸着冷气的同时,要心怀侥幸:幸亏不是更猛烈地撞击。

大人曾告诉:大病一次就会长大一点儿。当然,有那种屡犯不改的人:身边有一人,跟我夸口,说开车是"老太太捋榆钱——撂下的活儿"了。这哥们儿曾被禁驾几年,可见事儿出得不小,后来他又开上车了,没多久又把人撞了。屡战屡败、屡败屡战,与其说是个人的执着,不如说是好了伤疤忘了疼的浪漫!

互 动

去参加一个活动,互动。一个人在台上,忽悠整场子的人,还真给煽动起来了,满场傻笑。我从心里反感。所谓互动就是鼓动,就是蛊惑,就是洗脑;把满场子人的情绪调动起来,注意力集中到一点,让大家顺着一个人的手势、思路动起来,先是渐趋茫然,继而手舞足蹈。达到这种效果,音乐可以,电影可以,相声可以,那靠的是艺术的功底,而非攫取的不良用心。

互动也不是不可以,"谈体验"也行,但靠心理暗示,靠强调,《乡村爱情》中刘大脑袋言"必须的",就有点儿太小瞧这一场子人了。至少我不容易做到,我的心有多个路口,走着走着就串了,没有一成不变的风景,也就不能"随你"一条道儿走到黑。

话又说回来,如果真有一种事物,能把我置于一种浑然不觉的状态(不要老年痴呆),被洗涤干净,为了它死了都成;活着,少了选择的犹豫、踌躇,少了是与非、功与过的争执,那我倒真的感谢他了。

渡生不易

一生活下来,干些什么也会有所积攒的:房子、地、金钱、业界里的地位……这真算不了什么。年轻人一开始会有所崇敬,但时间一长就没什么了,他们有大把的时间在、有无数的可能在,中末期人的所谓成果,是耗费了生命的大半。这里有时间与生命的区别:时间一紧迫就变成生命了,后者要凝重得多。所以,中老年人的资历,禁不起这一脑筋急转弯儿。

更惨的是一些最终什么都不成的人。这些人分两类:好像举石头,一些人始终没能举起来,诸多欲望从来没有得逞过;另一些人也成功、辉煌过,因为方法不当、穷作胡遭,重新落魄没了翻本儿的机会,晚景凄凉,好不容易举起来的石头可能砸了自己的脚。他们被挤在墙角,推拒不得,气力越来越小,他们大多沉默寡言。

漫漫一生,其实能渡过来已然不易了,谁没有过春风得意,谁不曾过五关斩六将?谁也难免背运当头,席天卷地的凄风苦雨。《菜根谭》言:"盖世功劳,当不得一个矜字;弥天罪过,当不得一个悔字"。是否也可以这么说:多辉煌的业绩,也无奈生命的坠落,也无奈年轻人了解后轻轻摇头一笑。

大脑猪样化

与人斗嘴也有粗浅的乐趣,录二三妙语于此。对一女士:

"我昨晚梦见你了,要知道,我好久不做恶梦了。你不该啊,跑到人家梦里来吓唬人!"

"下辈子我要托生成你家的镜子,天天看着你。"

——这就是插科打诨、打情骂俏,大多男人见了异性思维会异常灵动,这是老婆严管下的结果。我又是愚钝的,很多时候大脑一片空白、常掉链子,自嘲为前老年痴呆症、大脑猪样化,而写东西也成了下意识的行为。有人评曰:大半痴呆,但时而言语恶毒。很接受这样的评定,我更像一条成年的鳄鱼:铠甲厚重,行动迟缓,表情木讷,流眼泪人们不但不相信,还会唯恐避之不及;但也会偶露少壮时的峥嵘,眼神尖利,牙齿森然。

冲 喜

民间有"冲喜"一说,久处背运,以一喜改观,有很大的侥幸在。在现实中恶战连连,己方损失殆尽之际,"冲喜"就是盼来一支援军,可能只是小股人马,但毕竟有了再拼的资本,令敌手不至于很快得逞,由此改变战局也未可知。

久盼未得是一种焦灼,久盼忽得呢?老杜诗云:"却看妻子愁何在,漫卷诗书喜欲狂!"应该庆祝的,虽然已经历了那么多悲欢,最终到你手里时已物是人非、时过境迁;但迟来的拥有也比没有强,就像多年姘头熬来名分,早该给,但不给你又怎么样?时光就是这样,别人可能早已嗤之以鼻,又像昔日梦中情人终成他人弃妇,但怀梦者始终未得亲近,太长的路淤了太厚重的情,我仍珍惜你业已沧桑的容颜。

脸比屁股冷

酷寒,我在少年时是充分感受过的。那时候尚不知暖冬一说,冰厚地裂,农村小子冻得手背肿起,到晚上钻被窝就刺痒难当,不能放在棉絮间让它暖和过来,而是伸到外面,介于冻与化之间。

在寒冷中热的东西会怎样?我们曾在黑咕隆咚的冬晨到学校值日生炉子,一个小组三四个人,从自家拿几个(玉米)棒骨碌,沾上煤油引火用——干过烟熏隔壁教师宿舍的调皮事儿。炉火生着了,几个人在操场上跑跳、笑叫;后突发奇想,逐一用舌头去舔篮球架的铁杆;铁杆上满是霜,热的舌尖一下子粘在上面,发紧,过一小会儿就扯下来,也怕时间长了会冻坏了。

在彻头彻尾的冰寒中,若没有持续的源头,再热的东西也保不住温度的。"热脸贴冷屁股"的结果,是脸比屁股还冰冷,最终形成表里如一的再无差异的冰寒世界。

独 梦

凌晨,不知是几点,做了一个伤感万分的梦。挣了一下,醒了;眼是干的,泪水没有流到现实中来,牵挂登时起了。黑暗中又迷迷糊糊,那梦有继续的意思,却不敢的,干脆拧亮台灯,将它彻底送走。

梦,无非美梦、噩梦,无非旧的记忆、揣测将来。对于美梦,遇上一次真真难得,在现实中万水千山的事情轻易地就得了逞。在美梦中是不愿意出来的,像小孩拿到心爱的玩具,像小狗叼住香喷喷的骨头,但往往不知怎么动一下,就出来了,且难以为继,放不了连续剧。好梦难期,不好的梦却不请自来,我怕蛇,就俯首皆是;人至中年,梦中多是踏足绵软的焦灼。

刚才是伤逝的梦,为何这样?时光的脚步隆隆,逼近我,经过我,又远去;我知道,它是不可能被拽回来的,也不能喝止。十几年前曾写《释梦》,是情感擦肩的青春遗憾。今夜亦独自,妻女在旁屋,有意张望、等待,一会儿给换上一个别的"好片儿"。

交界点

事物的发展都有一个交界点,这个点非常微妙,它可能不太明显,然而又居于黑白、冷热、兴衰、起伏、生死的正中间。以《三国演义》中蜀国为例,关羽败走麦城被杀,就应为蜀国的交界点,一个国家的指针被朝着相反的下坠的方向拨动了:张飞伤心不已,鞭卒被杀;刘备复仇未遂,白帝托孤而死;仅剩一个诸葛亮,六出岐山,兴汉大业谈不上,仅保持了十几年不被吞灭罢了。

什么事物都是如此的,一旦被拨动,就缓缓却不可逆转地进入了下一个性质迥异的阶段,纵然千般努力,也只能改观局部,而于全局无济于事。在季节上,冬至,是白天变长的开始;而翻过白天最长的夏至,时令又向着最长的夜晚滑去了。我曾经竹竿一样的瘦,是在哪一天被拨动了,最终生成如此的俗胖?我们兴致勃勃的万物,都有那么一根细弱如丝的界分:上午可以输、可以糟懂、可以任性,有资本,离死尚远;下午就难免悲情,任你金戈铁马,也难挽将尽的气数。

命运冲你伸出手指

区别于文人,常人只是不善表达而已,但他们的苦难很多是巨大且密不透风的。有一同乡,年龄稍长于我,其妻病死,正当壮年;我曾有短文写其委顿,他引发了我的生命灰黑之感。几年不见,他续了弦,又生有一子;在田里拉庄稼时,孩子从拖拉机上摔下,垫在车轮下,他开车轧死了自己的儿子!同乡的悲痛远非文字所能描述的,而其妻的前夫也是死于车祸,女人似疯似傻了。

人就是这样脆薄,尽管都能"嗖"的一下上到月亮去了,对于一个个体生命而言,命运不揉搓你是你的幸运,如命运冲你伸出了他的手指,你根本无力反抗、无处可逃。旁观者都惊心、都绝望的苦难,我想对那对夫妇说:甭再与命运顽抗了,干脆投降得了!

心怀锦绣

小姐身子丫鬟命,命运不会格外眷顾那些心怀锦绣的人,甚至还会有意疏远。锦绣只是心怀罢了,如此,还不如现实地把锦绣披在身上,来一些世俗的实惠。

很多人郁郁不得志,其实无论本事大小,能力得到发挥即可;须知正常发挥的机会,也不是人人能得到的,比起那么多心怀锦绣却要看他人脸色、只有祈求当道者心态正常的人,不知强了多少!

人生难得几回搏,其实是人生难得几回登场,很多人是没有入场券的,一辈子叨陪末座,胜败都与你没关系,你倒想"祸国殃民"一把呢,没机会!

不许哭

曾采访一个杀人犯,与我同岁;其母与人有染从而弃家私奔,他从小受尽歧视;在成年之际怒杀羞辱他的人,然后逃亡,辗转数省,历时十三年之久,后耐不住内心煎熬自首。

一个仪表堂堂、能言善辩的——至少乐于沟通的杀人犯,不偷,不抢,身负人命怕连累他人连女人都不碰:除了杀人外,本质尚好。此人至少是正常的,他渴望正常的日暮炊烟,也梦想温馨与爱,生在屈辱、自卑又敏感的境地,冰冷与龌龊的现实使他表现为拒绝。为之心动,像一句歌词:不许哭,就这样一生被颠覆。很多人如是。

黑　洞

一个村妇来访,称其丈夫患绝症,尚年轻,为了救命家里卖房、借贷,扔进去二十来万,然而病人还在死亡阴影的笼罩下。全家人熬了两年的时间,哗哗流走的,不仅是金钱。人有时是一步一步被套牢的,金钱、情感、精力、名声,有时执着只是一种惯性,也许早就绝望了、腻烦了,只是为那已付出的一大半,心有不甘。

村妇希望得到社会援助,抗争了这么久,她觉得丈夫若最终还是个死,就对不起那些综合投入。但求助岂是那么容易的? 救急不救穷,人生的很多境地,早已是填不满的黑洞,在自然界面前,人力又是何其单薄!

两三日,我正为难,村妇来电话,说不用操心了,其丈夫已死。她语气很平淡,我舒了一口气,为自己,也为那些在命运面前螳臂挡车的当事人。

中　年

一只蚂蚁能蛀毁一座大堤,怎么可能呢? 在这期间,不知已有多少细细碎碎的拆解! 一根木刺能夺去一个壮汉的生命? 那是细微的它插在了最最要害的地方。一粒星光透过亿万兆黑幕映进我的眼帘,是他太亮太强,还是虽微弱却太久太韧? 人生这条抛物线,在三十岁成熟以前,生成的速度远远大于消解的速度,所以能力才得以发挥,还有穷家富路的透支;之后进入下伏期,酥裂的缝隙越来越长,塌落不断。

人之中年,躲在精心构筑的壁垒后面,举着所谓的兵刃,抵挡着砍过来、刺过来的、撞过来的、砸过来的,对面的攻击越来越沉劲、越来越凌厉;可能也有了不少被刺中、穿透后的经验,不料想,遭遇夹枪带棒新型的复合型攻击。李白诗云:"白玉何辜? 青蝇屡前。群轻折轴，永沉黄泉。"瓦砾纷纷，它们不是空中绽开的烟花，最终的淤积、湮没。

被逼的顽强

　　某人来访，原先是一个寂寂无名的小人物，引人注目是因一场事故带来的灾难，在灭顶的打击下，他以抗争有了些声名。因祸得福？那要看是什么祸、什么福。以几近家破人亡换来"斗士"的头衔，与戴了绿帽子让人觉得还算别致一样，均不值得人们羡慕。

　　很多人的顽强奋斗是被逼出来的，如不到不斗则死、死亦不瞑目的境地，他们宁肯不顽强不奋斗。而生活最终会平复下来，又像以前清汤寡水。他又寻了一种方式继续过、接着活。那段经历再刻骨铭心，也会颜色渐旧；而名声不是存折、不动产，不能"吃"多久的。依然是常人小民，砖砖瓦瓦。他会从此幸福起来吗，或比灾难以前好些吗？我断定不会，以我自己的阅历。

危　机

　　经济危机席卷全球，对于小民来说，这危机肯定不是你造成的，而你又肯定会跟着吃挂落儿。人群间弥漫着"钱少了"的惶恐，大家都听到沉闷的脚步声，一声比一声近，碾压过来。

　　经济危机其实只是物质层面，在它之前，我们的危机已经多多了！水被污染，食物残留毒素；精神被污染，观念污七八糟……心灵间的风暴侵蚀，留下了可怖的荒漠，信任、情趣、愉悦都难觅其踪，惟见仇恨、猜忌、幸灾乐祸。曾言，混沌未开诚然愚昧，但尚有那么多淳朴、简单而浓厚的情感，山凿开了、水顺畅了，在商业文明下农业文化支离破碎，在日新月异的同时，我们难逃迷失。

　　当然，什么事物也不是完备的，关键是我们想要什么。有得必有失，人是不能在"二选一"中骑墙的，骑墙只能使灵魂更加迷茫，"我的心想要靠航，我的脚步却在流浪"。人们啊，很多时候目的明确无误了，而心却无限感伤着，痛定之后不代表着不再痛，很多现代霓虹，只是被粉饰过后的心灵伤口！

风暴有头便有尾

　　现在想来，可能最沉重的打击，恰恰来自于你最亲近的人。无法选择，无法躲避，又无从分辨。受着伤害，若反弹回去，又不忍给对方造成伤害，这也是一种往复循环的宿命吗？

　　一匹被生活压得骨酥筋断、瘫卧泥浆中的马，什么时候才能挣脱、一身轻松？哪怕是被褪剥了皮、打断了四肢，但也了无牵挂，不用再去追逐了。大概得六十岁以后吧，那时才可能与世界各不相欠,才活得一个自由身。到那时,人会收敛欲求,内心灰黑着沉寂下去,顺带着,所有脏器衰竭下来、安妥下来。由是,内心是渴求六十岁的。

  风暴过去了。如果不在风暴中死去的话,风暴总会过去的,生活也会恢复常态。优雅的说法是风浪过后宁静的海面,低俗的说法是将污秽冲刷干净的白瓷马桶,光洁如初。人与人之间、事与事之间,那层窗户纸,在未捅破前,被戳来戳去地锻炼韧度;就算戳破了,那张纸也不好完全掉下去,被风吹着复又衔上,留半圈疤痕。

  在大大小小的风暴中,真有一纵了却的念头,在耳边却总有声音告诫:一切风暴都会过去的。如果风暴都有头有尾的话,那死于风暴何益?在两场风暴之间,有晴朗、和煦、明丽、舒展,这就是我们要享受的生活。

夏虫不可语冰

  韩国情色,演绎陌生人的情缘,可谓精致。男子年轻俊朗、谈吐不俗——很有些人,有前无后或有后无前,奈何?——偏遇落寞少妇,一伸手就什么都发生了。就像打台球,你有五种可能不进,又有十种可能打进,只要"对症"了,就有球;否则,瞄不准、劲大、力小,都仅有擦肩之美,久战未决从而完璧归了赵。

  一天里的爱情,全须全尾,有始有终:"人生若只如初见"的惊艳与渐近,飞流直下一日千里变了性质,又被现实困扰彼此的不适与厌烦,最后难以取舍、渐行渐远的苦楚。"夏虫不可语冰",其实也不用语冰,瞬间由怒放到凋落,虽短暂但也经历了各个季节,谁也不能质疑它的真材实料。这也是一种完整,一个传奇,与胡杨树的千年不死、千年不倒、千年不腐一样,足以令人震撼!

男 女

1

  男女的关系大致可分为以下几种:绝缘的,有缘无份的,有份无缘的。两个异性之间的距离,远了没有火花,近了就烧完了。只有"将近"的状态最甜蜜——"人生若只如初见"(多美妙的愿望,又怎么可能啊!)是惊鸿一瞥;"月上柳梢头,人约黄昏后",则糖份最高。而思念最浓的时候,是将得未得、望山跑死马的状态。换言之还是关系:招之不来,虽悻悻却绝了念想;挥之不去,由零距离到负距离——是另一轮的疏远。或此或彼,招之即来挥之即去,这样的人遍寻不见。惟有擦身远逝而余香袅袅的,最令人怀想。

2

  风息雨住,女人回归了。有着再大的犹豫也要回去了,女人的忍受力太强了,还能笑着。男人因为贪占而软弱,女人最终会心狠,包括对她自己。女人,包涵了太多的悲欢与黑白,然后平静,静美如初,如大海,但这种丰富令人难堪!

3

男女相伴活一辈子是不容易的,有些人总抱怨,如包办婚姻、良缘错过、遇人不淑,渡过漫长的婚姻的海,几经颠簸,已经进水进得五荤八素,其实谁都好不到哪里去!夫妻相互对眼儿、有个良好开端的,就能避开满海面漂浮的冰山吗?同样你怨我怒、忧愁难解。就好象一场极大的雨,顶个破锅盖出去会浇透;撑把精致的小雨伞,最终也会全身精湿。风硬雨斜,到最后怎么也是个湿,所以携带什么雨具其实并不重要。

4

现在的男女,身体怎样姑且不说,至少在语言上大大解放了,很多场合语言滔滔,意淫不止,三句话不离性,把一些不能正经说却做梦都想的,一股脑吐将出来,谓曰:玩笑。其实定法律了,就叫性骚扰。男女相聚,很容易形成这种氛围:谈性不疲,流利大胆,妙语连珠,不乏挑逗与意淫。好像被动吸烟一样,许多女性被动接受着这些灌溉,听着心恼脸红,闹起来人家又是开玩笑;渐渐习惯,甚至迎合挑逗、顺从那意淫了。也许一离开那种氛围,一到真的可能发生什么事儿的环境了,俩人反倒手脚麻木、语言艰涩了。或者这先是一种火力侦查、暗示,表面滔滔,一旦暗地里接上火,那就一日千里,真的做成了什么事。唉,这个不避讳性的年代!

5

外表温柔秀美的女孩一倔起来,往往可怕。曾言:不要拿天真、多梦、温存等好词儿错怪女孩,把你自己想象的光环套在不相干的她的头上。不错,她们天真、多梦过,但一般不会让你赶上,给你留下的,多半是残存的温柔表象,好像香油漂在水面上,只是薄薄的一层。你不要因为小动物可爱而忽略了它咬人的可能,你可以站得远远的说:"这小老虎,真好玩儿",但万不能走上前与它脸贴脸,像演杂技一样,把它的嘴掰开将头探进去,那你就太轻视她本性中的野了。谁都是成分不一的,谁都不可能一成不变,我们自己都做不到,干嘛去苛求美女?

6

从女人那里很难找出真正的感情来,她们择偶的出发点是安全感和依靠,寻找感觉、保留记忆只是女人们前期打的旗子,以示纯洁、多梦。但面对呼啸而来的生活,女人自己就没有了承担一切的信心,所以很快回到原来的出发点上。

回到出发点的女人特理智、特冷静。女人都是善于伪装的,她们会在远走的路上频频回首,冠以忧伤的容颜。女人阴险,能在不断咀嚼过去(鬼才知道是怎样的咀嚼)的同时向你举起刀。女人在男人那里寻找安全、保护,实现权力欲和虚荣感,并满足自己的性欲。

男人多是迷恋女人的神情与身体,相对来说,男人要纯洁得多;男人除了流氓基因外,还有一定的寻梦情结,并且多付诸行动。男人是力主创造的,愿意给女人提供物质,并梦想从女人那里换取精神寄托。男人往往在索取前就已付出了,所以男人多大方坦荡,而女人又有什么呢？容貌、娇笑而已。

喊了几十年的平等和女权,其实委身于社会的附属地位,是很多女人骨子里默认的,至少还没有或不肯根除。就好象有人来救她,她倒骇得后退,并用稻草盖住自己的身子。女人自己就懒于承认自己,所以她们只能依赖、支配男人。

男人一直想象女人如何纯洁、柔弱,并因此怜爱她们,孰不知自己已经相当可怜了。

男人若把女人当成对手,那肯定迫不得已了。

男人清纯、热烈地来到女人身边,悸动期待、煎熬苦痛、挣扎呻吟、万劫不复,然后清醒、冷静地离开。

婚姻与喜欢

想到古代的皇后,是皇家身份的象征,自是出身名门、政治需求;而嫔妃是皇帝自己选的,喜欢谁就是谁。所以在男女之间,皇后有时是个华丽的摆设,但也算有些实惠的。推及当下,妻子太熟了,对你绝无新鲜感,熟而不讲理,也不可能有尊崇,尽管以前也新鲜过、澎湃过。相敬如宾,几人能够？看一些名人传记,很有些"婚内崇拜"的例子,人品、学识、婚内保鲜、阻拒外来侵扰,就那么正好正？

国人有为尊者讳的习惯,有时野史与闲话倒大有借鉴之处。当代某大诗人,多年空中虚飘,与人间无染;后回归,娶一妻,旁人有溢美之词。但我亲眼得见,女方训孙子一样训诗人。记者的特质应该是怀疑,诗人的内核是完美,这是我彷徨与悲情的源头！

相信爱情

读歌德的传记,始知这位文学大师的成就是基于爱情——性欲的。德国人异于中国人,好妻子的标准,也即驭夫之技:善于倾听、宽容、尊敬丈夫、做一手好菜,信夫！但天下何处寻斯人？

恋爱是谈过的,有倾诉就有倾听,一开始唇糖齿蜜,耳朵也是极为受用的;但时间一长进入实质性的生活呢？冷硬的金钱、繁琐的家务、难以调理的各种关系,"穷白活啥啊？"

宽容也难。宽容首先要有个好心情,心情好,就容易大赦免。宽容是一条大堤,计较、仇懑是细小的蚁穴,千里之堤溃于蚁穴也。

尊敬丈夫？以前多次提过，距离产生美，而夫妻之间是负距离，靠近过了头又产生的疏离；神在高处，身边的只能是瓦罐，打来吵去，心已扭结。

美味与前三者紧密相连，胃口好，心情就好，吃嘛嘛香！说的就是这个道理。三毛曾说：不要怕男人不回来，到了饿的时候，男人自己会回来的。除了美食外，等待的，还有一颗相信爱情的心。

熟　了

少年生活无着，在风里漂泊、流浪，离开了生养之地，从成长记忆中的日暮炊烟里寻找安妥，成为一度的生活奢求。一晃一二十年过去了，在城里安顿了下来，青春也就过完了。就像一颗种子，未被摁到土里时，还有很多跨移、发展的可能；一旦摁进去，与水分、土壤发生关系，生出了根，就不能挪动了，只有拔节、灌浆的份儿了；然后被收获、吃掉，经过肠胃被消化成肥料——这样就算实现了自身价值？

发生关系后，就只剩下义务与责任了，已行使了买票般一刹那的选择权利。家长里短、油盐酱醋，这就是漂泊过后的结果吗？风是可以避了，但又缺乏新鲜空气了！守在窗户根儿下，没有四壁都是窗户的房屋，"外面的想进来，里面的想出去"，钱钟书之围城理论。

人生过了一半，若不进这屋子，那该有多凄凉！然而在屋里，岁月相叠，无新鲜可言，三十岁与五十岁何异，此春与彼春何异？一对攥着誓言的人，也开始冷淡，不知谁在惩罚谁？不知对方的心态，也不知自己的黯然是否有价值，就腻烦了那固定如死的生！

美女年长

美女至年长，身子也已然走形了，徒有早年的品牌效益。世人对女性的评判标准，几乎就是唯一的：美貌；才与德倒在其次——丑女多才，因为丑，才就打了折扣。所以年长色衰的女人，就失去了这一根本优势，遭此重创之际，建议应有以下要与不要：

一、不要人造美色。虽有"女人，上帝给她一张脸，她偏要再造出一张来"之说，但原始之美是最动人的，努着劲儿造出来的美经不起推敲，而且往往会出破绽，弄巧成拙；不如素面朝天，这时坦然比人造美要重要。

二、不要耍嗲。撒娇是貌美女子的特权，是很讲条件的，首先对方要乐于接受你的嗲，不要撒无之娇，否则只有别人撇嘴，自己灰头土脸。

三、美貌既已逝去，女人应回过头来专攻才与德了。对美貌的赞美是水中月、镜中花，很有激情与梦幻成分，而对才德的考评是很冷静、很客观的，毕竟，"人生初见"只是一个阶段，老为你的美色窒息还让人活不活？岁月无情后，女人要为自己赢得尊敬与佩服。

曾言:女人岁数更大一些,就要看慈祥与否了。失去美貌后,女人不要挑剔、刻薄,"美人撕扇"的关键是"美",撕扇的破坏行为是不受欢迎的,而一旦退化到"脸黄气大",就非常不妙了。

幸福在风起雨后

看人家的爱情剧集,做自己的感想:不是冤家不聚头。夫妻是冤家,甭说前世,今生就是! 一个至少不讨厌、还算说得过去、甚至曾经绝美在心里掀起过风暴的人,变得哀怨、针锋相对;由初见到情动到亲密无间的两个人,渐渐生疏。

婚姻是一块西瓜,趁新鲜时吃完了就留下了甜香,不要试图保留,迟早会馊臭。"婚姻是爱情的坟墓",当然这句话不是百分百绝对的,但怎么也得百分之九十,大多数人归到那个轨道去了。

唏嘘不已,万般无奈。人与人之间无非是建构与摧毁,你一下子就预见到后半截的残垣断壁了,又怎能兴致勃勃地开头儿? 幸福在风起雨后,短暂、细碎,粗心的人找不到。幸福得努力去找,因为两个人已经拴在一起了,跑不掉了。

献身无门

看胡杨的专题片,那么古老的树种,水已远去,她仍然守着湿润的梦,千年不移,慢慢渴死。这操守太震撼人心了!

"你还在这里啊?"

"你为之死守的人早已不在了!"

胡杨,经历千年"风与水的争夺",白发苍苍、皱纹满脸,一个连心都枯死大半的情人。她的心没有质变的,只是一丛一条的局部的死去,直到完全的死。她也是风干了的忠诚——信守诺言、呵护初恋,千年下来,经受怎样的心锯啊。

而这样高纯品质的爱,我们几乎是无缘得到的。很多人无此机缘,献身无门;即便有机缘,也很难这样的坚持:一个漂移模糊的人,怎配赤金的赠与?

土里芝麻

夜读九丹的长篇《凤凰泪》,一对夫妻远离爱的故事:彼此的叛离,为了一个新的秩序,从而打破旧的秩序,同时还要殃及左右的秩序。

小说中有句话说得好:"先失去而后才能拥有",是啊,这世上谁也不能多吃多占,而且不是在彼时彼处失落、空白了,就一定在此时此处得到补偿。我们把一条路踩成泥淖,就不会那么轻松地拔出双脚。

我们与身边人的恩怨，好像浮土里的芝麻：你看不见芝麻，但只要稍有理性的一个人，就不会把这土扔掉；芝麻或多或少，我们用尽一生都筛检不清。

夫妻谎

一朋友深夜还在应酬，乐而难归；其妻发难，不免慌张，不由撒谎。朋友间有为对方圆谎的义务，虽然对那个妻有歉意在。朋友的慌张是真切的，里面饱含对老婆大人的内疚与在意，这谎言是被迫而善意的，如同人们对垂危者的瞒骗。夫妻间说谎多矣，有些男士已经"说瞎话儿不带眨眼儿的"——我非女性，不知她们如何？

夫妻多年，已经太了解对方的风起雨急了，又不能决绝地挣脱，就有点儿桌脚压王八——楞抗死挨的意思。撒谎成了不正面作战的策略，一个迂回、一个借口，给对方，也给自己。可能对方并不相信，可能也感觉得到对方疑窦丛生，但需要一个谎在那儿。

撒谎又很需要技巧的，很多时候要求要撒到好处，理由、表情、语气，缺一不可。撒谎是生活必需品，无论多心虚，也一谎了之。当然，很多谎言是蹩脚的，只是给对方一个台阶，下不下在你。有的谎言可能操练不熟，或随便一撒，不屑多花心思的；对方会深疑，但也不便追究了。搭帮过日子，两人之间需要这小的破绽百出的谎遮脸儿；这谎拙劣，自有它的尴尬，也说明彼此之间已然绝望了。

最初的烙刻

看《新不了情》，有一场戏是男人把新欢旧爱聚在一起喝酒，不出我所料，果然砸了。撂在两个女人中间的男人真是幼稚，试图去抹平伤疤，结果又碰出血来。

既然是伤疤，怎么会抹平呢？一场失败的恋情，至少产生四个不适方：旧男、新女、旧女、新男，谁面对的都是一根拔不出来的刺。刺陷在肉里，是不会被消化掉的，时间一长，就成了一根敏感的神经、一截隐忍的骨头。刺外面可以涂很多药膏，看着也像好了，但一挤压，仍有来自内里的真切的疼。

这是真实的人性，比一些扯淡电视剧戏说半路夫妻的虚伪、扯淡，可信得多。当然，划割得多了，也会习惯，会麻木于聚散离合；外国一位绅士，得知妻子的奸夫藏在床下，还宽厚得问一句：您喝咖啡吗？"提上裤子就不认账"，是不是男女关系的一种进步不好说，至少免了太多由情而生的苦恼。只是那最初的烙刻，一生都会耿耿于怀，怎能与那厮把酒言欢？

昨日之爱

闲则无聊，读到孙犁的一首古体诗《题亡人遗照》："一落黄泉两渺茫，魂魄当念旧家乡。三沽烟水笼残梦,廿年嚣尘压素妆。秀质曾同兰菊茂,慧心常映星月光。老屋榆柳今尚在,摇曳秋风遗念长。"这是一首不错的吊亡诗,历代此类佳作不断。陆游几十年眷念前妻(表妹唐婉):"城南小陌又逢春,只见梅花不见人。玉骨久成泉下土,墨痕犹锁壁间尘。""梦断香销四十年,沈园柳老不吹绵。此身行作稽山土,犹吊遗踪一泫然!"

情真意切,千古动人心魄。不禁思慕那个年代的爱情,而如今,我们是不太容易找到的。在距今不远的五四年代,有离经叛道但超凡脱俗的爱情(如徐志摩、陆小曼),也有举案齐眉、相濡以沫的爱情(如傅雷夫妇、张学良与赵四小姐)。曾言,社会上提倡学习雷锋,说明我们还有太多地方不雷锋。同理,对于那些如仙如诗的爱情的神往(郭靖黄蓉、杨过小龙女),正好洞照出我们粗糙、简陋且质地松软的情感生活!

归根到底是什么原因呢?男人解放、女人解脱了?还是信息化带给人们更广阔的眼界,让人们有了更多的选择?当然,离婚率高并不代表文明的倒退,这里更多是农业文明与工业文明的差异。责任感的缺失、幸福感的漶漫,书本上古朴、散发着清香的爱情故事,只能在我们的惯性思维里茁壮。

我生也俗,无缘惊世骇俗的高蹈的爱,既无艳遇,也无胆量,在婚姻里,也难免撞头闪腰。其实这也没什么,多少人都这样过着,我也没必要格外的惊呼惨叫。对于脱手而去的、擦肩而过的,仅存怀想,怎么努力也抓不住,就在大潮中扑腾吧。

幸福无处买

去看一个奢华社区,讲究传统文化的,配套设施也极尽雅致,样板间跟星级宾馆一样富丽堂皇——令没见过世面的人不知道该怎么住。回到"鄙宅",相比之下也只能这样说了,早上用过的碗筷还没有收,在客厅的茶几上排列着,不禁神游人家的高蹈。

转念一想,就是搬进那豪宅,若还是邋遢的生活习惯,不还是门口一片臭鞋、水池一摞待洗碗筷?夫妻俩互相腻烦、挑刺儿,不还是"今天你涮碗,因为我已熬粥了"的在意?还会有争吵、冷战,对骂"你妈的!"对呀,不是多花一倍、几倍的钱,就能买回琼瑶阿姨所描述的生活。你可以用钱买大电视、宽冰箱、软床铺、落地窗,但你买不来不吵架,买不来几年过去后还存在的新鲜感。你买不来幸福,因为幸福她不卖!正因为如此,茅屋里的夫妻如不吵架,菜色颜面相对一笑也是幸福的,这时幸福与金钱无关。有钱的人也有忒多的不如意,穷人的家里也常常飘出快乐的笑声,这样一想,那一倍、几倍的钱花得就有点儿冤。

当然,豪宅里吵,茅屋里可能吵得更甚,后者更加令人不堪直至麻木,那种灰心令人无处可退——我有一女同学,家境殷实,一苦恼就出门游历山川,不象众多拙荆,一生气就进商场,再进也不多化钱——"福无双至,祸不单行",我们常被这句操蛋的咒语无情地击中。

一场青春

某人与我截然不同。他应属于社会中人,在人际关系与金钱相互转换方面做得比较好。在情感上,他说他受过伤害——谁没受过伤害?在情感世界里,聪慧者只是能适时适度地转换伤害,所受伤害的次数、程度一点儿也不逊于其他人。

倒是那些浑然木讷之人,不太懂你忧我怨,或不愿去深究风花雪月(人生之大聪慧?),在面临伤害时,"无招胜有招",傻人有傻福。我一个老弟就是这样:他比我小,目睹了我恋爱的曲折、惨烈,发誓不重蹈覆辙。他也爱慕过,可对方刚一举刀,他就逃了。他熟悉我在弹雨中的冲锋,自己却练熟了撤退。他后来接受了一个别人介绍的对象,两口子中规中矩、水到渠成,结婚、生女一样不差,也未见怎么争吵、冷战。依着我的教训,他从青春林立的锋刃中全身而过,应该请我喝酒的。当然,不受伤害就有福了?有时,清醒着数伤口的人,倒替那些傻呵呵的遗憾,认为他们没有被青春蒸烂、炸透、白瞎啦。

回头再说那个人。他高举着"受过伤害"的大旗,也就理直气壮地往身边划拉异性。我们从内心全都艳羡,但一致予以谴责,"这样子不好,尽管你认为自己不幸福。"对于来者不拒或花红柳绿者,我们习惯斥以没素质,这是质与量的问题。如果一方既多又好,一方既是烂货又不许退换,那就没天理了。

转念又想,素质不高又怎样?就像大饼,人家也是有改进的,若加些葱花儿,就非常的好吃。大饼比你的鱼翅就差?关键鱼翅又怎样?挺贵,且不能大快朵颐吃饱。关键是货真价实的鱼翅很难找,也不是没有,只是轮到你头上的几率太小。很多时候,我们端着假冒伪劣的鱼翅,笑话人家大饼。

再说大饼。男女相处的契机是什么?以我多年呛水的经验来看,无外乎互相欣赏与理解、互相在意与关切,如能做到,茅屋之爱也能炫亮生活,其他人工附会上去的,应了一句狠话:"驴粪球子外面光"。

话复前言,一场青春下来,谁都伤痕累累,但回头不易,胜负难以勘定,补偿更是谈不上。那位仁兄,先自行补偿了,再给自己的感情定损,其实不错啊。

一人N次、N人一次

与某人外出,即前言自称受了婚姻伤害从而加倍自娱那主儿。又带着小姑娘晃我,让我既做灯泡,又自灼。二人亲密无间状,却又不欢。原来是女孩与其男友有隙,正发愁怎样化解,这哥们儿在一旁点拨。啊啊,这就是我们现实中存在的男女关系之一种,只有耍,而无牵绊,真是洒脱得很!

想起另外一个人——我认识如此人士一个又一个,虽然有时也艳羡,但还是羞于说出口的,替他们害羞——他与某女有私情,且在该女未嫁时,他遂理直气壮:"什么事儿都有个先来后到,我可是在先啊。"好像吃亏的是他。

是啊,无论怎样耍过,人最终还是要成家的,在一班男女的人生经历中,只是与谁谁耍过而已,一人N次、N人一次,没什么不同。然后就寻找归宿。当然,青春男女情欲涌动无可厚非,出现什么状况也不足为奇,但一场悲欢下来,应该有廉耻底线或迫不得已的隐痛,或成孔雀东南飞,或如陆游白头悼亡人;如今,只有技巧的娴熟与内心的坦然,让人面对这样的红颜不禁胆寒。

离上一回婚

与某人见,工作加合作的关系,虽不常来往,但有这个那个的渊源,聊得也很好。说家庭,他竟是刚刚离过婚的,将近中年,却用了比较轻松的语气,而且告诉我,他正为下一任妻子谋划工作。

这个样子,我是不好为他家庭解体表现出痛切来的,尽管当时心里一沉,为他,为并未谋面的"前嫂"。如不意外,他们至少还有一个孩子,还有多年焊接各种关系的端点,表姐、小叔子一类。同时,我也不能为他的第二次建造"基地"表示艳羡与祝贺——搞不清他是先旧而新,还是因新废旧。痛切可能勾起人家以前的沉痛来,或许人家刚刚不那么沉痛了,你再表现出由衷的关切,就显得不合时宜、无的放矢。祝贺的话却还要说两句,"旧的不去,新的不来",旧的既去,也只有招新的来。无论何样的因果,如何的境况,只要还过活,还在国情民情中浸泡,就得随这个大流儿!

离婚是要扒一层皮的,无论老茧还是嫩肤。好像种甘蔗:种下,长,收获了,一吃很甜;但最终会留下一地坚硬的皮、没有汁水的渣滓,甚至还有苦不拉唧的末端。这不单是随手一扫、一扔的问题。之后,若再想尝那口儿,有人干脆到市场上买一根回来,只捡甜的那段吃,没有什么生产累赘,滋味不对了就扔。那么,周而复始者,重新犁地重新种岂不冤?

离婚肯定是互有恩怨的,但又怨哪一方呢?好像谁也不那么乐呵呵的。但指责业已无用了,当然,也无需挽回式的抱怨。又像一个瓷器,承受毁坏的极限是10,来自四面八方的批批次次的冲撞,虽然每一次都达不到10,不足以把瓷器撞得粉碎,但总计起来,却不知有多少回粉身碎骨了!这时,你满身裂纹,最终连一指之力都承受不住,碎了。你抱怨这累加起来的,人家就会拿单次说事儿,"谁挨打都疼,干嘛就你受不住叛变了呢?"

临近中年,一些想法就会幽缓地拐上几个弯儿,流到一个别的方向、一个别的境界去。忽然想,人生大概未免许可能是要离上一回婚的,好像人活得久了、年岁大了,癌症、糖尿病、秃顶、前列腺、爱滋……难免会得上一两种,要不怎么去死呢?主要是心理得适应,人是随大流儿的,独自的好与独自的坏,都是孤独而难以忍耐的。

揣着明白装糊涂

身边一女,生得不丑,但脾气总不顺,偏,不知为何就撅着嘴。虽然她不一定就多坏,但在男女客气相处阶段,就有诸多芥蒂了,若娶回家在同一个屋檐下生活几十年,那还不憋屈死!

我这临近中年之人的清醒,恋爱者是没有的,荷尔蒙的过剩分泌使他们一点就着,对方爱计较、爱算计、动辄就翻脸不认人,都顾不上细论了。人与猫狗无异,青春期也即发情期,晕晕乎乎的人看不清这种种隐患,或有所察觉也来不及细想,只有等到婚后,饱受原先小问题拓展生成的煎熬。

站在婚姻的门口,此时爱噘嘴,日后就会冷战连连;此时贪占小便宜,日后就会又抠又精明。这样那样的毛病还有很多,婚前还都客气着,婚后就不用装了,也没法装下去了——其实看不清楚也是对的,水至清则无鱼,一开始就研究裂痕与隐痛,难道就不开席了吗?这,又有点儿因噎废食了。

恍然记起

现代婚姻是不乏冷战高手的,以女方为例,第一不让你弄明白她的悲喜,第二不让你弄明白她因何悲喜,活脱脱一个婚后黛玉,你尚浑然不觉,她已兀自吐血、葬花去了。起初是弱不禁风的娇嗔,尚有小资意味,时间一长,就是执拗得不讲理、冷静得绝望。当然,王熙凤式的泼辣也不足取,如同选择死法,已尝蒸煮的焖,又何顾爆炒的炸?

想起一位老人的文字:夫妻俩在安宁的夜里,男人看书,女人织毛衣,谁也不说话;但他们知道,若自己突然有状况,对方会急扑过来的。人家是和风细雨的默契,对于冷战中的夫妻,是不能奢求关键时刻一百八十度大转弯的,平日一点一滴地疏绝,到最后提不起那股真气来。即便有诀别的悲痛——对方真的一去不返——也是恍然记起曾经好像有过的好儿,更多的是凭吊自己生命中无谓的流逝。铁凝小说《B城夫妻》中的"模范夫妻",不就是渴盼对方死,终于到了再也遮掩不住的地步吗?至少在潜意识里舒了一口气:可算熬到头了。又如在小摊买东西,历来给小分量的,不大可能在撤摊儿时连本带利返还你。

二　婚

某人结婚,去贺一下,却有些梗梗;非是情敌,而是二婚现场。结婚者,就好比买香蕉:第一次买的都粗硬新鲜,有褶儿一时也看不到;后来沤软了,吃下去变滋味、拿着沾手,又不能装进兜里、揣入怀中(此话只是形容腐朽婚姻的状态,而非指责、定义哪个),于是痛下决心扔掉了——扔这个动作是相互的,扔掉对方,同时也被对方扔掉。

再婚者还会挑剔吗？我觉得不大会。离过婚后,自身条件已远不如初次,可选择的范围也大大缩水——升官、发财者除外,他们已远远强于起始阶段,财权的优势弥补了年龄的劣势,谣云:中年男人三大喜,升官、发财、死老婆。可能还会比较急,真不知道他（她）急什么,又不是没领教过异性！一个烘烤得外焦里嫩的人,能有第二次选择的机会就不错了,就不太可能一次比一次强,除非那些资源广阔的少数人。第二次选择,金黄、粗硬就难找了,但好的部分还有,不然就不会有这重张;多一半,抑或少一半,也有可能只是一个尖儿,还可以吃,那就甭挑拣了,将就着吧。

又想到孩子。破裂的婚姻一般都有夹在中间的孩子,都说孩子是爱情的结晶、夫妻关系的纽带,这纽带就是保险绳的作用,一旦用上了,于己是一种牵坠,于人是一种要挟:不要让孩子失去原装的爹（娘）,再不济他（她）也是孩子的亲爹（娘）啊⋯⋯昔日的小可爱成了失衡天平的砝码,整个一个小可怜儿！

跑性格

登门相求,本来要低人三分的,所以在别处多牛都不管用。除非十分熟络,或有明显优势（那也不叫相求了）,才能化解有求于人的尴尬。"无欲则刚",有欲则媚,乞望是避免不了的。人谓脸厚、心黑、手狠方能成事发达,但脸再厚,心里也别着;因窘迫而发狠,以后翻过身来,会将忿怨加倍奉还。所以很多卑微者一旦得势,比谁都傲,比谁都狠,郭德纲言:报复以前的日子。这与穷困者发家后往往极奢同理。

以心理上的失势,换取或有或无的成功,不少人都放弃、退却了,宁可不要那快感,"万事不求人",虽清贫但保留着本真的心,也就默默无闻了,性格决定命运。更多人还是醉心于追逐,一开始追着钱跑,到最后被钱追着跑;渐渐地,跑就成了一种惯性、一种性格,就是不用跑了、不想跑了,也停不住。这种人只能做物质上的贵族,而万难内心丰富了。

想当宠物

人生在世,做狼,啸傲独行,哪儿冷僻往哪儿去,其实是修行,得最后正大光明的果;做看门狗,被人呼来喝去,但为了几根骨头,劝自己忍了,慢慢会习惯的,体制内的温暖;做宠物,有些爱或许是无条件的,只是为了你的憨状、你的聪慧——好像艺术发烧友对角儿的拥趸,有些给予也是在尊重的基础上——嗯,其实挺不错的。

以自身固有的条件博取喜爱甚至溺爱,如艺术家与美女,而不是费尽力气、呼天抢地;一生都在关爱中,且给他人以快乐,且这爱虽为施舍,但不含鄙夷,不存在明显的心理不平等,足矣,比野狼、比家犬都要好。三十多岁的人了,不想做狼、做狗,想当宠物。

半瓶子咣荡

有小才而不足以成事者,有微貌而不足以倾城者,有大志而先天细胳膊细腿儿者,都是最艰难而悲情的。"一瓶子不满半瓶子咣荡",还不如一开始就妥协、放纵,徒劳地滋生壮志与"天将降大任于斯人也"的自我宽慰。

成功是有概率的,怀才不遇者,总在心里把舞台的光柱罩在自己身上,其实那又怎样?曾与人言:出来的一定有本事,而出不来的,不一定没本事。这世上,有缘无份的事太多了,渐渐地有一种票友心态,"我干过"则已,而这时,轻狂不言愁的少壮时代已抛在脑后了。

抑 郁

你争我夺压力重重的当下,不高兴是经常的,于是乎有了抑郁一说。一首歌谣说记者:"表面风光,内心彷徨;容颜未老,心已沧桑。成就难有,郁闷经常;偶感优越,袋里紧张。常怀正义,为人伸张;偶尔糊涂,被人当枪。比骡子累,比蚂蚁忙;扪心自问,比民工强。啊,记者,无冕之王",此谣着实精准,但不知郁闷与抑郁有什么不同?

抑郁症,由一种情绪到一种病症,虽然常泛舟愁海,但尚有犯傻浪漫之时,所以还无从体验"症"。怎么就抑郁了呢?闲的,还是像弹簧,久压而失去了弹性?不过就目前所知郁闷而言,抑郁症应不是什么高贵的病,穷人更有想不开的理由,只不过他们大多繁忙,无暇发现、专注罢了,有闲阶层才每日细磨自己的不快,在那里扯淡。

小·人是谁

1

小人不绝于路,狂妄、自私、猜忌、记仇、贪婪、狠毒……可能形式不同,但本质无异。如臭味儿,有酸臭、恶臭、炸臭豆腐的窒息臭等等,都是臭,只是类型不同罢了。

2

小人也有脆薄的时候,毒蛇在冻僵前也希望一个热的胸怀,当然,被救醒以后就另当别论了。小人之所以为小人,是他的不感恩,面对利益不浪漫,害人的时候不犹豫。

3

人的心理有时很怪的:如果没有纷争,倒愿意与对手交个朋友,因为争斗者大多实力相当,一招过去,一招过来,也有钦佩在的。当然,对手也应是坦坦荡荡。对于小人则不同,与小人为伍已是不幸,与小人缠斗则为灾难。

4

不知怎么的,面对小人很是紧张。唉,人生在世,对君子是不必太过心的,君子纵使不帮你忙,也不会无端害人。小人不行,你妨碍他利益了,他会下手无所不用其极;你就是无涉于他,他也不会放过施毒的机会,因为害人已成了他的习性。

小人在暗处,且不循规则,"不按套路出牌";小人又有隐蔽性的,像鳄鱼,在没有发狠前,你会把他当成一块石头坐上去歇歇脚。就是察觉到小人的危险,你也不知道毒箭什么时候、从什么方向射来。

小人善于献媚、织网、布陷,关键是小人往往会得手,他非常知道别人的软肋与空档,知道谁"吃"什么,然后迂回、包抄,一击中的。看着身边的小人攻城略地,逐渐地得了志,你现学坏都来不及,你又如何不怕他?

5

宵小之辈。如果你面对的不是君子,那你的光明磊落无异于飞蛾扑火。"高尚是高尚者的墓志铭",你只有去死,坐以待毙。有人提出"好人要比坏人还要坏,才能胜利"的理论,是有一定道理的。君子应做到手段凌厉而心存善念,所谓佛的威力。先有手段与能力,再是宽容与大度,"人为刀俎,我为鱼肉"的无为与良善毫无益处,也不值得可怜。

曾经为爷

中国流行各种潜规则已几千年,个人于潜规则,是不打不相识、不低头就总挨打;渐渐地,就一点儿信心都没有,脑子一转就到托关系、走门子上了。

少不经事时七八不论、利刃挥舞,渐长就迟疑犹豫、嘀嘀咕咕,这个变异过程谁也没办法。规律,就是一试就灵、百试不爽的东西。但做孙子也做得不情愿、不纯粹,依稀记得曾经做过爷爷的——浑浑噩噩、了无牵挂的时候,就很容易做爷爷。

所有的臣服,都是为了日后的反击。正因为如此,一时的隐忍才令人窒息,但又不能不忍;像蹩脚的潜水员,实在憋不住了,露出水面来大口喘气,然后再扎下去。吐纳之间,郁闷渐淤。

野史惊人

告诉你一个事实:野史惊人啊!有些骇人的真相,是不能从表面了解到的——我们太会掩饰了,人前一套,背后一套,有谁不衣冠楚楚,又有谁不醉心于鸡鸣狗盗?同时生活也太能吸纳、消化了,甭说脏水了,就是硫酸也能吞咽下去。表面光鲜,而五脏六腑呢?坑洞相连,污秽油腻,令人不忍目睹。

起因与真相是什么,又有谁去质疑、披露?而最终起到粉饰、修补作用的,是我们的迂回、隐忍、自欺、麻木、虚荣、表演。由此可见,每个人所聚集起来的毒性,是多少的悲喜压缩、变异而成啊,形成外表的霉藓;内心真实的东西多是灵光一闪,甭说别人,日子一久连我们自己都难以辨别、捕捉。

一个个非红非绿的杂色人!生活啊,生活中的我们啊!

臭人儿

人大概都有这样一种心理:不愿意面对能引起不愉快的东西,哪怕是真的有问题,只要不刀架在脖子上的紧迫,就睁一只眼闭一只眼,甚至把头扭过去不去看。

基于此,发现问题大呼小叫的就招人嫌,人家一再地躲,你却一再地提醒,好不容易转移走的注意力,被你一而再、再而三地揪回来,怎么不讨人厌?就好象人人都讨厌的臭屎,被你一脚踩中,人们恶心之余,不免也要怪你了。你提醒大家臭屎的存在,破坏了清香的生活,犯了这样的错儿,你还有什么脸叫嚷?于是乎,脚踩臭屎的人一并被厌烦了,"你这个臭人儿!"

内心动荡

求人办事,对方大模大样地指派饭局,虽然最终会有利于自己,但还是不免气堵。如今黑人不少,你独白何益?说白了就是要脸不要脸的问题,在利益面前,所读的书可能会成为阻碍,脸会红,手会抖,但谁也不嫌钱扎手啊,"脸皮厚吃个够,脸皮薄吃不着"。

有些人一起始就没有羞耻感,或较自觉地把羞耻的坎儿磨平了,在污水秽物中不觉其腐臭。也有些人是良善而警觉的,手也伸出去了,但时时准备缩回来。道德的底线,往往不是笔直的、清晰的,而如犬牙交错、时断时续。但一半或小一半的坚持,最终得不到认可,"既当婊子又立牌坊",这句咒语直指那些内心动荡的人。

熟悉的地方才有炊烟

根在农村的人,无论在外面多阔多大,你也改变不了农村,你可以不回来,在外面牛皮哄哄,只要回来,就得接受农村的同化、熏染、复苏。秋冬相交,"无边落木潇潇下",天蓝得透明,脱掉绿荫的树木凌空烙出自己的枝桠,有一种水墨画简洁的线条美。村庄在一片澄明、安静中。真的包含着万物,真的令人向往,城市的高楼大厦这时候算个啥?

所有事物都有自己的拐点?一想到清冷的堂屋、露天的厕所、擦不尽的尘土与雨雪过后潮湿的柴火,那镶缀在秋色里静美的院落就打了折扣。由此可知,很多风景只是用来看的,而不能贸然进入。当然,不做远观者,彻底沉浸进去,也没有什么不能适应的,刚进城市时,不也是仰望高楼而目眩吗?进出于某个环境,都会有不适的,时间一长也就习惯了。"熟悉的地方没有景色",那是超越了的高蹈之士的想法,至于我等保守之辈,熟悉的地方才有炊烟!

暮 色

暮色在乡村极美的。炊烟袅袅,晚霞金红灿然,干了一下午的农活,走在回家的路上,少年姐弟打闹着,已没有刚下地时对农活的烦畏,筋骨舒展开了,因充实而快乐。

暮色在相思时加了凄然,心思重了,但也是美的,好像红石榴,虽酸到心里,但玛瑙一样的红润美到极致。

暮色昏黑,源于身处异地的不适,漂泊的人终要找一个地方栖下,蜷缩着,靠家的暖的记忆过夜。

长大了,暮色就渐渐渗到心里去了。有时候,在一个人脸上,你看得出他心里的暮色。

心中暮色渐重,对很多人、很多事失去了敷衍的热情,特别是那些明显失去青春而用化妆品堆砌出来的矫情女人,但她们好像是快乐的,比之我,至少表面上或局部是快乐的。对于别人的快乐,我已先是慨然继而趋于冷漠了。

幸福感

从花钱上,能看出人的心理架构来。平日大手大脚,不知钱怎么来的,不清楚自己的状况,不如把小钱集中起来,干些大事。须知平常太松了,逢上大事就无措。

人的幸福感更需要研究,小孩子尤其不要太奢侈,怕他日后吃不了苦,受到打击后挫折感会更重。父母是不能跟孩子一辈子的。给小孩子太多了,他们反倒没有幸福感。别让孩子的物质起点太高了,我曾有过啃咸菜条的童年、吃酱豆腐的青少年,第一能伏下身子吃苦,第二有了改观也特别知足。现在的小孩子已经食不厌精,以后多快的发展速度才能满足他们?对于生活早就预备好的无情的打击,他们是否有充分的准备——不知为什么,我的观念、习惯越来越像父母了,以前他们令我腻烦的说教,现在竟然破土发芽,越长越粗!

穷过,所以骨子里有自卑、慌张;中国人一立世就有防病、儿女出路、父母养老等大事的压力,所以现实而冷静,到了关键的时候,还是立着的房子、躺着的地令人踏实。寅吃卯粮即现在流行的提前消费,令人在潜意识里不安。

窄渠汤汤

待我生长起来后,北方已经很是缺水了。以前不缺,一涝汪洋,爹娘都好水性。修水库、挖河的原因吧,存不住水了。水越来越奢侈,以工业为主导的现在,无河不干,无水不污。我印象里最完整的水是浇麦田时的渠:麦子青绿青绿的,一道明亮的水流过来,窄而浅——你可以把它想象成一条河的,源头是机井不断抽水上来,让这水流动起来,有时还可称得上湍急。常常放一些柴草棍儿或庄稼茎叶进去,看它们漂游;一般也不沉下去,顺着水流儿,做着努力,一拐一绕就过了障碍,漂远了。在家时干农活,印象很深。

——我是不是也这样漂游着?身不由己、心有余悸,被土坷垃块挡住,想就此驻足,或转换身姿绕过去。这时,其他的木棍儿、茎叶被冲着漂过去,这窄渠就是一条水流险恶的航道,也滚滚汤汤的。谁不是这样的漂流呢?唯独你这样没着没落的心慌!大家都有一个共同的流向,晚发、早至的区别,一路上都难免磕磕绊绊!

城乡排异

看电视剧,北京一群顽主,在耍弄青春,也能博来喝彩与眼泪。有时从心里羡慕那些人的痞性,不是那种穷横青皮,而是出身高贵流露出来的张狂,上下浑不怕,至少不吃亏。相比之下,我这出身农村且愚钝酸腐之人就不同了:一些野心团揉在胸腹间,一会儿轻狂一会儿怯懦,凡事先忍让,缺乏当仁不让的霸气,往往"到了最危险的时候",才"被迫着发出最后的吼声"。

这就是城乡文化背景差异所造成的自卑:不自信,不自然,不敢自得——即便一时张狂,也会有宿命的阴影掠过。自卑久了可能狂躁,但很难象顽主那样决绝,放不开,又收不好。可能年轻时还有一股初生牛犊的闯劲儿、耕牛的韧劲儿,等年岁一大,劲头弱了下来,农业文明潜在的影响又占了上风,就又回归了——这是好听的说法,在人家看来就是土腥重返,被人撇嘴斥为土包子。作为第一代城市移民,这种性格上的城乡排异,可能要终其一生的。

中 药

有好几次,和爹去进药。我们家距中国药都——安国市百里之遥,常戏言:我从安国来的——都出国了。当爹的跟班儿,爹是赤脚医生,没什么职称、职务的,他有一个四十年前的小红本本儿,还没我的时候他就在农村行医了。这个时候非常突出爹的老中医特色,被药商围着,用手一摸、放在鼻子下一闻,便知中药的成色——老中医是糊弄不了的。

中药,其实就是虫虫草草。五千年过来,人们品尝、试服,连一块木头疙瘩都有其药性,用好了救人,用不对误命。药名也有意思:当归、白芷、独活、大海、桂圆……其背后的文化内涵不亚于西方的《圣经》。

我算医家之子的,爹的医术来自奶奶家,我的祖辈、父辈亲族懂医治病的有十来个人。我们姐弟却与医学疏离,这源于爹自身的散漫及对我们的纵惯,他其实是浪漫的,不愿意用生存的硬性、家长的意志束缚我们,对其他行当感兴趣,那就试试吧。医术不绝对是家里的经济支撑,娘干农活儿是一把好手。爹的繁忙我们都看在眼里:冬夜十一点以前他没睡过,睡下了也常被叫起,有时一晚出去两三趟,乡里乡亲的服务,换不来城里人的锦旗,感谢全都在口碑上。爹也没有太强的传承故意,他应是热爱这行的,但是否与我热爱文学一样,心里也有着职业的烦畏?而医学更是实际的,它是一门活人的手艺,干哪行就受哪行的累,"卖瓜的不吃瓜",爹怎么想我没有探究过。

我在药房里睡过好几年,浸了各种药材的味道,忽然有了艺术的想象:哪一天,它们都在各自的橱格里复活过来,萌发、蠕动、蝎子、蜈蚣、蛇、灵芝、甘草——那么多有着生活神奇的药!

根在何处

走访一个农村贫困户,老母、病妻、残疾的老光棍的兄弟,几间北房也佝偻着、皱巴着,简陋、黑乌,散发着腐臭。还没到城市的时候,有人艳羡地说起城市生活:咱的屋子还没人家的厕所干净。还真是的,岂止是比不上,有的比人家的厕所还要脏得多!一家人在这样的环境里存活了几十年,也是过了一辈子。始知人的发展有沉重的惰性:有人从困窘中冲杀而出,起步是何等卑微;但更多的人,永远的沉溺在水面以下了。他们也扑腾着,但不是缺三就是少四,机遇与能力总是不搭帮。就好象一块肥力不够的田地,也会有硕大的不输于别人的几棵;但大多数,是萎苶了的秧苗。

我出身自农村,这种环境不可谓不熟悉,我总有一种感觉,有朝一日会终老于矮屋陋炕。终老是无任何欣喜可言的,但舒适、洁净的终老,毕竟在病痛之余有了一种尊严。文艺家巴人曾贵为驻外大使、人民文学出版社社长,"文革"中坠落,最后半疯半傻蜷死故里。三乡五里,有出去风光的,也有玩儿陷了的;挣爬出来的人,总有一种随时被打回原形、黯然终老的心理阴影。

以前曾在首都谋职,单位司机是土生土长的北京人儿,住两间小平房。我爹曾评论他见过的北京人:"小矮屋挨着公厕,还美滋滋儿呢,一边刷牙一边哼哼"。可人家是有见识的,天安门、故宫常来常往,有亲戚在国务院上班,所以在心里总是昂着头。那时我们的头儿来自陕西山区,穷惯了,到多大的饭店也点鱼香肉丝,引为终生美味。司机就死瞧不上头儿,首都土著瞧不起外来土包子,这样的人就是落魄至死也有宏大的回味(如曹雪芹);而我们这些偏远土堆里爬出来的,就是侥幸得些好处,也不会成为所谓的贵族,有"三代富有才出一个精神贵族"之说,必须有钱,但也不完全由钱来裁定。生活习惯、心理架构不跟趟儿,这是否就是根的问题?

吃啥都会饿

佛洛伊德说,人类有三大本能:食欲,性欲,安全感。在吃上,人们首先是果腹,然后有所讲究,直至吃也成艺术了。"吃了么?"、"吃的啥?"——这样的问候跟随了国人几千年;"吃香喝辣",在成长记忆中,能否吃上饭、吃得好不好,是两个重要的生存考核指标;所以民以食为天,为食亡的不仅仅是鸟。

不知高人考证过没有:不吃是万万不能的,关乎存亡;但吃什么好像并不怎么重要。窝头、咸菜——米饭、鱼香肉丝——海鲜、鲍参,为了这些吃的段别攀升,人们不惜肝脑涂地,这不是饱不饱的生理问题,而是好不好的社会问题。我们总以吃划分阶级的,而嘲笑西方社会吃得简单、没文化,但从来不觉,有多少财力耗费于此!但无论吃什么,几个小时后都会变成排泄物,很快就得谋求下一顿儿。饭这东西,哪顿儿也替代不了哪顿儿!

为了越吃越好压力重重,但再好也是一顿儿一拉。与其这样,能否淡化这个好?仅有饱的维持,好坏不去强求——从饱到爱吃就已经忒幸福了,人们有时是胡遭;猪肉并不比海鲜难吃——便宜不说,反倒不用担心吃坏肚子。只要心宽、基因好,吃什么都能富态成胖子,何必舍猪肘子而奔龙虾呢?想开了吧人们,"退一口"也许远不是海阔天空的事。所以,佛云:菩提本无树;我言:吃啥都会饿!

救急与救穷

圣人云:老吾老,以及人之老;幼吾幼,以及人之幼。这些年来可能老疲了,为别人深切触动的时候并不多,在采访中,常见孤苦者,但不会像一些女记者随着落泪,也不会掏出一些钱来。一次在街头,一对父女模样的人在乞讨,残疾的小女孩仰在男子膝上吃冰棍,那神情与我女儿像极了,这才走过去给了两块钱。

现代人有其柔软带泪的地方,但像汽车的安全气囊,需碰撞的角度、力度都正好,方能弹出来。也一次次的动心,却一直警告自己:注意!刘皇叔云:莫以善小而不为,而我却敏感于"穷人的善良不是善良"。挣工资,我有时到月底也为百十块作难;爹娘也是那么节俭,一次跟爹去进药,吃完包子他连鸡蛋汤都舍不得要。我没有资格大方,人生多磨难,已身尚未安妥,何顾他人?更何况"救急救不了穷",困苦者的阴影太大,一闪而过的光亮只会引来再次的绝望。要帮就"送佛送到西",否则就显得假,以一点儿无济于事的施舍,换取人家的感激,很有炫耀自己、端人家水碗解自己渴之嫌。

我的思想是不是太冷清了?曾戏续圣人言:妻吾妻,以及人之妻——这对于古今国人来说,是十分容易做到且十分乐意做的,但确实不地道。

开口使人空虚

一推销者来扰,先讲其运行理念,后来串到家世上,富贵没落一类。

人最好不要夸夸其谈,哪怕您口吐莲花,而且颇有建树。诚然,别人会了解你,一时加以青眼,但言多必失,昔日的辉煌就像导火索,会呲呲地很快烧完,之后呢,是重复、强调、解释。读书时有几位良师,讲台上精彩纷呈,善于罗列、综述,把自己的学识有条不紊地倒将出来,但这多是备课之功,课下再去接触,时间长了也不免支吾、话如白水。存着再好的东西也不能滔滔不绝,一是难以保证质量,二是听者可能早就倒了胃口。

再富丽的言语下面,也有一个简陋的目的,若仅为蛊惑对方,就不太地道。若对方一直就清醒着,以不变应万变,那游说者的尴尬可想而知。

由此可见,"开口使人空虚"这句话的哲学意味。

论友情

有两个同学,从小一块儿长大:上学同班,居家相邻,各自成家后,两个媳妇以姐妹相称,两家儿子又玩到一起,推及父辈,至少是三世之交。由此可论及友情:

一、有相同经历,水准相仿,有共同话题能聊得来,互相不嫌弃不鄙夷,因熟悉而亲切,乃至互相欣赏。

二、有共同利益点,不紧争能互让。

三、俗谓四大铁:"一块儿扛过枪,一块儿同过窗,一块儿分过赃,一块儿嫖过娼"。

友情又很有阶段性的,令友情疏远、淡漠的缘由,细想之下大概也有几种:

一、朋友之间动钱而不和谐的。朋友间可赠与、借贷,但尽量不要合伙谋财,你多我少,先有计较然后生隙。

二、地位变化一高一低不均衡,交往不自然,总相求、总被求都会不爽。

三、多年不见且职业相隔太远的,没有共同进退的话题,也就没有相互探究的热情,逐渐地相对缄默。

四、身边亲近的人不容对方。亲朋尚轻,夫妻尤甚,另一半的不屑、不配合,会令交往大打折扣,枕头风厉害啊,"娶了媳妇忘了娘",更甭说哥们儿?

改 变

　　回乡,惦记一个弟弟的婚事,与表嫂说,她联络很广的。有一女,有这样的优点,但也有那样的不足。弟弟也是。就掰开了分析,哪条合适,哪条不般配。我们其实正在安排别人的命运,如果成了,一个人的几十年就会移驻某地,婆婆、岳丈、大姨儿、小叔一堆,再往下,几代人的事。

　　由此想来,改变别人的性格难,改变别人的命运倒很容易。也许只是起早遇见谁,心情碰巧不错,就撮合了。特别在关键时刻,改变更是不费吹灰之力。"一将功成万骨枯",岂不知,"一将"也会因为凡夫俗子的电闪一霎那而荣辱沉浮。尘世众生之间,有着一张细密交错的网,丝线颤颤巍巍,因果相扣、草蛇灰线,谁连着你,你又连着谁?

跳 舞

　　一直对跳舞心存芥蒂。文明了,男女搂在一起,社交活动嘛!但谁也难保不动心思。国人的文化与教养如此,就好象小时候缺肉少油,所以就馋白肉膘,在成长记忆中打下烙印的。少年时还封建,男女生不说话,常艳羡城市里的男女同学,可以一块儿写作业、郊游。当然,私下里的想象一点儿也不少,单相思、互相打掩护动女孩的心眼儿,青春期的荒唐事也没少做。由那种饥不择食的封闭中出来,不会一下子就食不厌精了,像郭德纲相声里的妇科大夫,一见患者来就捂着嘴笑,得一块"妙手淫心"的匾。我们的大半精神还在"半封建半殖民地"阶段,纵然入了世,也不会一下子提高得与人家肩并肩。

　　倒不是不为国人讳,是因为在各种场合见到的拙劣表演太多了,大家还是鲁迅先生描述的"一见短袖子,立刻想到白臂膊,立刻想到全裸体,立刻想到生殖器,立刻想到性交,立刻想到杂交,立刻想到私生子"的思维定式,不是一中英文对照就都成了绅士,不是一住进"高尚社区",就跟着豪宅一块儿优雅起来了。

善恶墙

　　做一梦:隐蔽着去干坏事,被发现后惶恐不安,惶恐过后依然难拒诱惑,最终公开地心安理得地做恶了。

　　其实,人世间什么是善,什么是恶? 善是节制、忍让,恶是欲望,是那个你让或不让的饱含甜汁的梨。人的本性是要,而文明告诉大家怎么去要或者学会不要。万物皆有吸引力,人的物欲要求是不容回避的,文明生生地筑起一堵墙,你要寻其门而入,而不能跳墙头。

　　本来伸手可及的东西,被"墙"挡住,那东西愈发香气四溢。如果有可能的话,谁也会直接跳墙甚至把墙给拆了,"满足欲望最直接的方式就是犯罪";当你发现,犯罪其实很多是依从了本性，一旦跳过了那堵墙，可能就最自然了。

"墙"的存在，划分出了善与恶，而在本能的世界里、在没有墙的世界里，原本没有什么善与恶。

开　脱

人生有好多考验的，甭说别人，如不经事儿，可能自己都不知道自己会是这个样子。事前事后不一样，有时跟当事人关系不大的。

本性这个东西，其实是飘忽不定的，有人天生就奸毒，有人在过程中慢慢变得奸毒。唉！如果不被捕遭受酷刑，《红岩》里的甫志高就不会叛变，他以前也不是没有正义、勇敢过；同理，如果大嫂不是天仙模样又机会难得，小弟也不会做出背叛大哥的淫邪之事。

这样的开脱可能不太书面化、光明化。"行百里者九十半"，人在严酷的考验下时常是顶不住的，不到关键时刻，谁不是信誓旦旦、大言炎炎？其实，谁也不用笑话谁。

预期一万年

一时闲情，登公园假山，二十来米高，也就凉快些。尽管山是假的，水既少且死臭，但也有了一些风景的感觉。

打电话与一友斗贫：想起屈原同志、王国维同志、老舍同志，他们是投水死的；崇祯皇帝在煤山上吊，傅雷夫妇则在家里缢亡，这都是掌故、文化啊。哼两句歌："爱你一万年"，细想不禁大骇，这是多么恐怖的事儿！两人相对，七年即已痒了，十年也许就痛了，一万年的预期太长了！如果变质后又不能割除，其臭可谓难堪至苦。

曾看一神话剧，一少年大闹地府，欲撕毁生死薄，让众生享不死之快。不料阎王倒有逆向思维：只生不死，地球上势必插脚不下，大家伙没吃没喝，却又不能死，那种煎熬与绝望，确实比一下子就死翘翘更甚。

"微雕"人生

世事如斯。鲜见锦上添花，遍地雪上加霜——活过一半的人，应该早就捣鼓明白了，不应有那么多的头脑堵塞的。一听到枪声，迅速卧倒；倒霉被打中，也应该很快适应这伤痛。人活着总感到痛苦，觉得人生际遇弊大于利；苦痛真的超过半数了吗？也未必。幸福是大多数的正常状态：鼻子通气儿不感冒，两口子相处不动手，钱攒得不多却还未遇上大花销，哥们儿还能撮一顿儿不翻脸，被很多人赶超了自己刚三十五……这些是我们注意不到的，也无须注意。正常状态不算什么，鼻子不堵的话，我们意识不到它的存在，一旦堵了你就会被提请注意，想起以前出气儿顺畅的好儿来，觉得那就是幸福。

当然,痛苦来自人们不竭的欲望,得陇望蜀,这山望着那山高。人又是渺小的,且不说在宇宙中,就是在密密麻麻以亿为单位计算的同类中,个体的痛苦与欢乐显得那么微不足道。一些疼痛与欢喜,只是对我们自己来说巨大无比,我们却伏在上面,一叶障目。人活着,应该有理想那层薄雾,但能改变历史的伟人毕竟少之又少;沉浮在茫茫人间,我们的行为都是"微雕",就像我们俯视、拨弄一只蚂蚁,看它的挣扎与野心,是不是有些可笑?

痛哭一晚

某男星与多位女星有染,并流出大量艳照,顿时糗了。很多人骂街,也有不少艳羡不已的。人家是豪门才子,有的是金钱与机会,还不是想怎么玩就怎么玩?我们这些凡夫俗子的想象,不啻于村妇想象皇后的生活——那不得天天吃油饼儿?以油饼儿之心度鲍鱼之腹。

唉,情色,乃大众之共好也,无可厚非的,谁他妈也甭说谁?一位在公安熬成老油子的朋友告诉我:二十年前,人们的念头刚有点儿活泛,首批"性工作者"们,可是挣了不少钱,光坐着说说话儿就得一二百,摸摸手就不得了。不像现在,红灯处处,连乞讨者紧紧手儿都能去"潇洒"一把。

行情变了。掐指一算,由于社会、民情、经济、文化等原因,许多职业发生了根本性的变化:

作家。上世纪八十年代,写东西那叫一个崇高——我老家有一位作家,在国家级刊物上发表一篇短篇小说,加入了省作家协会,由农民直接提干,全家跟着吃商品粮,那是怎样的生活巨变?他曾对刚入道儿的我说:只要能加入省作协,你就算出来了。算来我已经"出来"十三年了,并未感到怎么样!若不是吃上新闻饭,还不知做什么漂儿呢?自费出书、脱衣作秀,诗人一发嗲,世人就发笑,是我们尚未摆脱"文革"造成的文化荒漠,还是又进入了另一片荒漠?读作家班时曾与同学戏言:以后在大街上骂人,不会说"你这头猪,你这个狗东西"了,而说:"瞧你这个诗人样儿!",对方会大怒:"我怎么得罪你了,这么恶毒地骂我?"如今,这个预言就要应验了!

大学生。上世纪九十年代以前,考上大学就是龙门一跃,即国家干部端上铁饭碗儿了,多少人以此改变命运、改换门庭!现如今大学扩招,学费武贵(美其名曰:高校后勤社会化),职场却严酷,毕业即失业,何见昔日之"天之骄子"?

评论家。以前意识先行,社会变革前往往理论开道,评论家可以使一个人上天入地,判别生死的,如今以红包说话,你让说啥就说啥。

……

想远了吧。穷人的享受总与富人相差悬殊,处处红灯与豪门才子相比,又算个屁啊!

某智者总结:以前富人又白又胖,穷人又黑又瘦;现在富人又黑又瘦,穷人又白又胖。已经反过来了!人家动不动就健身房、海边日光浴去了,而你还猪肘子、排骨一心为胃呢。富人昔日的标准,我们总算"吭哧吭哧"地达到了,在以前的饥馑记忆里,应该非常知足了,但你并不能就此说你幸福了,因为二者的距离不是缩小了,而是越拉越大。

刘恒写《贫嘴张大民的幸福生活》,我很长时间误读为"贫民张大嘴的幸福生活",其实不一样吗?你知道人家又在玩什么新花样儿,你还"没事儿偷着乐"(刘作改编成电影的名字)!我观后曾写一评论:不如痛哭一晚!

啥人啥爱好

参加一个活动,越野车大赛。那些车手真让人又羡慕又嫉恨,哪辆车不在三十万以上?越野车耗油大,是不太适合日常实用的,这几十万元大半是为了爱好与玩乐!这般潇洒,有钱、有闲、有情趣,缺一不可。

首要是第一条:没钱而有闲,那就是游手好闲的"游";没钱却有情趣,则是穷酸潦倒的"酸"。如果定盘星"有钱"定下来的话,有闲令人艳羡,再有情趣,则令人心里更加酸不留丢了。不缺钱,又不乏理想、生活目的,这样的一群人,已超脱于凡俗生活之外。

反过头来,我们这些凡俗人等的娱乐又是什么呢?玩钱、赌,为即将得到的横财、外快而心跳,为"偷鸡不成反蚀一把米"而脸白。冬闲时节,有乡亲拼了自己玩,为了不受干扰,几个人钻到菜窖里去打麻将,两三天都不出来。偶有享乐也是喝劣质酒,辣嘴就行;农村小卖铺里卖的可乐跟酱油一样腻重,散发着中药的味道,便宜啊!

农村也有发大发了的。有一户干工程发了财,村民们尚不知富豪的标准与量化,那家的孩子花500元买了一头驴,骑着玩,村人既暗骂他糟家儿,又感慨人家真不拿钱当钱。确实,那些从穷里熬挣出来的,恰恰不知道该怎么去"富"。那户人家最后败落了,如点燃的导火索一样迅急,连正常人家都不如了,那头曾一度成为"富"的标志的驴也不知去向。这个事例在我心里扎了根,可能我至死都没有校正自己怎么去富的机会,但时时从中受到警醒。

还有一种心态,水满则溢,放松、快乐一下子也无可厚非,否则苦巴苦拽的为了啥?很有一些负重的人,只会挣不肯去花,在过程中迷失了结果。坊间说话儿:不抽烟不喝酒能活一百岁,活那么大又有啥意思?更多的人目的明确,就有了消费的档次与品位。我表哥也有好儿:花几千元买了一匹马,精心喂养,骑着兜风,美滋滋儿的,同时成为当地一景。由他的骑大马我想起那头驴,不禁担忧。他解释:我第一不抽烟,第二不喝酒,还不允许我有个爱好啊?人不好这儿就好那儿,我喜欢马,量力而为,横不能逼着我去烂赌烂喝吧?

一想,他的爱好也算绿色,他的话也算有道理。

鲜桃与烂杏

现今社会"成本心理"大行其道,如果既艰涩又矫情,大多数人就会掉头离开。这个竞争的年代,什么行业都挤挤查查,匮乏的阶段过去了,就得拼质量与售后了,再也没有垄断的一劳永逸了。这是没办法的事。就好如书籍与光盘,有便宜的盗版,谁去买正版?关键是盗版也能看。至于看正版,就是"宁吃鲜桃一个,不吃烂杏一筐",那式贵族,不是现阶段大多数国人能达到的。所以,正统,是被迅速击溃的一个词汇。

当然,人与人还是有差别的。吃东西,你可以忽略色香味,只求一个饱,也不至于瘦的,还有可能迅速地俗胖。基础层面满足后,一些超脱了的,就会派生出往另一个层面去的念头。先解决温饱,再讲求品质,一般是这样的步骤——"饱暖思淫欲",话糙理不糙。

恐 艾

看防治艾滋病节目。恐艾症,当下世人对最原始的最常规的需求充满顾虑,"恐艾"成为社会的一个新型心理负担,连男女上床都疑神疑鬼了,还有什么事儿能踏实,还有什么快乐是纯粹的?"恐艾"更多是心理上的问题,癌症、心脑血管病、车祸,哪个不是说来就来,哪个可以抗拒?人生在世,死的机会、死的可能太多了。好像一条高速公路,在出发点与目的地之间,有很多出口,只要一不留神,你就会开出去,从而半路终止这旅途。不是中止,你拐出去了,就不可能绕个圈儿再拐进来。

艾滋病,在同样不可救治的同时,还能遗祸他人,再加上性乱、吸毒不光彩的起因(输血、母婴遗传不算),是逾越常人道德、生活习俗的胡闹,集中了人的邪欲、龌龊,从而遭到唾弃。不但要死了,还要被人戳脊梁骨,这肉体与精神的双重打击,令人犹不能承受。在这连环的黑洞下,世人谈艾色变。

艾滋病使安全套成为日用品。在防病之外,避孕是安全套的另一功能,二者都是世人绷得很紧的弦。避孕,与其说为了地球的承受力、为了日益枯竭的社会资源,不如说惧怕了人生的担当,对生活的不自信,或是思想解放后自私的享乐观念在作祟。为了这些,人们渐渐习惯男女欢愉时隔着一层橡胶,从本性上做了屈服。

其实人们没有留意:在人间,任何快乐都是要付出代价的,或长时间积攒一下子快乐掉,或先快乐一下,日后慢慢偿还;如买房、购车,区别只是攒钱买、贷款买而已。面对快乐,你一旦在意钱财与生命的流失,那它就大打折扣了。

小·借怡情

还钱是件很愉快的事,就是拖些时日,先还一部分也值得庆贺。借贷者长出一口气,重负卸下;债主也长出一口气,终于没有肉包子打狗,彼此经历一场有惊无险——不排除一些真情挚意的,借与还之间至少"过"钱。有的人借出之前心里就打鼓,大多数因为中间的波动而胆战心惊,那毕竟是钱啊。

钱还了,一种怀疑被澄清了,一方仗义,一方守诺,二者都完成规定动作而加分了。若没有催讨和恶意拖欠,以前的情谊会得以加固,就是不要利息也是值得的。人云"小赌怡情,大赌伤身",也可以这样说:"小借怡情,大借伤身",小借小还,增加信任,又不至于生邪念、出变故,也是不错的。

可又有多少人因为借贷而翻脸啊!身边有一大男人,在彼此还不太熟的时候向我张口,借的也不多,不好推辞;然后就黑不提白不提了,每次遇见比我还坦然,到最后竟表情漠然了,好像是我借了他的钱让他失望了一样。一问才知道,他是遍借不还的。钱不多,但戏耍难堪,遂开口要,对这样的人也不必讲究;他不理,终因自己脸皮薄儿而作罢。

他是习惯了。其实借钱总要心跳加快、面皮发紧的,有时催债也是。一位成功人士已通悟此道,有人来借钱,一般都摇头;如实在有交情,他会按自己认为的交情深浅,多少施予,而非对方开口借的数目,且事先声明不用还的。此招有大气、霸气的聪明:首先免除了以后讨不回来的懊恼,双方都没有心理负担;其次让借贷者知趣,干嘛要人家钱?即使是白拿了钱,下次也不好意思开口了。借钱岂是好事?就是不遭这个罪,也会受那个瘪,由此可见,"万事不求人"也是有一定道理的。

不来的不会举手

同学聚会,或看望老师,有些出息、熬出点儿模样儿的人才热衷。一班男女,那时葱茏,几年、十几年、几十年下来,能凑到三分之一就不错。混得中等的,能来装个外面儿,有的人连外面儿都不愿装,活着活着没有了心气儿,所以,不来的不会举手。"仓廪实而民知礼节",有了这个"实"才会有闲情,也正因为这个"实",张罗中不乏显摆的成分。

回顾也需要资本的,同良善、幽默、浪漫一样——当然,你尽可以一穷二白地干这些,只不过与他人关系不大罢了。古人云:"未知生,焉知死",在这里可以套过来:"今尚难,何顾昔"?衣锦才会还乡的,不张扬就成了锦衣夜行,有谁会知道!而穷呵呵傻乎乎者,聚也无益。不是世俗,而是聚会多是一种业绩的展览,"穷人的善良不是善良",穷人的热忱就是热忱啦?

人比人得死

新片《奋斗》,看了几眼,俊男靓女那类。男主角很"任性",不知怎么冒出来一个有钱的爹,给个千八百万,想干什么就干什么(是不是也会实现阿Q"想要谁就是谁"的梦想)。

这算哪门子奋斗?就以100万为基数,第一种人是大多数,干得吐了血也挣不到,只有羡慕得眼发绿的份儿,"夏虫不可语冰",根本体会不到人家富人的心态。第二种人是挣来了,或回守家业,后半生心宽些、气顺些,好像打牌,几把大牌狂赢,接下来且输不完呢;或大胆开拓,以财谋权,以权再生财,翻滚替补,终成大鳄。第三种人是纨绔子弟,不劳而获继承100万,糟了它,什么来劲来什么,即便最后落魄了,但毕竟也是爽过的。

奋斗,得看你在什么线儿上、目标是什么,"人比人得死,货比货得扔"啊!

说坏话儿

民间评论往往是最准确的,可能缺乏翔实的考证,但指向极准,也没有什么顾忌。一个人,还未觉察出什么凶险来,听人言竟是大奸大恶之徒,倒不用全信,至少应警惕。行走于世间,不要非等踩上屎再收脚,鼻子闻见就行了,不要事事必践,从而遭受无谓的损失。

你来他往之间,要学会"听别人的坏话儿",从而兼听则明;同时,要积极地"说别人的坏话儿",把自己已吃过的苦头、已辨清的小人传播出去,古代有"说项"扬人美德,而"说坏话儿"也会起到公益的作用——当然,得尽量公允,公允是一个人学识、品质的综合体现。

如果小人作恶后得不到相应的惩戒(在坐牢、杀头之外,骂名也是),就会无所顾忌、心安理得、变本加厉。说别人的坏话儿,既是控诉,同时也让大家减少被蒙蔽的可能、减轻被祸害的程度。

灰眼灰心

与人吃酒,看人家打成一团、密友一桌,不像自己,从心里端着、戒备着,怕招来冷冷的眼神。暗想,他们真的那么亲密无间吗,情谊又真的那么浓吗?可能是我的心态出了问题,看身边人都是灰色。其实每个人都黑白相杂,到了一个坎儿上,你才可以判定善恶,这判定也大有个人立场的因素在。每个人肯定有顺眼的地方,一个人十足赤金不可能,但浑身放毒也须姻缘聚会、多年浸淫。

当你觉得世界让你无法忍受的时候,你的内心已经十分疲惫了,已经处于拒绝的状态了。或者说人与人之间相处是有消磨的,消磨掉的,往往是好的东西,留下生根的却是芥蒂。大的伤害倒也罢了,我们能不能把那些小小的不适也消磨掉,留下对方较为可爱的一面。

更多的是心理取舍的问题:内心疲惫、拒绝了,就不再去相信、不会去赞美;同时失去的,是自信、悠然。豁达之人也有不快的,但他还能看到阳光照耀的一面,最至少还能遮掩住没有阳光、黝黑的一面,不会动辄长吁短叹。

避 世

与妻遛弯儿,谈各自的琐碎,各有不顺与烦恼。我其实一直都有避世的思想:几间小屋,设施是全的,再临着马路出入方便,进可以城市的灯红酒绿,退可以农业的高林阔田;有些闲钱,满足温饱要求,能抵抗一些中小灾难——大灾巨祸任再有银子也徒唤奈何的;再有些薄名,弄些文墨,半年不出门户尚有人想起;干些小活儿,不出太大的力气,不需要太繁琐的技能。

也就是想想吧!这些小、闲、薄,没有一定的财力支撑是达不到的,而"一定的财力"不损面折节是得不来的。玩得最彻底的归隐者是陶渊明,不像有些人还与社会有这样那样的私通,歇一会儿出来捕食更凶猛。陶老人家是真归隐,但"采菊东篱下,悠然见南山"的日子并不长,该先生有一首《咏贫士》没有前者知名:"凄厉岁云暮,拥褐曝前轩。南圃无遗秀,枯条盈北园。倾壶绝馀沥,窥灶不见烟。诗书塞座外,日昃不遑研。闲居非陈厄,窃有愠见言。何以慰吾怀,赖古多此贤。"可谓闲得凄寒。在《拟挽歌词》中,陶先生又有"荒草何茫茫,白杨亦萧萧。严霜九月中,送我出远郊。四面无人居,高坟正嶕峣。马为仰天鸣,风为自萧条。幽室一已闭,千年不复朝"的荒凉。

既然希求一定财权,就避不开是非、利益的漩涡;只要在追逐,哪片海水也苦涩,也动荡呛人。降格以求寄情于内陆湖泊,甚至窄河陋渠了,有自然风光,水波不兴,但你又不能保证:心会随着青灯黄卷彻底安寂下来。到最后也褪不尽名利二字:非但馒头没抢够,反倒徒自寒酸落魄!

性格论

科学研究表明,人的疾病一半以上来自于基因,即你一出生,就基本确定了你什么时候会怎么样。很多人像我,年轻时麻杆儿瘦,一成家肚子就松弛,就像吹气一样鼓胀起来,

"喝水也长肉",这是生命密码中胖的基因,没办法。所以很有些时候,我们与父母是不得不亲近的。有些人不孝顺,但也避免不了长得越来越像父母,神态、动作,连咳嗽都像。

我想性格也可能源于基因一类吧,虽然很多是后天的耳濡目染。父母的遗传与影响是不可抗拒的,就像做鸡尾酒,一杯黄的、一杯绿的,汇合在一起,就会生成第三种中间的颜色来。人的性格不可能是单一颜色的,谁都是五味俱全、成分夹杂。

爽直、吝啬、话痨、诡秘、平静如水、歇斯底里……这些截然相反的性格,都会同时存在于一个人的血液里,留下"茶垢",甚至成为性格里的阴翳,万难解治;如盐与醋,适量了润饰生活,过重就会涩苦不堪,直至毒品。性格是人的影子,最终是要选择一种的:怯懦、刚强、柔腻、木讷、敢死之士、汉奸叛徒……当然,爱吃与好色等基本性情不用选择,人之共患也。

消费与享受

有多少时候,我们吃苦受累、低三下四,安慰我们的,是"没办法,为了挣钱"。人们为了挣钱,可以说什么苦都吃了,干活儿、满脸堆笑(在心里反复骂着大街)、生生约束住自己的本性……换来吃、住、行。有些生存需求是必须的,有的则是享受:在大热天,不喝上一大瓢凉水就会中暑;与白水相比,不但凉还甜丝丝儿的是可乐。同样为了解渴,是免费一大瓢,还是花上几块钱?

只要是享受,就与日常消费有很大差距。有些人平日累得像驴、贱得像猪、精得像猴,为的就是一时"大手大脚","要想人前显贵,就得人后受罪",以受罪换来显贵,以显贵"消费"掉受罪。细一想,是否不显贵就可以不受罪、少受罪?以此换彼,以彼消此,我们真正得到的,其实并没有多少。

信仰与犯错儿

文化人几十年活下来,通常会迷上一些东西,一般是书法、绘画,还有各类收藏。一位老师收奇石,百十块放在家里,有几千斤重,也不怕压塌了楼板。还有人渐有信仰,信佛,或工于易经,前者收心,后者悟道。有一仁兄,青壮时孟浪得很,也混出一些成色来;忽然就信了佛,且不顾商业规律地去信,频频以慈善的名义捐赠,以致买卖滑坡,后来老婆随更强的人去了,他仍以佛论心,并没表现出什么悔意来。

有信仰,则有约束,给自己的思想、行为铺上轨道,不逾越也。而我却已成俗物,活得极为清醒。二十啷当岁时,还常为闲愁大醉一场,"以肠胃之苦暂代情感之苦"(语出拙作《戒酒》),但逐渐地对一晕、二吐、三头疼、四拉肚子这套醉酒程序也怕了,关键是晕、吐、疼、拉后，问题一点儿也没得到解决，以苦遮苦，却遮不住，那何苦再遭一回罪？还有，面对强敌，独坐愁城，绞尽脑汁尚不得其解，你再去晕乎一场，岂不更加糟糕？

我说一句无信仰的话：其实谁都有欲求，有欲求就得耍手段，耍手段就有正有邪，阳谋与阴谋，实在不应大惊小怪的。一句话叫"思无邪"，人可以做到局部的"思无邪"，全部"思无邪"，那就是植物人状态。如此，人在条款约束下也会作恶，只不过做一次恶就找根木头刻上一道，日后去忏悔——忏悔了，也不代表着不再做恶，"犯了错误就改，改了再犯"嘛。而我因为需要也会做一些恶，只不过不具体刻划、记录罢了，到头来没有具体的内疚，只有笼统的不安。如此区别而已。

源头不重要

"人在江湖，身不由己"，这句话经常挂在人们嘴边，作为借口，但它只能说明事物起始阶段的问题。

一个人刚开始做一些坏事，可能还有内疚、有不得已的苦衷，从人性的角度上，应该给予查辨。问题是接下来的事，屡次作恶、累加作恶，苦衷越来越稀薄，发坏成了一种习惯和瘾，最后连遮掩一下都不屑了。

人性本善，恶都是在半路沾染上的，有其被迫性、沉沦性。善恶象两条从不同方向流过来的水，若停在半路上，还可以判定它的源头，是清是浊，而一旦大家搅在一起，汇聚成发臭发黑的一池，那什么样的源头已然不重要。

双手合十

行走在一个古刹，石碑、古木、香炉，在夏天也应凉爽的，且香气蒸腾。这些都是笼统的形式，不知么多神佛，究竟谁司何职、受何香火，管它送子、求财呢，就拜，这信仰很有些半吊子。

只是，双手一合十，我的眼就湿润了，为平日淤积、变幻的悲喜。农村的女人去别人家白事吊丧，一进门就能带着唱腔干嚎；也有泪如雨下的，但不一定为死者，而是想到了自己的伤心事，只是找到了一个宣泄的理由，充分表达一把而已。早些年接触过一个"气功大师"，说我的气感非常好，我想也是：无论多热的天、多乱的场合，我只须意念一沉，就有一股凉意周游全身，起不少鸡皮疙瘩。

我的膜拜我的祈祷，形式与实质相夹杂，双手合十，伏下去的，是一颗心。

艺术散论

1

由一些艺术者的酸腐、捉襟见肘，一些官商的满不在乎、粗声大气，可见艺术真的只是装饰生活的。艺术臻于逆境，而艺术也不是榜地，早起一个钟头、累得吐两口血也不保精于别人；更多的是学识的积累、时间的从容、心态的雅致——穷困的艺术家也从容、雅致，只因为窘迫，一些小资的东西就显得不合时宜。当然，不排除声色犬马、玩物丧志那种人。

艺术可分为两种：逆境里咳血而出，雍容华贵中把玩精到。且不说二者含金量孰高孰低，至少后者要舒服得多。有先荣后辱的，如李清照、曹雪芹，他们凭借的，也是浓荫厚枝留下来的根脉——曾经阔过的，有旖丽的回忆，一不小心就成了大家。衣食尚无着落，妻子每日"百事哀"呢，却捣鼓艺术，与别人"没事儿偷着乐"，自己不觉那种尴尬罢了。当然，"书中自有颜如玉，书中自有黄金屋"，以艺术改换门庭者另当别论。

2

学识、资质、性情的差异，导致艺术水准有高有低，但上心是一样的，臭手也有自我陶醉的时候。敝帚自珍不是不可以，但过分自得会遮蔽人的鉴赏、分辨能力，辨人与辨己，俗语说"得知道自己吃几碗干饭"。有些人自我感觉甚佳，搞得是非、审美、言谈都一塌糊涂，令人怀疑他的心智出了问题。

"人不可有傲气，但不可无傲骨"，傲气与傲骨都是傲，张扬与内敛的区别，实在是无可厚非的。在自傲的同时，人应保持鉴别、吸纳的能力，时时惊醒，方能"知不足乃后进"。自得极容易滋生出傲来，傲气淤积下来，视听就被堵塞了，就将停滞不前。就像醉酒者，兀自喃喃又手舞足蹈。这时，低水准的评论与口不应心的恭维就显得很害人，使对方更加不自知，得一"安乐死"的果。

3

"人比人得死，货比货得扔"，我们是要倡导自强自立，但这世上遍地不平等，或云因了这不平等社会才得以发展。一些人的起点，另外一些人奋斗一生都达不到。"靠人靠天靠祖上，不算是好汉"，这话是有骨气，但多是没得靠的人在充楞装横。很多时候坚强也只是在精神层面上，谁能揪着自己的头发把自己扯离地面？能靠谁不靠啊，又不是天生受虐狂。譬如艺术，不乏家世富裕从容浸染的，或老子英雄儿好汉，家学受益。就是曹雪芹，也是"祖上阔过的"，有的是东西可供回味、追忆。

俄国诗人古米廖夫诗云："啊，我也多么想找一方土地／在那里不必哭泣，也无须歌唱／可以千秋万代地在那里自由地／无声无息地破土而出高高成长"，如果能自然地成长，而不是在不公平、谪贬打压中泣血呼冤，自然妙极。如有可能，艺术家还是善待自己好一些;呕血呕出来精品,有时还不如不呕这血。

4

很多时候参与是很重要的,猫三狗四的至少聚敛人气,渐渐地"我要说话"了。文艺尤甚,难免掉进功利圈子里:譬如一个貌美伶俐的女孩,一般不去搞科研、画图纸,而唱歌、跳舞去了,爱照镜子,善动心眼儿。连门票都混不上的,遑论登台与胜败!又好像在大街上,两条或几条狗撕咬,无论什么是非、是否强健,先是吸引了目光,渐渐地咬出了经验,有了发言的底气。而旁处寂寞没戏的,院门紧闭,连"院内有狗"的牌子都没得挂。

5

很长时间没有作品,不免心虚,但感慨、学识有一个酿的过程,急了,就不自觉地掺水了,所以作品多并一定是好事,时间漫过,是粉尘终会被吹散。

才思枯竭,落笔窘迫,已渐渐适应没有作品的日子了。人生中充满了诀别,而很多诀别是在不知不觉中完成的,你认为还没有分开,却早就没有回归的可能了。没有想象中扯裂般的疼,有的只是逐渐地冷淡,悄悄地改变了初衷,有谁说过:放手也是一种幸福。嘻!

6

诗人与凡人的区别就是活得太精致,飘落心灵的雪花,每个瓣儿都清晰可辨。凡人不去留意这些,可能过滤掉了一些所谓的美,但也因为其混沌而躲过心灵的灾难。"好死不如赖活着",赖活着的人其实不知道你是怎样的好、他是如何的赖,至少他们是不善于表达的。专注于性情,就有一些"为了虱子烧袄",因小失大,大部分人是不愿去做的。岁月的经历,在每个人心中都春夏秋冬,有些人却能摆弄自己的痛苦,择清、晾晒,像吃冰棒一样,吞吞吐吐,也就化了。

7

艺术,总是要卖的。但艺术若直奔钱而去,那艺术者就显得尴尬。在一些场合,会有人要求艺人:"给我们唱一段儿",或者"把这个写写,好好吹吹!"就展喉,就挖空心思,这还不尴尬?也有不觉者,那就需考证他的艺术观及艺术的真伪了。

"学得文武艺,货与帝王家",文艺又何尝不是名利所致,仅为稻粱谋?你就囤货居奇、敝帚自珍,是否太小孩子气了?艺术在未高超之前,往往是猥琐的、急切的:梵高生前只卖出了一幅画——那时是"当奴才而不得",寂寂无名;渐长,便与权贵挂上钩了;及大红大紫,有了市场,便人师经典、售价大又数字了。艺术者都朝着那塔尖爬呢,卖还是不卖,为这个想法费神的人还真不多,都在"有人买没人买、卖多卖少"上大费气力。

还有一种艺术，不求买家，自己口袋里有真金白银，心里有底，不必钻营、巴结，仅以艺术娱小我。纯粹自我的艺术太凤毛麟角了，从而也显得孤僻。

8

艺术者之间有一种关系很值得记取：即互相吹捧，你优秀我突出，你俊朗我玉立；特别是俩人水平相当且都有些虚名时，这种吹捧就有了互相的利用，就像拍皮球，有拍力有反弹力，都受用。

9

不少艺术是有价无市的，只要你不买账，他就没辙；而你一恭维，他就坚挺起来了。这像女人，你冷落她，她珠泪涟涟；你一靠近，她反倒撇嘴了，你一买她就涨价！

10

文人有长吁短叹的毛病，感觉精纯，在现实中肯定误事，但又自诩社会之最柔软，只能写出作品来；像渗血的伤口，伤已然是伤了，但也要接满一碗，方有或出售或当作噱头的实用价值。童话作家郑渊洁言："所有经历都是作家的钱"，我曾说："有些艺术是这样：就像不小心弄翻了墨水瓶，沮丧、慌张，不能收敛起来的，索性用手指涂抹，成一朵墨色的花"，这是一种权宜之计，自产自销型的，如蚌贝，怎么也痛苦了，不如把痛苦里得来的珍珠卖个好价钱。

小　成

1

小成者大半是很敏感的。因为已获得一些骄人的业绩，已从心里认为自己是神仙了，或多或少散发着一点儿仙气儿，自己给自己的心理嘉奖也很多了，所以很容易气愤于别人的无视于己。这只是一种虚荣的表现，渴望得到承认，害怕被忽视、湮没。毕竟还不是集大成者，心里已很有底气了，对方若不恭，只能说明对方的掉价儿，而无损于大名。占绝对优势的人，往往就温和、大度了。

2

成绩与自得应该是走得最近的亲戚：没什么成绩的人，可能已经非常自得了，认为自己甚是可以。十年寒窗苦修正果者，也是为了一举成名天下知。名利思想是人的精神支柱之一，这谁也不用掩饰，也无需嘲笑别人。名利思想也是人向上的原动力，"书中自有颜如玉，书中自有黄金屋"，有名利了，连佳人都扑到怀里来，挡也挡不住。所以说起早贪黑、背后受罪,为只为那一份人前自得。

自得可以分为两种:对外张扬显露,称为傲气;对己内敛自我欣赏,称为傲骨。徐悲鸿云:"人不可有傲气,但不可无傲骨",其实二者都是自得,没什么区别,只是方式不同罢了。没什么成色的人尚能自以为是,得小成者当然更有理由自珍,否则就成了"锦衣夜行",忙半天为了啥?

3

有小成之官员,沾点儿文墨气儿,更难免"酸拿"(既酸又拿架子的简称)和显摆。自得之人,你若顺着他皮毛生长的方向给他捋捋,他那叫一个高兴,那叫一个舒坦!越是小成之人,越有其脆薄的地方,渴望得到尊崇,台高而生雾,一些四六不着边儿的恭维也正中他的下怀。或曰:乡野之俗与名士之俗,亦如傲气与傲骨,没什么本质区别。

4

居高位者与得小成之人相似,容易自动断绝了人间的烟火,在那里端着、踞着。不能与大家伙高谈阔论、骂骂咧咧,不能想去哪儿就去哪儿——影响不好。当然,也有能接近他的人,虽然"伴君如伴虎",但也得有人伴,有人乐意伴——有人不得不伴。他的圈子无非小些,"往来无白丁",也喜欢热闹,也打情骂俏,只是一般人看不着;本来也是人嘛,不是到了哪个级别、修行到什么水准,就不是人了。他的欲望也正常,甚至还不如底层人收放自如,他的寂寞也深。

自己的看台

看颇有争议的电影《苹果》:一个按摩女被老板强奸,为了拿到补偿费,含着羞辱把老板的孩子生下来。剧情应了市场上一本书的名字:《穷人的身体是富人的床》,由此还想起五四时期作家柔石的代表作《为奴隶的母亲》。

现实中有多少屈服、迂回、忍让,又有多少含泪吞血的存在!人们很多时候不理解,从而大加指责,其实很多不可思议的东西是能够成立的:对恶畏惧一点儿、沉默一点儿、善再软弱一点儿、偏移一点儿,就是了。我们只是站在自己的看台上,不能体会别人切入肌肤的疼痛,不要站着说话不腰疼,现实经常逼得人倒退三步。艺术有时不必高于生活,能把生活写实得毛发毕现,就足以令人惊心动魄了。

"遍读"与"精读"

逛书市,遇见儿童文学作家常新港的小说集,里面果然有我少年时心仪的《独船》,获中国作协儿童文学奖的。掏钱买下,晚上再看,虽然有了些隔阂,但感动还是有的。时光过去，我的心好像我包着一层脂肪的肝一样，已不能咕咚咕咚大口喝水般吸收营养了。

大伯杨啸已年逾七旬，一生致力于儿童文学，是我初叩文学之门时的偶像与明灯。他的一本寓言集被老笛搜到，如获至宝，评价说："都写活了！"一个八岁孩子对一个老作家的表扬，这老作家威力仍存的，他润化的，是又一颗幼小的敏感的心灵。

写作的基础是烂读。读书读得有些滋味时，我曾总结出"遍读"与"精读"两个阶段："遍读"是一种初入山门、饥不择食的状态，连工具书都看。一个中空的大脑，有大量空间和内存，知识向内涌灌；一颗稚嫩的心，在一阵阵感动的吹拂中叮当脆响。

现在的我是否就到了"精读"的阶段？是食不厌精还是消化不良？细细数主，即便作为作家，我一年下来也不能细嚼几部作品，零二八三的吃多了，"吐啊吐啊也就习惯了"（周星驰语）。一些评论家也失去了阅读的味蕾，但这并不妨碍他们指东打西、云山雾罩、滔滔不绝，评论如今大多就是那么点儿破事儿，不提也罢！

人性拧麻花

又是影视剧，有很多人下定了决心费劲巴差地误导人。

一、夸大巧合。爱情，总是卿卿我我、机缘巧合，男情女愿，抬枪就能打下一个美女来。在现实中哪有那么容易？王八很多，绿豆也不少，但光看不行，对上眼儿的才是缘分，一般是有缘无分、有分无缘、缘分全无。

二、与现实大相径庭的感情豁达。《半路夫妻》吧，俩警察离婚，个性太强，情分尚存；女警跟一出狱的男人产生情愫，男警也觉得那男人够意思，便鼓动：你努把力，赶快跟我前妻把婚事办了。还有《家有儿女》，女人离婚后重组家庭，其前夫"胡一统"经常过来蹭饭，与"现夫"说笑打浑儿——这不是蒙鬼吗？现实中有哪对男女这样？从人性来讲，人都是自私的，恶的因素要远远强于善的因素，谁也不会在自己伤口上撒孜然，让别人大开胃口。

我曾采访一个农村妇女，因公婆干预夫妻分手，带着儿子再嫁；若干年后，前夫病重无人看护，她与丈夫带着前夫的孩子、后生的孩子搬回来，一起照顾前夫。我是怀着满心感动、准备树立典型去的，可我了解到，这对夫妇面临着众多的闲言碎语，两任丈夫虽生活在同一个屋檐下，可"后夫"压力巨大，他理解、支持妻子，但实在郁闷了就出去打工，十天半月不回来。这样的情境在电视剧《家有九凤》中有表现，姜武把"后夫"醋酸又无奈的心态表现得淋漓尽致。这是真实的，唯有真实才能撼动人心。苦恼、郁闷更衬托出他们的牺牲，他们也显得尤为伟大。

正剧也好，泡沫剧也好，那些完全视根本人性而不见、想当然脱离现实的作品，莫非就叫做现实的浪漫主义？我看是脱离现实的"梦呓主义"。如果有人说"日本没有侵略过中国"，你会说他篡改历史、信口胡咧咧，那这种人性拧麻花的"创作"，不是梦呓是什么？还热播，令全国观众跟着一块儿掉眼泪儿、一块儿傻乐，真他妈忽悠人！

中老年诗人

听高晓松的歌,还是十几年前"同桌的你"那般风格,一个诗人歌者多年不变,至老至死吟唱青春,是坚固不移,还是虚伪、做作?至少我已不那样纯粹、纯情了,已然没有那张消瘦的脸,主要是敏感、忧伤的内核不知还剩下多少?

与高一样,我也是一个肥胖的油腻的诗人。圆胖的脸,扣在肚子上的赘肉——还配纯情吗?虽然肥胖、油腻也是他不小心,他也不情愿,"我总觉得我的脸在大"(范伟语)。历春经秋,纯情没有跟着一块儿浓厚,相反,还因为逐渐的世故而模糊、蒸发了。那仅存的一块,是坚固得如琥珀、如温玉,还是随着大片肥肉变了异?人常说"鳄鱼的眼泪是伪善",甚至是发狠、作恶前的预兆,一是鳄鱼吃人时还假模假式地流着泪,二是那么粗俗、乏善可陈的外表,有谁还相信你残留着温存呢?鳄鱼像极了众多的中老年诗人!

束手的傲慢

见一同事,他也曾狂痴过文学,可能也看破什么、看透什么了,好像只读不写了——很多人如此。他专看名著,而且买书必正版——这不容易,一本书动辄三头五十,不像我,买盗版书、淘过期杂志,在学问投资上抠。他又是偏激的,这也不奇怪;他对我说,从来不看中国的当代文学,那些都是垃圾。我不禁脸红,应之:我的东西是垃圾中的垃圾。他并不安慰我。

忽觉他的不妥,并非自己乃至当代文学遭了否定。他这种批评太过超脱:拿着《红楼梦》、《红与黑》等中外名著衡量,这有失公允。大师毕竟多少年才出一个,在此聚光灯下,有几个不是小儿科?

我生也粗鄙,农村小子,古典文学、外国文学的养分基本没的吸吮,看《儿童文学》起家,一个席慕蓉就令我心荡神移;但大狗要叫、小狗也要叫,不可能没有"诺贝尔奖"的苗头就封人家的笔,嗤你的鼻,得允许人家实习、练手。当然,大多数人积累一生也不会咋样。尝言:每个人的青春都是一首诗,每一个少男少女都是诗人。生活漫过每个人,可能给你的只是一地沙砾,但那混迹其中的金屑,与运气好的人淘走的狗头金品质一样。一个人写作关键要有自己的东西,可能只是一架破旧纺车,面对豪华宫殿,你有没有人家所不具备的?哪怕只是一根小小的窗棂。

同事的批评可叫做束手的傲慢,只靠一副不屑的神情、红白的唇齿,便兵不血刃、不战而屈人之兵。不如自己也下手,大家一同"垃圾",然后在分母中沙里淘金,否则就有眼高手低之嫌。

成熟与采摘无关

　　走进图书馆,每每生出一种绝望的心态。汗牛充栋,一排排一架架的书,作为一个个体,顿时没有了向前挣的气力。写了二十年,这几万册藏书中也有我的一两册。大批的同道,各具才情,凝聚成海,也就模糊了个体存在的意义。文学是纯个人劳动,如枯坐井底的蛙,功夫自己下,悲喜自知;待到有朝一日跳出井口,广天阔地,开了眼界的同时又动摇了信念。又似少时在大水坑里凫水,对于扎猛子我是笨拙的:一头扎下去,眼前一片浊黄,摒住呼吸,手划脚蹬,恐惧着、没底儿着,但又坚持着;终于,"噗"的一声露出水面,大口喘气,但往往潜得并不远,还在搓背刮泥儿的人们中间。

　　曾与一位书法家谈艺术。艺术已非文化荒漠阶段了,以前,一个村子有几个识字的就不错了,全国没多少报刊,出版物也寥寥无几,人们没有电视、网络,看场露天电影就算过节。那时候文艺着实了得,一本书写出来动辄几十万的印量,分发到人们手里,捧读如宝。现在业界拥堵、人满为患,林子太大了,你亮什么嗓子,都有大批同行与你争鸣。这是一个中间庞大的艺术时代。文化的基数大了,文艺的门槛也就相应低了,挤进门来的各自修炼,谁也比谁笨不了多少,但人心浮躁,信息多元,也难出苦苦修行终集大成的宗师。

　　选书,半月才来一次,不由得挑剔,半个小时才选出两本,且犹豫不决——可怜这些同行的日思夜虑,仅仅因为开头几眼没被吸引,就放下了。我都如此,何况其他读者?红尘漠漠、摩肩擦踵,你尽可以唱你的,但不一定有人在听。当然,歌者也完全不必要在意有谁在听。就像一树的果子,季节到了,要熟就熟你的吧!成熟与采摘无关,哪怕蒂落泥土,重又做了肥料。

自虐性写作

1

　　整理《青黄》,写写停停,可见写作不是抓空儿就能干的事儿,不在状态,没有灵感,枯坐空对也没有用。这不像耪地、打草,早出晚归多抓挠些,到头来就比别人多积攒。文学也不是闲下来就能搞的东西,人享乐的欲望要强于耕耘的自觉,看电视、吃美食、上网,这些舒适的事谁也不会嫌多,很自然地就上瘾了。写作有一定的自虐性,别人灯红酒绿你青灯黄卷,起初的快乐只是糖衣药片的皮儿,甜那么一下,更多是摒住呼吸、捏住鼻子的吞咽。文学更多源自鼓动,大半动机来自虚荣、赌气,抑或身心疲惫又无处排遣,所以困境反能激发创作激情,一波一波地写下去。

2

　　整理《青黄》,这些日子速度慢了下来,质量也好似差了,但细品之下,还算有自己的特质。其实,除了写作时的暗喜、初成的充实外,作品就是给别人欣赏的;倾注心血的东西,总会引起世人共鸣的,需要的只是行人驻足、放平心态来读;如果没有读的心情,纵是名著又与我何干?

　　出版只是一个面世的机会,或当时便能得到承认,或湮没众书之间,寂寂百年后能遇上知音也是好的。写作者寻找知音的心是最最重的,我们吟颂"明月何时有?把酒问青天",会给几百年前的东坡带去什么?身躯既已消亡,又何言名与利?而诗人的心绪好像无线电波,仍在浩瀚空际遨游,寻找着一个个接收点。这种基本的出发点,往往被世俗的名利覆盖住了,当然,"食有鱼、出有车"是人存活的普遍需求,但创作之初的愉悦及愉悦找到受众后那种欣喜,才是被虚化了太多的根。

人老书旧

　　与朋友转旧书店,都是码字儿的,言语间漏了馅儿。店主成心让我高兴:我卖过你的书呢。

　　是1993年出版的《飞翔的原因》,我的第一本诗集,很单薄又潦草。仍然激动,十几年前的事了,还能记起那时的敏感、激愤。作家是活在旧书摊儿上的:一时名动天下也好,至死失意潦倒也好,作品都要经过时光的漫漶;多少年后,被人捡拾了去,哪怕是一些散章断句呢,引得天涯人会心一笑,才是对作者遥远的慰籍。

　　朋友竟从书架上找出一本来,店主让我签字,说会好卖;就不推辞,提笔写道:"人老书旧,如酒之醇也。"可能矫情,但一时自觉这句话还算有味道。

一生真伪复谁知

　　日久见人心,说的就是日子一长,对身边的人一些毛病、心机有所察觉而已,一开始的印象、想象,得到修正甚至颠覆。白居易《放言》诗云:"赠君一法决狐疑,不用钻龟与祝蓍。试玉要烧三日满,辨材须待七年期。周公恐惧流言日,王莽谦恭未篡时。向使当初身便死,一生真伪复谁知?"处事要冷静,且要变化着角度看人,这样,光环可能就消失了,碎屑与毛病都出来了——呀,这多像从恋人到两口子的过程啊!农村讲话儿:看一个人怎样,得到裉节儿上,得经事儿。

　　渐渐地,好恶有所改变,这里面含着时间、阅历的变化,还有利益的消长——"世上没有永久的朋友,只有永久的利益",成熟的人是不会鄙夷这句话的,现实如此。

驭士之术

中国自古就有驭士之术,在这个无利不起早的年代,为了钱谁都能依附过来,也都可能掉过头来下嘴。下属没本事,是不堪重用的狗;有本事就有可能成为不驯的狼,又须提防。所以白居易《放鹰》云:"不可使长饱,不可使长饥。饥则力不足,饱则背人飞",用人,关键在饱与未饱之间。

用人之道关键是度的问题。主人看得紧,强势,他就俯首为狗,呼哧呼哧的仅有咬人的念头;主人一旦松懈,露出空档,甚至忘乎所以地去摸他的头、亲他的鼻子,他就该有所动作,一下子变成了狼。"困难像弹簧,你硬他就弱,你弱他就强",在上下级的关系上,可拓展为:"同志(泛指同在一个利益圈子里的人)不能让,你硬他就狗,你软他就狼。"

学习啊,只要你不死,就会悟得新的道理,人家说:你娃在成熟哩!

开 会

在中国开会是件挺有意思的事儿。

很多会不能让与会者有切肤之痛,上面讲他的,下面胡思乱想,布置、重视、实施,很遥远的棒子,是一下子打不过来的。开会,不但可以不干活儿,支愣着耳朵就算工作了,若有饭局还可以撮他一顿儿。中国人什么时候开会激烈起来呢——当然,也不要像"文革"时那样见血、出人命——切中要害,雷厉风行,令行禁止,归根到底一句话:开会时说的话要算数! 如果能做到,那我们的社会就会迅速得到改观,所谓效能。

开会又是一个功夫活儿。岿然不动,不打盹儿,不斜视,面无表情地贯穿会议始终,可谓"会神"。

开会有一类人是要坚持好的,二、三把手吧——一把手绝对权威,可以嬉笑怒骂;下面小党儿们心态很低,好坏都轮不到;二、三把手两头不靠,得端着,于上于下都得端。

中国会议有一大特色:练嘴。这点儿国人可以傲视全球的,一些沉稳的官员,可以做纵横家。做一把手的也不能吃干饭,至少把会上发言的功夫练好,转承起伏、入情入理、逻辑清楚、滔滔不绝,能干不能干姑且不论,先是表达精彩了。

开会就是说话,当众说话,也是表现欲的一种,把各种神情、各种语气一一使来,舌云唾雨、海阔天空,这般舒服了,还能得到掌声、听到附和之声,多滋儿的事儿啊!

领导大概有两大功能:会议发言与签字。落实到前者,他一般不会干实际工作,只是鼓动、要求;动嘴儿,正是领导显示才华的时候,下属们作洗耳恭听状,就是厌烦死了也不能拍屁股走人,这是规矩。

签字更是最终的把关,也可以把要说的话"批示"下去,层层传达,其中精妙不用多说。领导啊,真令俺好生羡慕啊!

某老与老某

一些相熟的人在一起,有时就很无聊。谁也不能令自己总那么异彩纷呈,初见时的忽悠,禁不起熟悉。一些有倾诉欲的小成者,多年的辛苦与辉煌,很快就总结完了,难免重复,难免老生常谈。

在凡俗里,很难保持某老师、某老的光环,很容易就成了老某。某老师、某老都不是日常的东西,而老某恰恰如穿过几年的衣服,虽不挺直,但贴身舒坦。换言之,只有不经常相见的或拜见有难度的,才能成其为某老师、某老。

有一位同行,以前常一起胡聊、海侃,后来人家竟出名了——本事倒也没见怎么长啊,但人气儿邪壮,就不那么容易见到了。估计她也不是不想聊天,只是倾诉欲来了,会想:不行啊,我都名人儿了,得端着点儿,所以就"忙",就"没空儿"。

我们也这样想象阔起来的身边人,觉得他们不能象常人一样逛商场、想吃臭豆腐、上厕所、手淫,但事实证明:有些事儿还得他们亲自来。在此对名人进一言:无论您多大,也不能对您每日都相见的人端起来,您可以疏远大多数人,制造人为的神秘感,但您如果对家里的宠物都绷着,那就有些搞笑了。

生活对人的改变是坚决的

有句话说得很有道理:屁股决定脑袋。也就是说,职位决定好恶,时也势也,一换职位,思维的方式也会发生逆转。譬如一个痛恨贪官的人,若也给他一顶官帽儿,盛上一碗利益的甜饭,他就会悄然闭嘴,连目光也诡秘、游离起来。同理,若想让一个心高气傲的女子低下头来,就让她去干传销、保险等现实性强、目的清晰的工作,不消多少时日,她就会脸上时时堆笑,因为有所需求而四处献媚。

生活中有股股暗流,对人的改变是坚决的,很多时候潜移默化、以柔克刚,让你蜕变得有理。漂游啊。也有那些耿介的人,逆流而上,结局无他,衣衫被冲得褴褛不堪,或旋转着沉下去。

忘本与忘形

人常言"卸磨杀驴",其中不乏对起初并肩作战、最终得正位之人的怨愤。人们很少去理会什么叫"居功自傲"、"功高盖主",再过分也是臣属,臣属就是弱势,就有叫屈的理由。孰不知,一个人再有良心、再念旧,也忍受不了他人的飞扬跋扈,特别是江山已定、该擦干屁股树立光辉形象之际。

很多时候,最后危及自己地位的,反倒是自己的战友。困苦时两人背靠背共同应战,没有信任与义气,根本就不可能击败强敌,得以生存、发展。可一旦天下太平,兄弟间反倒你输我赢了,这是第二轮的争斗,是内部最后的排定。危机尽消,两个战友要掉过头来平淡面对了,却忍不了他不刷牙的口气。这时既有正位者的"忘本",也有辅助者的"忘形";有些是"忘本"得厉害,有些是"忘形"得无度。渐渐地势同水火,即便挥泪,也要杀他了。

同工不同酬

某单位体检,员工分三六九等,领导、正式工、合同工、临时工,体检的标准也不一样,大致是我能照八个器官,你照六个,他照俩。导医还问:"你是正式的还是合同的?"生怕不该多照的多照了。"不患寡而患不均",这单位挺没水准的。

我曾在一个局干临时工,年节时单位发年货,苹果、带鱼,帮着分堆儿归份儿,到最后却没自己的。这样难免会心理失衡,加上科室里有一女性,常对我无缘无故的呵斥;后来得知,她曾受过我们那地儿一个"搞文学的"骗,把气撒到我身上来了。那时,工作虽然清闲,心态却极不端正:来客人了,叫我去洗烟缸,我拿四个去水房,洗净了看看,故意碎一个,以此反抗。我这个人有反骨的,听不得人使唤,从那时就有所体现。当然,也是年轻没有遭受过重创的缘故,有人是学乖了,更多人是挨打后变乖了。

在人事上我是孤陋寡闻的,世界上是不是只有中国分行政、事业、企业、个体,分正式、临时?活干得一样,薪水与福利却差得悬殊。我知道一个单位,正式工穿着干净、坐在冷气十足的屋里收费,一个月轻轻松松拿四五千元;施工队多临时工,登高爬低、出大汗使大力才五六百,而且单位还强硬——干吗?不干有的是人顶。中国人太多了。一些人因为户口、学历的关系,十年二十年的当丫鬟,工作能力不如人家倒也罢了,关键是同工不同酬——这些不平等是人为制造出来的。

心存恶气

为人处事,难免有挫折,窝囊而恼火是经常的。人大多是受了别人的恶气,而愤懑地找机会将恶气转发出去,每个人既是恶气的承受者,也是恶气的制造者、传递者。

在一个单位,最和气的往往是一把手,因为他是这一区域的权威,来访的人以相求居多,毕竟打上门来的少;内部人也多附和、巴结,在自己的一亩三分地里,他有把握,充满了自信,所以心态平稳、阳光和熙的时候多——素质差、跋扈的人另说。

最凶的人往往是把大门的,他是最底层,在本单位也容易被呵斥,经常遭到上门者的鄙视。越是紧迫的人,越看重自己手中的那点儿权力——哪怕只是给别人提供一些便利呢。这就是我们经常见到的横人、粗人。这种人已变成小鬼,"阎王好见,小鬼难求"。这些人的凶,是先接纳了别人的杂七杂八,淤积下来、压瓷实了,甚至形成了性格,他把从各处积蓄起来的综合的恶气,寻找着一个个可能的出口,排放、宣泄,总憋着也不是个事儿啊!

有些不快才写这"恶气"的。这时,有一个人找上门来,兜着圈子和我说事儿,有求于人真不容易,登门来看我这个心存恶气的人的脸子,他的心中十有八九也会相应产生恶气,走出门后不一定转发给谁呢,而心存恶气的我也管不了那么多了——谁也不能脱俗啊。

过麦熟

又忙了起来。很多事情不干上察觉不出漏洞来,一趟趟跑,打一个个电话,这就是工作;而操心也是命:你万般坎坷着度过了上半天儿,下半天儿也别奢求一帆风顺。上火、血压轻飘、脏器的消耗,这些即便在意也不能调和的,能感觉得到心血在一滴滴渗漏,头发在一根根静静地变白。

在农村里长大,是忾头干农活儿的,"小伙子怕麦熟,老牛怕秋头",收麦子是紧张而短促的,而初秋需要拉运的庄稼最多。农活大多都干过,虽然有些二虎眼。最激烈的还就是收麦子,那时还没有收割机,机器一走,麦秸倒了、麦子装袋了。收麦先是用镰割(还有用手拔的),随割随捆个儿,很急的,遭了雨雹就完了。麦个儿拉到场里,就要脱粒(更早用石轱辘压),那时是小脱粒机(以后的大型脱粒机一遍就成了),脱一遍后,把麦秸倒过来再脱一遍才干净。

麦场上好像打仗:捆好的麦个儿一车车拉来,堆成小山一样,机器轰鸣,解捆的、入麦子的、接麦粒儿的、分糠的、清麦秸的,一道流水线,一家老少都用上了人手还不够。几大车麦个儿分成麦粒儿、麦秸、糠麸,需要紧紧张张好几个小时。累、噪音、尘土,且干热。活儿干完后,每个人脸上、身上一层土,老张着嘴的,牙都变黑了。谁都大口喝凉水,然后变成同等的汗黏在身上,难忍的,还有麦芒附身的刺痒。

除了脏累,站在脱粒机前入麦子还有危险:我的三叔曾把大拇指指甲打掉,我眼看着他脸发白、嘴唇抖着。我的伙伴家里更不顺,头一年爸爸手指被切掉,第二年哥哥的脸被飞起的机器部件打中……

农村的孩子大都经历过这些,记得每次假期结束回到学校,女生都变黑了,男生都壮实了。也正因为这些,而毫不犹豫地离开农村。柏油马路、公园、汽车、楼房,如今的生活已很有当年理想的模样,可劳累难免,只是劳累的类型与在乡下时不一样而已。收麦子也就十天半月,苦战一天咕咚咕咚喝下一瓢凉水,那真叫个舒坦;而如今,不出力气肌肉消失,心机费尽各器官都在损耗,累是累了,但再也没有那大汗淋漓的酣畅。曾与留在农村的大姐说:"有时我感觉天天在过麦熟",不知她信不信这话?

拍娃娃马屁

　　白手起家的年轻人都善于寻找向上的机会,也即钻营,他们怀着谦卑,同时满是"将来就不怕你"的心思。你重视他吧,他尚空白;但又不能轻视,不知什么时候他就成了你的同事,先是叫老师,后称老兄,最后就成那老什么了。

　　人与人之间熟则无理,年轻人也会满心自得,稍有成绩也会端架子,谁也不愿总谦恭着,谁也挺不了多长时间。同时,谁也不能永葆活力,一开始年轻人可能是零,你是他不可逾越的高峰,他一发展,就会打破原先布局:三分之一、二分之一,继而平分秋色,渐渐地与你平了肩膀,更有甚者后来居上。

　　有些垂老者,就爱白活谁谁小屁孩儿的年代,但又不得不对着新贵满脸堆笑。有前辈云:拍马屁要从娃娃拍起。此话有无奈在,但确有道理。

磨与鬼

　　托人办事,对方支吾着,看得出他明显的欲望。曾言,人的本能是"要",文明是教人怎么要或不要。人都要披上一层文明的,只不过一些人用心良苦,一些人潦潦草草。有职权就有利润空间,中国人是讲究灰色收入的,外快甚至超过正常的合法的收入,正所谓"在这个位子上,不给工资都抢着干"。

　　如是,在中国办事,很多地方都充斥着并不深奥的玄机:如按规章制度,什么事都会曲折,对方没有理由热忱、积极,都很难办;如果按约定俗成的"规矩"办,有好处,则没什么不可以通融,不但"有钱能使鬼推磨",而且"有钱亦使磨推鬼"——这时,磨与鬼都是柔软可塑的。

两头不"沾"

　　只要是男人,没有不想建功立业的,但摆在面前的梯子有高有低,有的结实,有的颤颤巍巍。

　　总结出男人在职场上的两种状态:小国宰相,大朝总兵。前者虽艰辛,但有拼劲儿、有熬头儿,"鞠躬尽瘁,死而后已",能够吐几口血在史册上也值了。后者总为牛尾,但背靠大树下偏安一方也可。人总得寻找一种心理平衡,或名或利——当然,能名利双收更好。

　　很有一些男人两头不"沾"(冀南方言,行的意思),国运鼎盛的时候,跟在后面跑龙套,好不容易熬出点儿权位了,却已是无米之炊。就好象吃流水席,第一拨没吃饱,第二拨牙已掉。

其实做什么都不甚重要,只要能为自己的付出找到安抚的借口,能偷偷滋润更好。在路上挣巴的男人最憔悴,因为什么时候当炮灰、做分母都没有意思,茫茫人海,折损掉的太多了!

资不抵债

在各种关系中缠绕着,勒紧别人,自己也翻白眼儿。有时一天里碰到的人,阿猫阿狗,没有一个令你纯粹的欢喜:有仇有怨的,自是目光冰凉,瞄着你的疏漏处;熟络的有恩的,也不能总脸贴着脸,而渐渐疏绝。这就是我们终日穿梭其中、忙碌不止的城市。有哪一天要真正离开了,再也不回来了,这个多年沉浮的地方会有什么反应?知道你的人大多只是一愣,说的话还不如随意的一次出行多;更有一些人会暗自欢喜,而全然不顾他也没多少时日了——这算是你最后的价值吧。

在一个拥挤的城市,很多人其实是无所寄托的,也就无所留恋。没有爱了,也就没有了恨。所谓人情,所谓口碑,涨涨沉沉,到最后发现,自己早就已经资不抵债了!

客气客气

国人以韬光养晦著称,说车轱辘话,假、大、空,察言观色,言不由衷;于己表现为吹牛,于人则慷慨为戴高帽儿,一片泡沫过后,那厮早已逃远。听说外国人不太看重这中庸,一是一二是二,吃个饭还 AA 制,我结我的排骨、你付你的羊杂,这曾经令我们一时新鲜。

但国人也不一味兜圈子,刻薄、阴损者大有人在,这样的人一般都在行,且求不着你;当然,人家可能认为不跟你绕圈子,已很真诚了。说到底还是不在乎,觉着用不着跟你客气,他们不是不懂得迂回、谦让、恭维、粉饰,只是懒得跟你用。

一根极细却尖锐的针,直戳死穴。一点儿希望都不给你保留,一点儿面纱都不给留下。务实是务实了,关键是发自心里的轻视。这时,我们反倒怀念那传统中的口是心非了,哪怕是口蜜腹剑、暗地里下死手呢。

闲置忙用

与一位经商者来往,几次皆欢,应该算一个朋友了吧。他经商,能感觉出滑来,这没什么。在社会上钻来挤去,谁人不滑?再老实的人也披上保护色了。经商的人对利益空间更敏感,也就非常懂得取舍;不像文人的硬挺、酸抠,他们更多直来直去,大有能屈能伸、必为我用的气势。对于这种会来事儿的人,一般人是讨厌不起来的,"当官都不打笑脸儿的",尽管笑容下不知藏着什么。求人媚态,这实在算不了啥,完全是为了日后的伸手,零存、整取而已。对非权贵微笑多为收买人心,也是为了日后铺路;而受人实惠终要报答的,否则没人会对你微笑,世上没有无缘无故的微笑。

当然,有太多的人眼窝子浅,只看出一丈去,先宣泄了自己的好恶,以后爱咋地咋地。聪明的人极具捕捉的能力,"闲了置忙了用";《水浒传》中很多好汉,与其说抱打不平,不如说是受了人家经济上(钱财周济)的好儿与心理上(仗义)的好儿。特别是武松,帮施恩出头争利益,几杯酒、一番恭维的话就大打出手,食人酒肉、忠人之事,难怪近来有人评说其有杀人狂之嫌,细想不无道理。

团队精神

一个团队,创业时大多互相依凭、诚实果敢:一是弱小时必须联盟,否则早就被分而歼之了;二是果子还没有摘到手,还没到分配的时候,心存光明公正的愿景。

一旦大局已定,该论秤分金银了,大家就开始了计较,就在乎了得失。有利益就有帮派,有帮派就有争执,有争执就你多我少、各执一词。一时间,问题与危机都出来了,都觉得少,都觉得冤,最终撼动根基。

历史上在这方面表现最烂的是太平天国,造旧朝代反的人比旧朝代还荒淫,他们的革命目的是"皇帝轮流做,他妈终于轮到我了",所以对同伴下手之快、之狠都名列前茅,结果屁股还没坐热就被打回原形了。做得最好的是宋太宗,"杯酒释兵权",大家都知趣,所以还能笑哈哈。

战后管理的复杂,有时要远胜于战时,因为管理都是内部的事,纷争起来要比对付敌人难得多。战友一旦变成敌人,下手时心存不忍,很多时候还要冒着不仁义的骂名,所谓"打江山易,坐江山难"是也。

江北为枳

有一种说法:若看一个人的价值,看他的交际圈就是了,平均值就是这个人的得分。比如身边都是百万富翁,你的财源、机会也不会太差;总跟老总、高官在一起,随便倒腾点儿什么就能滋润。同理,如果周边都是杂碎,勾心斗角、察颜观色、巧取豪夺、龌龊卑下、告密布陷、落井下石……那会怎样?别的不说,你是高雅不起来的,也温存不起来:

第一、在臭烂的环境里,良善无用。坚持的话只会任凭恶践踏、宰割。

第二、若要生存,你只有也阴险、诡秘起来。好人首先要知道坏人的坏,然后与坏人比坏,最后争取"坏"死坏人。"江南为橘,江北为枳",环境使然也。

最后成白痴

三十啷珰岁,脑子却不好使了。据说有些大才子,几年用脑过度,很快就完了;大诗人荷尔德林最后成了白痴,据说自杀的海子也有脑痉挛的症状。我说的是,好使的年头虽然不长,但人家毕竟写出好作品了。

先是对数字的失灵,别人告诉一个号码,如果不用笔记下来,那是撂爪就忘。给一朋友拨电话,费着脑子想,拨了好几次才打通,然后兴奋不已:"我终于记起你的号码了!"其次是人脸,我见人不见三次以上就记不准,经常张冠李戴;走在街上,看见有人对自己示意就赶快呲牙,其实记不清人家是谁,只是看着眼熟。这可能与我的诗人想象有关,我总对某种职业、某个职务甚至某个姓名有先入为主的想象,譬如一个女子叫娟,但生得一点儿也不"娟",我见过了以后,又把人家替换成想象中"娟"应该的模样。

大脑短路闹出的笑话不少,可怜我初中时就烂读《演讲与口才》,刚出道时也言语滔滔、下笔万言。给一位师姐打电话,是她丈夫接的,开口之际却忘了师姐姓啥,幸亏还算机智,老老实实地:"让我姐接电话。"求张科长办事,一边拨号一边提醒自己:甭叫成王科长啊;电话一通:"喂,王科长啊。"

我知道,这点儿我随我娘。我娘不是愚钝,她也妙语如珠,但人一多脑子容易乱。她身体不好,好几种病,应该有一项神经衰弱。我爹在村里也以聪明著称,他的记忆力一直平稳的好。亲娘遗传的,我没得怨。

不是贵人,却多忘,耽误事儿不说,还给人一个坏印象:资历高的,说你没心没肺;年头儿短的,说你端架子拿大。这其中的苦恼,只有我自己知道。

风雨基于爱

大约在小学二三年级以后,孩子们就开始烦恼了,自此背上了人生的包袱——"人生识字忧患始"。磕磕碰碰首先来自玩与学,好习惯的养成、毛病的纠正,苦恼大半来自父母的管教。为人父母者,对孩子成长中的那些敏感点一触即发,寸土不让。看着孩子委屈,其实父母心里也疼,又恨又疼——这种感觉在我小时候爹娘也有吧?做了父母后才体会到他们的心情——但必须做出刚硬狠恶的大人样儿。

毛病就是坏习惯,就像修一条路,如果一开始没设计在这个地方拐弯儿,也就可以直接走过去;一旦准备拐了,就有了一种心理依赖,总在这个地方别着。水滴石穿,习惯的力量源于日常的潜移默化,可能是柔的,但倔拗得很。儿女习惯的养成,与父母的言传身教很有关系。我的散漫、烦躁会刻在女儿身上的,此时可能不显,在彼处也难以摆脱。谁说的:你冲天上扔一块砖,到最后还会砸在你头上。

其实孩子,父母哪愿意这样那样束缚你,只是你的路刚刚开始,路很长的,出门前不把你的背包扎紧、扶正,到半路上就会散落下来的。而对于老人,他们已从一世风尘中奔波回来了,一定要为他们解开束缚,让他们尽可能的舒适。人生真的像出一次远门啊!

无仇不成父子。孩子，亲人之间的阴云说来就来、说散就散，因为这些风雨都是基于爱的，甚至为对方忽略了自己，就像剪枝的剪刀、喷壶里的水，有凌厉的疼，有兜头的凉，但后面是一双温暖的手。

打人不打脸

在广场，一个女人呵斥自己的孩子，继而掴孩子的脸。孩子也就三四岁的样子，不由在一旁气炸。当然，那是孩子的亲妈，但亲妈就可以打孩子的脸吗？很多人有这样的心理：一、孩子是我生的，我就能打。二、打孩子也是为孩子好，是不得已而为之。打孩子是违反公德的事，尤其是打孩子的脸。孩子的稚嫩、天真及挨打后的慌张、委屈、惊诧、尴尬，令人尤不能忍。

鉴于此，我应该作检讨的，我曾屡有暴力于女儿：虽然打，却是下不去狠手的——我从来没有打过别人的脸，好像也没被打过脸，打人不打脸——只是虚张声势，事后还心疼不已，渐渐的只剩下咆哮，而且心里是绝望之极的；久了，起不到教育、震慑的作用，反倒令孩子生厌，瞧我不起。

做父母的，干嘛让孩子怕呢？现在的教育，应该与孩子交朋友，与其让孩子噤若寒蝉，心里有阴影，还不如自己损失些，没有权威。当然管教是必需的，就像修剪，适度的疼痛是必要的，该下的狠心也得下。我只是说打孩子是违反公德的事，从而很容易触犯共怒。

我是偏科生

巴金曾撰文说，一个家庭里，其实上学的孩子是最累的。读四年级的老笛就被划分成规矩的几块：早上几点起床、到校，中午几点回，下午几点到校，傍晚回来有多少作业。通常早饭是吃不好的，面包、饼干了事；中午睡不踏实，晚上还要紧紧张张完成作业。除此之外，还有一周三次的绘画、舞蹈，她每天还要给自己挤出看动画片的时间，细想，十岁的她每天忙忙碌碌。

在动画片之外，老笛还酷爱看书、摆活小玩意儿，性子比较慢。孩子一长大，诱惑也就多了起来，学习容易心不在焉，然后再遭到家长的唠叨、奚落甚至粗暴弹压。这种状况，我真怕她产生厌学心理。现在的教育，还是人们敢怒敢言却无济于事的"填鸭式"，但不学、学不透就考不好试，就上不了好学，就找不到好差事，竞争严酷的社会就会给你好看。

不禁想到我自己。我自以为不是一个好学生的。孩子贪玩不是罪过，我学业的陷落却是缘于"遇师不淑"：也是四年级的时候吧，我遇上一位数学吴老师，不知为何对我厌烦有加，经常有揉搓我自尊心之故意。他曾教过我表哥的，也是不友善。都是乡邻，令人怀疑是否大人间有什么芥蒂，来施予我们孩子身上。在四年级之前，我的语文与数学齐头并进,第一个文学启蒙老师李燕杰教语文,另一个年轻女老师齐素格教数学。数学老师的更替改变了我的学业,甚至改变了我的人生轨道——这种说法并不过分,虽然吴老师已不在人世。中小学教育不仅仅是授业,于孩子敏感、稚嫩的心灵,一点儿阴晴就可能决定人生的黑白。

受到打击后,一般会有两个结果:一是发奋用功以证明自己,还有就是逃避、萎靡不振。很不好意思,我属于后者。数学自那时候就不行了,还有升初中后的英语、物理、化学。幸运的是,我又得益于第二个文学启蒙老师刘长凯,语文成绩一直高昂,初中、高中几年,我一度成为著名的偏科生。

在班级里,偏科生属于中间的灰色的另类的那一种人,尖子生的大红大紫,差等生的自暴自弃,偏科生喝的是二者混杂、五味俱全的鸡尾酒。就像一个人,眼是瞎的,耳朵却出奇的灵:别人笑他瞎,他就会以耳朵自我安慰;而耳朵有了业绩后,别人又提醒他的瞎眼。偏科生的心理是值得研究的。在应试教育的模式下,偏科生还是与差等生挨得近些,除非因特长被保送大学或破格录取了。我也"特",但没机会"长"到保送、破格录取。所幸,高考落榜四年后,还是被省里开办的作家班招录了,人生也跳回正常的发展轨道。

有时我就想,以我理科出人头地的差,何以从农村混到城市里,还做了记者、作家?自卑是潜在骨子里的。有几位老师曾放言:"庞永力若怎怎样,我就会怎样。"据我所知,童话大王郑渊洁、女作家三毛,还有谁谁几个,也得到过这样一竿子打死的评判。我当然不是标榜自己,现在混得并不怎样喘气,我只是奇怪:何以在舞文弄墨的路上走了二十年?

反过头来再说厌学。人们总以为差等生贪玩,没有羞耻感,这是不完全的。学业是一节课一节课差下来的,一开始就夹生了,消化不了,又一碗碗硬吃,直至肠胃堵瓷实了。我至今难忘,如何枯坐在教室里,看老师的嘴唇翕动不止,声音却忽近忽远的恍惚,而自己也只有放思绪于九天之外。作业成为大难,不会做、做不会,记得二姐曾粗暴督学,坐在大灯泡下,一个个阿拉伯数字却模糊不清,脑袋蜂鸣不止。

人云贪玩,玩乐岂能与此等苦熬相抵?学习主要是兴趣,所谓"会者不难,难者不会",在外界赏识与内心虚荣下,只瞄上几眼就刻入脑海了。我同时经历语文的荣耀、数理化的臭贬,可谓冰火两重天。三毛深度厌学,曾一进教室就晕厥过去,于我心有戚戚焉。此等苦乐,老师、家长须明鉴。

良师与恶师

刚写完《我是偏科生》,我想再说说老师。"天地君亲师"、"一日为师,终身为父",在中国,老师是一直与父母相提并论的。我却想,如果有机会的话,可以跟老师们去说道说道。我没有搞过教育,对教育的一些冷热均来源于自己的成长经历,深深知道良师对学生是怎样地滋润，恶师（这个提法可能欠妥）对学生是如何地瓦解。老师对待学生，好像医生对待病人一样，大体是希望学生好的，但中间有教育方法这个至关重要的环节；和医生做手术一样，老师甭说成心使坏，就是一时不用心，就会损坏学生的"器官"，给学生带来终生的隐痛。

中国很早就有戒尺了，教学生除了春风细雨的润化，还有就是打手心、打屁屁，树不修不成材，更何况孩童的多动期。人之初，有很多知识是摁着头硬灌进去的，有些习惯也是在强迫下形成的。习惯是用来约束生命的，先是给性情以校正的窒息，日后再从中慢慢受益。

有哪个男孩子，没有挨过老师"修理"呢？记得上三年级的时候，教我们历史课的边老头儿（随高年级叫下来的，还真记不得名字了），挖苦考试不好、背不下书来的学生："学成这样，你对得起爹娘养你么？你对得起吃下的粮食么？"基于这种指责，有几次，他还让受罚学生停止上课，走到街上去，碰上谁都要说一句"我对不起你呀！"不说不行，他还派别的学生去监督，回来报告。受罚学生遇见大叔大婶，会说上一句让对方莫名其妙；一个坚决执行的，还对一头牛说过"我对不起你呀！"内疚倒谈不上，诙谐的意味太足了，至今难忘。

有好多事情过去了，就会镀上一层暗灰却暖暖的东西，滤去了当时的真实感觉，而以一种"再也回不去"的唏嘘、感叹充斥。还是前面提过的那位数学吴老师，威严有加，曾命令我等犯事儿小子，出去自找刑具，回来领罚；我们几个出去，心里自是害怕，在外面逡巡，自选棍子。这其实就是一个考察聪明程度的问题：有人害怕打得重，找了细长的树条，吴老师使着顺手，正好抽屁股；有嘎小子，扛回了一根碗口粗的棍子，吴老师合不能一下子敲死哪个，就一笑，打就免了。

不打不成材，受些皮肉之苦又有何妨？关键我闹不懂，为什么老师的惩戒中都夹着羞辱？笨蛋、蠢货、扶不上墙的烂泥。我离校后，曾与吴老师喝过酒。他如今已去世了，好像得的和他老娘一样的病：老年痴呆。但不可否认的是：作为数学老师，他关上了我数学的大门。倒不是自找棍子、罚站，那时我从心里还是想贴近他的，虽然他很严厉，他曾经在放学前十几分钟给我们讲侦破故事，既神秘又风趣。他真正伤我，是我的课本找不到了——我是一个马虎、邋遢的农村小子——他把我的书包拿到讲台上，底儿朝上"哗啦"一下，把零儿八三、针头线脑倒在了全班面前。我长这么大，所幸还没有被人打过脸，但在四五年级时，被严重地揭过短。好像我当时就哭了，这同很多少年美好一样，刻进了我的记忆里。

三毛的自闭、进教室就晕倒，郑渊洁的发奋写作、自己在家教育孩子，都源自老师的羞辱。管教为什么总有意无意地夹杂着羞辱？这两个并非孪生，应该风马牛不相及啊！相对于其他行业，教育一直是清苦的，教师也都是红烛，但多年以来，对教育的议论一直不断。教育方法的革新、育人方向的校正是一方面，我关注的是老师，特别是中小学老师：怎样去维护孩子的心？在某种程度上，形成好的心态、好的习惯，要大大强于所教授的数语外！

做记者多年，对损害学生身心的事例我的批评从不手软。一个刚入学的小女孩，目睹老师打骂学生，竟然惊恐到一进教室就肚子疼，生怕有一天同样的惩戒会落在自己头上，六岁的孩子患上了"恐师症"！还有一个"恶师"，惩罚学生的手段是不让其住校，走读一两个星期，学校离家好几里地，家长早起送、中午接，下午送、晚上接，一天跑四个来回，三四十里地，老师是在惩罚谁？还是这个"恶师"，在家长会上数落家长，口不择言，令一位家长羞愤难当，回家打孩子不算，还气得差点儿脑溢血。

我与所在城市的教育局长是朋友，将他属下的这些事告诉他，他说："咳！有一天你嫂子去送孩子，老师不知道她（是局长夫人），把她也好损几句。"

教育的重要毋庸置疑，我对老师的尊重也是发自内心，又想起我的语文老师，我吃这么多年文字饭全有赖他们。一次聚会，李燕杰老师在分别近二十年后，还从已纵横扩展到二百斤的我中，认出当年的农村小子；而我对她又何曾忘记？她红着一双冻手数次为我修改作文。魏巍有名作《我的老师》，对老师的那种崇敬、亲近、依赖，是相同的。如同对父母一样，孩子对老师是不设防的，受到伤害会更直接、更深重。刘长凯老师刚师范毕业就教我们，比我们大五六岁，他更多的是带我们玩儿，他缴了一个男生的打火枪，甩头一句："我先玩两天，再给你。"正是老师的随和、别开生面，才令我们在知识面前张开了吸吮的花蕾，给了我们一生直前的勇气。也正因为如此，我对老师的一些非真挚、实羞辱才如此焦灼！

说　孝

几人闲谈，说到某人，多年油滑的那种，意外得到一个信息：他是不孝的。他一直有孝的名声，原来只是在外面儿做给人看的；他也知道孝是好名声，而本身又做不好，只好装了。他因油滑没少遭人诟病，我总是为之开脱：他还是孝的。又认识一个人，可见"兼听则明"的重要。

我一直主张：一个人不忠于职业不可交，不孝敬父母不可交。混挣在尘世，不同的立场会产生不同的是非评价，或情势所迫，难免拖泥带水。或者说，名利的、享乐的，都是人本性所需的东西，耍些手段、搞些阴谋也不算个啥。人与人之间大概分三种状态：损己利人，损人利己，损人不利己。损己利人太过真空，不能强求人人是雷锋的，我们提倡学雷锋，说明还有很多地方不雷锋，可以提出这个高远的目标来，慢慢地去靠近。

孝敬父母却是根本的问题、底线的问题，是基本的人性，"天下无不是的父母"，一个人如果对父母都冷血，那就不必奢求他对外人如何了——人对儿女倒似除外：对儿女的爱是更基本的人性，对生命原始的好奇，让人对儿女别无选择的在意、亲近。

有很多逆子，可能是慈父；而恶父很难做孝了的。这是人类繁衍的本能，是神秘的生命密码；对父母的感恩，是后天的衔草相报，对儿女则是巨大生命力量推动下的福荫惯性——这是不是父母对我们潜在的设置,已然成为基因的一部分?

回头再说孝。一个人总会有这样、那样的毛病,孝是最后可以救赎的稻草。若是丢掉了孝,其他的优点,诸如仗义、磊落、守信,都大可怀疑。其实我们又能为父母具体做些什么呢?很多孝只是理论上的、口头儿上的,但至少得有这个心意。

不落水就好

有的家长可能发愁孩子贪玩、不爱看书,我却发愁老笛痴书。没办法,更多是我这个记者加作家的老爹潜移默化。我拿着一本书敲厕所的门,她拎着一本书出来,才九岁的孩子,常自己看书看得"嘎嘎"直乐。

说实话,我真的不想让她成为什么家,尤其是作家、诗人。人海茫茫,专于一行而有所成就,难。搞文学艺术,成名难,即便有小成也是煎熬身心,因为艺术者在社会常态中是求异的,呵护心灵,讲求感觉。以前说过,艺术的成就与心灵所受到的煎熬是成正比的,不像做官,如不犯事儿,基本上过几年就可升一格,官越大事情越好办,管哪行就可以成为哪行的专家,四六不懂却可发号施令。

大伯杨啸是位老作家,我不知深浅地誓攀文学高峰时,他曾经劝阻我,至少不鼓励,他应是已深谙此道。当然,干什么也不容易,先是就业,然后是成绩,悲观一点儿说:人就象鱼,清蒸、侉炖、红烧,只是食客的口味要求不同而已;对于鱼来说,都是煎熬至死。

成就不奢望,且求健康、平安吧,这里面更有人生的大运在。有人本事大,财运盛,有人正好相反;但在生的大运面前,你再能挣巴,也抵不住一病二灾。富贵者也是肉体凡身,大难来临也难以阻拒,就像失足落海,与小人物相比,只是扑腾一百米淹死与扑腾五十米淹死的区别。

生的大运就是不落水。这也是一种人生的投机与侥幸。我出外凡十五年,有时占了小便宜,有时也挨耳光,但家人大体平安,娘对我说:我和你爹结实就是你的银行。此理大同。

巨大的提醒

2008年5月12日14时28分,四川汶川大地震,我当时正在廊坊的街上走着,好多地方有震感而我没有。同两年前文安县发生5.0级地震一样,没感觉。相同的是,传报的电话在几分钟后打来,7.9级。随后在电视上看到,国务院温家宝总理已于第一时间赶赴灾区,一时没有伤亡报告,不禁庆幸——文安地震是虚惊一场,唐山大地震时我还小,对7.9级(以后国家改为8.0级)地震没有什么直接的映像。

在当天晚上及以后的日子,我同众多没有经历过大灾难的人一道,知道了什么是大地震——下午时还同身边的人说,这么高的级数竟然没有伤亡,真令人庆幸!到晚上才知道路断了、电停了、通讯没了信号,伤亡的信息无法统计、传递。

当遇难的人数成千上万的增长时,我汗颜我的天真!我这个人在很多时候是迷糊的,特别在一些社会大事件前:1997年,邓小平逝世,我在北京北海的一个编辑部,无聊半日,却不知走上几步参加十里长街送小平。2003年非典,我事先竟不知道这个名词,直至满街口罩、各地断交,才明白出了什么事。北京奥运会申办成功的晚上,我因无知离开驻守的城市,充分显示了一个体育盲的愚钝。亏了我还是一个职业的晚报记者!更多的时候,更多的是诗人的"朦胧"、一厢情愿,我不愿自己那么紧张、奔命,常不由自主地回归散漫、抒情。

回到大地震上。不能预测的、有着周期的、缓缓聚集起来的大地的力,它迎面而来,因为其缓慢,在我们看来它是静止的。灾难,它就在我们生命中的某时、某处。在平俗生活中,稍加稳妥,我们就会遗忘它的,神经与肌肉舒展开来,忽视令很多贪婪复苏、蠢蠢欲动,很快又忘乎所以了——这种提醒是何等巨大、惨痛!?

有女如此

1

妻加班,与七岁老笛在家熬鳔,她自己扎了辫子,不觉中自己就学会了不少东西。至傍晚,二人步行出,只为允诺给她的冰棍儿,冷风中的小红脸儿,却不慎摔倒在沙土堆,急忙扶起。我与人谈事,老笛在一旁摆弄相机,最后伏在很硬的春秋椅上睡一小会儿,醒来一站,脚麻又摔一跤,趴在我怀里,啜泣几声了事。

向回走,路过超市买饮料安慰。止步一小吃店,老笛却提出回家:不愿多花钱,热热剩饭就行了。她的心思不明说,但我知道:一、尿急,回去上厕所。二、怕耽误看动画片蓝猫。三、想着中午剩的带鱼。却托以节俭之名,但还是感动了我,反要破费以资鼓励——我也想吃一顿了。选中涮羊肉,把老笛的几条理由一一化解,她就没再坚持顺水推舟了,结果花钱五十。

2

一日,又是我们俩在家。老笛问我什么是"后韵母",向天发誓,我真不知道。她就耍,我镇压,又哭了。在她的心里,与我的根本矛盾如下:一、家里很多东西不是你买的。二、我不是你生的,是我妈生的。三、我既然不是你生的,你凭什么管我?如此反动,能不镇压吗?

转念又想,很多女孩子是不受父母打骂的,老笛应该更娇贵些,而爷爷、奶奶、姥姥不在身边,只跟我们,上班烦躁,经常忍不住斥责有加,其实是不对的。

3

由于在妈妈办公室哭了一鼻子,老笛就不好意思再去了,在家看电视,任意吃东西,更是她的上佳选择。只是需要我陪着,所以要求我请假,"有稿子在家改"。不穿衣服,又哭一阵儿,像妇人一样数落着哭——怎么学成这样?陈芝麻烂谷子都记起来了!也许一开始是作势,到后来哭得有了声色。有女如此。

他 人

朋友有难处,开口相求,我甚是踌躇。怎么说呢?伪情谊我看得太多了,而纯真的友情(多发生在青春幻梦、尚无名利之争的时候)也漂移、淡逝。友情如斯,人在金钱面前贪婪、多变的本性复加,我预期过借钱的十种结果,好的不及一二。

这些年过来,我对人际关系基本上是绝望的。当然,三五人之间,也有怀念、惦记、焦灼,但于己于人,所起的作用都那么微末。在现实中,我们对相好的在意,往往不及明争暗斗的敌手。如今很多人沉迷于电脑游戏、用情于宠物,是因为电脑与猫狗的单纯,能从中博取一些简单、直接的快乐,既没有计划外的大量的心力付出,也不会生出什么惊掉眼珠子的变故。

朋友的苦处,我是知道的,但我化解无力,我的挣扎也重。自己的苦难别人分担不了,而别人的苦难也不会在你心里起太大的波澜,"他人亦已歌",谁都是别人的"他人",很快会忽略过去而展露欢颜,这是人自私的本性。自喜自享、自悲自受、自罪自领,自己调磨苦与甜,不能太奢求别人的。赡养父母、抚育儿女,尽到这些法律上的责任就已然不错,就是作为社会个体单兵作战的胜利。

底托儿

城市的边缘,把车停在路边,走到林子里面去。眼前是昔日熟悉的乡野了,那又如何?暮天,荒枯的秕草,透着凄清。城市低暗,乡野也不温馨啊。还是那句话:景由心生。曾无数次臆想:日暮乡野,佳人相伴,说着、笑着,心里暖亮。那时,夕阳的灿然、庄稼的墨绿,才是诗篇里描写的样子。

大多数男人有此夙愿:到一个不为人知的小岛,只带一个卖大饼的,还有一个梳着大辫子的姑娘;若名额再核减,那姑娘烙大饼即可。物质与情欲都有了,夫复何求?如此,当然越僻静越好,越偏安越好。如果没有大饼与姑娘,在这凄清的乡野你能独立多久?

由是,物质的深浅固然重要,但还需要一个精神的底托儿才行。春秋、朝暮、城乡、荣辱,最终决定冷暖的,不还是内在是否充实、惬意吗?这才是真正的"以人为本"。

转念又想,偏倚精神的茅屋之爱还是不足取的。人不一定物质匮乏了,才拥有了精神；更多时候，精神会因手头发紧而孤寒。富人们容易精神空虚，但还可以在物质上骄奢一下。底层人大多只是来不及空虚，生活的压迫使他们无暇感怀。真的，人的欢愉，很多时候分不清是来自精神，还是来自物质。

可耻的清闲

　　清闲有些是自己偷得的，有些却是他人强加的。心一窄，目光自然就短浅了，为一些蝇头小利耗时费心。比不上那些大手笔，连俗忙的人都比不上，职场忙碌、沉渣泛起，窘在一旁的清闲，竟感觉有些可耻。

　　有人曾表述中年男人的心愿：升官、发财、艳遇。乍一看甚觉不光明，有时想想，也无非如此啊。每日俗忙，清闲下来又渴望俗忙，就像孩子渴盼一顿麦当劳一样，男人周而复始的忙碌为什么？前二者是舒适、面子，第三项纯是私欲，还有什么主旨宏大的东西等着男人吗？

　　人的目标有大、有小，完成后的所得却几乎一样，站在岁月的末端看过来，都是那么的微末。智者不一定走到路的尽头才通晓全部风景，剩下的路却还要走，关键他已经预见了"成果"的微末。就像去见一位姑娘，本来预备着与她结为秦晋之好，却得知她与人暧昧，或终成糟糠，不方便挑明的，该约会还约会，只是在抵达的过程中，也就不会有什么欣喜了。

时光的好处

　　又看历史剧。没捱到登基时候的皇上叫太子，就得隐忍，以求能顺利抵达一言九鼎的巅峰时刻。太子都如此，何况吾等凡人小民，从中悟出时光的好处。谁也得度过这个过程，看人的脸子，生闷气，寻找一丝丝缝隙向上挤爬，但渐渐地，就会夙愿达成。

　　现在想想，以前很多愿望——比如刚进入社会混文化时，很想有一个正规的记者证；习作发表后，又梦想哪天能拥有自己的一本书——不是一个个地完成了吗？原先每年有年度目标，甚至还有月目标、周目标，很多想法由于不合乎实际无法操作，没得逞也就搁置了，而更多的心愿在完成后也就淡忘了，城池攻下来后，堡垒的作用就不复存在了。

　　心愿在未达成前，是那样的火烧火燎，攀爬的过程充满艰辛，但只要不放弃，你即便三十岁的时候不成功，四十岁的时候也会长缨在手。由此推论，现在的一些折磨也不算啥，比起那些心怀锦绣却在各种运动中沉沦几十年甚至含冤九泉的文化前辈，不知要强多少？

　　看历史剧，一百种心态就有一百个角度。有了比较，就想通了，就明白了为什么会绊倒、为什么会摔得重，双肋也好像生了羽翼，在谷底煽动着，忽悠悠地上升了。

另册不远

采访一个小伙子,身患尿毒症,靠透析维持年轻的生命,500元一次,一周两次。没什么预兆,病魔一下子扑倒了一个壮小伙,顺便也压垮了一个农村家庭。

人平常活着的时候,一般不会想到"命运"这个字眼,一想到这厮就会表情凝重,"事儿来了",这厮很操蛋。命运操蛋之处在于下手忒重,且没什么规律可循、没什么道理可讲。好像坐火车,没买上座儿站一路的人,同优哉游哉坐得屁股尖发酸的人一样,票价不会减半;命运更不会考评你作恶多少、家产亏盈,不允许争辩,不听你哀号,一下子就把你打入另册了。

在如此重创下,农家依例悲惨,钱花起来像鲜血从伤口急泻而出,止也止不住,满心绝望、惊恐。别人也止不住,很多时候,不是你有善心了,就会得善果,做善事需要实力、需要社会机制。帮急不帮穷,人一旦到了大厦将倾、哀告无门的时候,些许施舍根本无济于事,什么希望、什么尊严之类,根本谈不上。

这时才意识到:我们平日里挥霍的钱财,轻易虚化掉的毛票分币,是何其的珍贵。平日里吃什么不能饱?而一旦到了一日不透析一日便不能存活,钱才真实的沉甸甸的可爱起来。如此,不起早贪黑大搞战备,不内心猴急地省钱、攒钱,可乎?

心 牢

午睡醒来,四点,下午办不成什么事了。出去溜达,一般以小区为中心,沿横平竖直的马路走方框,周长也就三千米,按农村的计算方法,六里地,等于到邻村打个来回。有时走上兴致来,走个更大的方框,五千米,也就觉得脚酸了。

作为一个二百斤的胖子,这是我每天基本的运动量,有氧运动,不奢求减去脂肪,不长分量就不错了。或先向南,然后西,然后北,最后东合上缝儿;或西、南、东、北,如果不忙、不出差,几乎每天都走,像驴拉磨一样一天转一圈儿,天天不出圈儿。出外累、陌生、凄惶,在家就转这毫无新意的圈儿,相比之下就是安定。有规律的生活,确也乏善可陈:没有人可俗玩,没有人可胡侃;不吃馒头饿得慌,吃了又怕长肉,有时是吃完了消食,有时是腾空了胃好盛下一顿馒头。这就是生命,吃为了活着,运动为了活好些。

猛然觉得:自己就像在一个方框的牢里,虽然想什么时候出去放风就出去,想歇脚就歇脚,但没什么创新,也没什么愉悦,也不好走出这个圈子。我这是在坐牢啊,虽然吃喝尚可、游手好闲,心却空着、灰着,那些不良情绪的禁锢更是心的牢!

生活大半美好

年了,一到中午、傍晚饭口,窗外就鞭炮阵阵。作为男孩子,我从小就对鞭炮很"客气",放鞭炸过一次手,不重,但留下了记忆。还是性格原因,不喜欢咋咋呼呼,更别说这震耳欲聋了。

鞭炮一阵儿紧过一阵儿,你可以闭上眼想象,外面正在发生激战。中国之大,节日中万里硝烟,制作鞭炮五花八门,目前多是威力巨大的黑药,只是外面包着纸,包上铁皮不就是手榴弹吗?常发挥性地想:若打起仗来,光凭这些烟花爆竹,就能灭掉他一个小国了。

我放得少,左邻右舍放得多,我既听了响儿,也感受了氛围,与别人的欢庆有区别吗?节日,绝大多数人还是兴奋的,充满情趣;他们或真的快乐,或有什么烦恼也不会纠结,推到一边儿暂且不提,生活因此大半是美好的,社会也就如常态发展着。相比来说,文人只是社会机器上一颗容易磨损的小零件,因为其脆薄,承受打压后,灾难的效果会愈加明显;不过不用担心,一个文人的悲欢于整个社会来说,并不算什么。

拉　窄

一直关注着女儿的性格,她一天天长大,性格也在先天因素、后天影响中形成。有细致、小资、天真的一面,也有小性儿、虚荣、不求甚解的一面。我为之担忧,她终会长大成人,要独自面对各色人等。百人百性,性格就像一条小路,什么样的坑洼、泥水都有,路人倒也罢了,浅尝辄止呛一口避开就是了,一些亲近的人怎么办?囿在一个狭小的空间,不能改变,又不能挣脱,只有饱尝各自性格带来的磨难。性格这个东西,有时说不上好与坏来,此时是良药,彼处可能就成了毒酒,你忍受不住了施与对方,又跳弹一样击中自己。

农村说话儿有"拉窄"一说,即想不开,多是心思上的作难。就像走在一条小道上,与并行、相向的人,本来有一个都可以通过的宽度,双方都正常状态,就过去了;一个人"拉窄",另一个避让,挤挤也能过去。如果俩人一块儿"拉窄"呢?撞在一起,又没别的路可以绕行,堵得瓷瓷实实,那就万难通过了。

男人中立

看《新结婚时代》,展现的仍然是城乡矛盾、夫妻较量,早在1998年,我在长篇小说《青春雪》及其续篇《纸婚年》中,就写了这种男人的挣扎。世世代代,城乡存在着差异,鲤鱼跃龙门者,并不能全方位改换门庭,城市第一代移民,其中苦乐自知。

爱情的续篇,是婚姻。婚姻是爱情的目的地,而婚姻,往往成为爱情终结的坟墓。

婚后，爱情开始褪色、变异，这样说可能不妥，也许只是爱情到了下一个阶段，变了一种模式，很多人把这种发展，叫做相爱的死亡。

在一个充满矛盾的家庭，男人往往是难做的，即俗谓"受夹板儿气"。对于男人来说，爹娘不是不亲，媳妇不是不爱，当亲与爱之间的矛盾不可调停，男人夹在中间又怎么办？聪明的男人，是不会站在一边攻击另一边的。双方本来势均力敌，男人站在哪一方，另一方都会立刻成为弱势，帮助左手打右手，或反之，都是自相残杀，所以男人只能站在中间，保持中立。

中立也是需要智慧的。你帮甲方，乙方骂你，帮乙方，甲方骂你；中立得不好，两边都骂你。家庭争斗不啻于一场持久消耗战，坏的状况是双方都"拉窄"，中间的男人就挤成了照片；好的局面是双方都退让，都为中间的男人着想，疼惜他，从而做出牺牲。

局部的弱

家有小狗名欢欢，每当吃饭时，它总蹲在我的腿边，因为我容易掉饭渣。经常一端碗，下面就有一双仰视着的充满乞求的狗眼，不理它，它就摇尾巴，嘴里发出轻微的呜呜声，提请你注意。它还不敢跳起来直接抢一口走。于是便不忍，给它丢一些下去；一时欢快，迅速吃到嘴里，之后还是充满渴求的仰视。一顿饭要喂它三四次，但也警告它不要贪得无厌，再是宠物，也没到跟我平分碗中羹的地步。

想：施与到底能给他人带来什么？欢欢应该对我充满期待的，饭碗里的各种香气早令它垂涎三尺；它也应该对我心怀感激的，我是它的主人，养活它，并不吝啬美味，比起那些骨瘦如柴的上顿不接下顿的流浪狗，它好似有编制的公务员，旱涝保收养尊处优。

脑子忽的一转：恰恰相反，它也许对我充满仇恨。一、我没有把更多的美味给它，我只是把一些吃不下的、不小心掉地上的给它；再是施与，也不可能没底线的"人狗平分"。二、为了我手中的美味，它不得不保持媚态，眼里流露着讨好、乖巧，为了一口吃的，它其实挺屈辱的。也许它早就装得不耐烦了，心里对我骂着脏话，强忍着不翻脸。这样想它有依据：它一旦吃到口并确认我不再给了，就收起渴望、讨好，扭头就走。

是的，弱者很多时候只是局部的弱，而局部之外，是无奈、隐忍、不屑、诅咒，它不断积蓄力量准备反抗。只因为那弱的局部，它的整体也只能潜伏待变，给施予者一个摇尾乞怜、永远温柔的假象。三十年河东三十年河西，强弱分布只是暂时的，很多一时高踞的人，不去细想这个道理，也不去揣度弱者的心态。

味蕾迷失

在一个小店，男主人心里不舒坦，当着人张嘴就骂媳妇，女的回了两句，却也没事了。他们都五六十岁了，男主外女主内，床头打架床尾合，相比当下讲究"平等"的家庭，夫妻之间以冷战较劲,我感到他们之间要瓷实得多。

回家又看电视访谈节目,一对相伴多年的夫妻,谈起丈夫的付出来,妻子眼里含着泪。这都是以往了!这样的状态、这样的感情可能有过,但不太可能保持到现在。曾几何时,人们思想简单、物质匮乏、沟通落后,很多人老婆孩子热炕头,老死不离故土,你倒想花心呢。我们的祖辈、父辈多是这样过来的,他们至少有大的好的底色。如今人们的眼界都宽了,马路也宽了,信息爆炸了,人与人打招呼都宽带了——邮政大半业务被废弃,难寻电报、信件、贺卡,男女之间也跟着花样儿百出了。

生活不但快了,而且多样化了,外因杂七杂八,内因七扭八结,这个时候,你再要求一张脸孔、单一状态,就有些难了。遍尝各种滋味的人们,有可能为已经失去的原始味觉而哭泣,那个黑白的、清淡的、匮乏的、安妥的年代,已然无处可寻!

不忍细看

男女之间的事,其实也不用分什么时代。时间有过滤的作用,把一些真实的搞得迷离起来,换上另一副模样,而事实与真相呢?套用别人的一句话:历史不忍细看。

民国年间名人的情事,以徐志摩与陆小曼之间最为著名。陆小曼原为警察厅长王赓之妻,被徐才子撬了过来,各界虽然鄙夷,但也艳羡才子佳人天作之合。胡适为徐志摩好友,这位留美博士谨遵母命,娶了小脚乡女江冬秀过完一生,被蒋介石称为"新文化中旧道德的楷模"。我们起初看到的讯息是这样的。近来又读书:陆小曼是四角恋爱的,与丈夫、徐志摩搅在一起的同时,与胡适又大有瓜葛。当时徐对好友有托妻之举,不料"全托"给了胡适。

还有傅雷、朱梅馥夫妇。"文革"期间,傅雷不堪迫害羞辱,服毒自杀。朱亲眼看着丈夫气绝,将其扶正,然后在方凳下铺上一块棉垫(恐踢倒方凳惊扰邻居),从容自缢,夫唱妇随而去。夫妇俩死之前留下遗书,将身后事一一嘱托,不厌其详,此种夫妻契合、临大难而不惊,令人惊叹。我们起初看到的讯息是这样的。近来又读书:傅、朱为姑舅表兄妹,订婚后,留学的傅雷心系外国女孩,差点儿解除婚姻。婚后,傅雷又有两次恋情,及至女学生陈家鎏,竟心神大乱不能做学问。傅雷每次爱恋都是公开的,朱梅馥把心里的尖刺包裹了,打电话给女学生,让她来陪伴傅雷。朱梅馥不是怯弱、麻木,她是痛苦的,后来她以"手无寸铁的无辜"屏退了陈家鎏,傅、朱得以终老。在历史的背后,傅雷的"任性"令人咂舌,但朱梅馥的隐忍担当,更令人惊叹。

读史能令人明白更深层次的真相,明白了以后,是别样的欷歔。其实,人不外乎动物,人性是共通的,金尚无足赤,人岂有完人?通性好似吃白菜,虽有极少数人忌口不吃,但大多数人是吃了又吃,以概率计,那些极少数就可忽略不计。既为通性,人就不能摆脱,这也远远不是文化、身份、时代等因素所能免疫的。

有编制的狗

十月底,天气已然凉了下来。十一月中旬才供暖,屋里正是阴冷难耐的时候。盖着毯子躺了一会儿,还是冷,看看窗外,午后的阳光正明媚,就来到阳台。

树叶还是绿的,草却有荒的迹象了。窗前趴窝着三只猫,城市里养猫也就一只,这一下三只,应该是野猫了。两大一小,小的还紧贴着母猫,吃着奶;另外一只大猫在一旁无所事事。看此情形,难不成这是一家三口?我敲了一下窗玻璃,母猫警惕地看着我,却不动,它知道我不能一下子窜出去的。另外一只大猫头也不回;少顷,母猫猛的嘶叫,抓咬了它;它没有反击,"好男不跟女斗"的表情,走到一旁去了,半躺着,让阳光晒。

这就是一家三口吧。我有些担心,天越来越冷,他们怎么度过?野猫是没有固定食物的,在城市里,可抓耗子并不多,很多时候只能在垃圾中吃腐食。野猫没有固定的窝可以避雨雪,我的地下室因长久不去,窗户不严实,一度成为野猫的住所,它们甚至在里面生育,食物不济还死在那里。前不久我去打扫,发现几具干了的骨骸。

它们不同于家养的宠物。我家欢欢,有自己的狗窝,且沙发、鞋橱随便卧,都四五岁了,还吃十元一斤的狗粮——妻说吃狗粮不易生病,还可以蹭到排骨等美味,饭后还有专门清口气的饼干。欢欢很会吃,不但会嗑瓜子,扔一个油炸花生豆给它,它在嘴里咕嘟,吃到仁,留下薄薄的皮儿。宠惯之下,欢欢已有自己的口味,酸的、辣的一概不理,爱吃白菜帮、西红柿,当做水果。

我们审定了一个宠物,就按部就班地养了,有的人对宠物比对自己爹娘还上心。对于外面的猫狗,我们怕打疫苗、嫌它身上脏,离得远远的。宠物在我们这里有着编制。现在的职场,讲究全员聘任,那种旱涝保收、死缠烂打的劳动关系越来越少了,我对妻子笑道:"我们没有编制,却养了一条有编制的狗。"

我们发自内心地接受了欢欢,甚至不能想象,它在外面流浪会是什么样子。同是小动物,同样可爱,一个屋内,一个窗外,由于编制,差距就拉开了,且是天壤之别。

不要拥抱

一位朋友陪我下乡采访,他原先的搭档在那里负责,二人亲密得勾肩搭背,把以往的交情都翻箱倒柜晾晒一遍。搭档如此,对两个人来说,都是很难得的。很多人是见面不如闻名,见面矬一半,本来还可以神交一场的,因为圈在一起,反倒翻脸了。

人与人之间,很多时候不要试图接近。一旦熟稔了,没有先前的朦胧感不算,还会加上利益的冲突、处事的差异、立场的不同,十有八九会闹得不好,把先前的客气都毁了,如此,还不如不熟呢。

很多时候,点头之交要强于一个桩子上栓俩狗。当然,拴在哪一根桩子上、跟谁栓一块儿,也不是个人能决定的。彼此熟悉、意见相左、利益相争、脸红脖子粗,这个过程好像两辆没拉手刹的车,缓缓地滑过去,最终会撞在一起。这不是谁义气不义气、谁水平高水平低的问题,而是两个刺猬最好不要拥抱的问题。

大厦起于土堆

看一位明星访谈,平民类型的,凭借本色表演就火了。节目组煞费苦心,把明星的同学、老师、邻居都找了,全方位展现他怎么由一个平常人逐渐散发光环。被访到的人都高兴,无论真高兴还是假高兴,每一座大厦都起于土堆,身边的人放了卫星,可是不容易,大伙心里也是五味混杂。

"十年寒窗无人问,一举成名天下知",心怀大志者多年辛苦、心酸,都是为了这一天啊。在该得到的时候、迫切得到的时候得到了,几人能够?甭说少年得志了,苦尽甘来就不错。大多数人没有这样的机会,能像高祖还乡一样臭显摆一把。不少人也算成功了,但过程过于曲折、内耗太甚,打落肚子里的牙太多,登顶后的滋味就不那么纯正了。鲜花勉强掩盖着疤痕,成功远不是传说中的模样,生活总是拆东墙补西墙、漏洞百出、有这儿没那儿——就这样的报酬,还只派发给那些辛劳加幸运者,不要还就没有了。

有人看不得这个,禁不住牙酸,呸一个"小人得志"。成功后傲慢一些、虚荣一些,这是无可厚非的,以前夹着的尾巴、不能发表的意见,现在都显露出来了,那么多的"背后受罪",不就是为了"人前显贵"嘛。

欲辩已忘言

日记是我每天的文字功课,有时当天懒了第二天补记,就要费着脑子想:昨天都干了些什么?一些念头更是稍纵即逝,比到来之前还空茫。

年华至此,一些悲喜就容易模糊了,幸福黯淡了,疼痛也舒展开了。以前曾有对谁谁"滴水之恩涌泉相报"的誓言,现在就显得有些差劲;而对于很多荆棘沟坎,也不用"十年怕井绳"了。有时,伤疤好了,就得忘了疼。人活着,总要把一些美好与苦痛卸载的,其实两者在比较下才变得清晰,它们不会独立存在,对美好懈怠了,苦痛自然就轻了。

有些美好与苦难,我们还想铭记,以文字、以石刻、以声波、以心底,但有时愈想记住,就愈加容易忘记。我们的大脑总不为我们指挥地做个迂回、绕个弯子,记住与遗忘都是有选择性的。昔日那些美好,爱往往是负担,牵挂与被牵挂,是缘分总有个聚散始终。痛更需要忘记了,毕竟那是伤口、疤痕,不是美的东西。有一种力量,让我们铭记;又有一种力量,使我们模糊。最后,没有了悲喜、好坏、爱恨、取舍,只留下一片杂草相连的沟坡。

独行驴

年纪小的时候爱做梦,憧憬这儿憧憬哪儿,很多不着边际的想法,也就挨了现实的耳光,从云雾中掉下来,磕得青一块紫一块的。至今也想不明白,是因为读书多导致柔腻、矫情呢,还是性情憨直而归了读书这一经?长这么大,换了不少环境,身边不乏本性机敏的人,目的明确、当仁不让,完全不用"吃一堑长一智"。不像我,不推不走、不疼痛不清醒:小时候经常招来一群玩伴,在自己家里疯玩,搞得一片狼藉还咧着大嘴穷乐,完全想不到糟蹋的是自家的东西。

长大了,从书本上也学了不少雄辩之词、处世之道,全身戒备着走上社会,耍些小聪明,所幸还没有吃大亏。其实本质上还是不务实,言语滔滔却耻于谈利,一遇见真正的老虎,搭好的弓箭根本射不出去。关键还很容易激情澎湃,经常被鼓动,一时间摩拳擦掌,忘记了沿途的那些心机、绊马索、冷箭、陷阱,一马当先窜了出去,等站到红绿灯之间,才发现自己是个小丑。

在一个饭局上,一个刚入行的兄弟,谈起单位来两眼放光,一副为了集体利益可以去拦惊马的英雄状,最后,臆想的感动被酒精放大,他竟哭泣了。我看着他,没有发现火星人的惊诧,没有遇见傻瓜的不屑;我知道,他内心是很真切的,因为我就是从这样的纯洁中过来的。这样的青年,太相信组织了,总希望能站到一支队伍中去,被人牵着,哪怕象驴拉车一样,眼前晃动着的,是永也够不着的一穗稻谷呢。倘若不得报效,心里就没着没落儿,殊不知组织有时比谁都没溜儿,管你是傻还是痴呢。

驴有的只是实在,没有马的实力,没有骡子的复杂,但驴也比它们傻不了半个月;斑马线后一片嘲讽之声,驴才明白自己天真,它从心里惭愧自己的天真。

你要淡定

年岁渐长,对于很多结果内心变得坦然了。干什么事情要讲究运气,也就是气数。这不是迷信,事与事之间、人与人之间,有着千丝万缕的关联,既有阶段性的变化,也有规律性的东西,当然,更有无常在。这些综合在一起,相互糅合、影响、变异,就构成了气数。

气数正旺的时候,顺风顺水、柳暗花明、"傻小子睡凉炕——全凭火力壮";气数将尽时,则离心离德、山阻水挡、放屁都砸后脚跟儿。在这根充满魔力的指挥棒下,个人的力量其实微乎其微。历史上,非但一将功成万骨枯,又有多少豪杰栽在细微却关乎成败的节点上?千万人的命运由此改变,历史进程也由此改写。

看过一个笑话:一幢楼房被炮弹击中,一个人满脸惶恐地逃出来,对别人解释:"我只是拉了一下抽水马桶的绳,楼就倒了。"而在现实中,多少大楼就是因为一闪念而倾覆？多么恢弘的战役，也是由一枪一弹的细节构成，也是由一兵一卒改变走向，攻不下、守不住，纵有绝世英才又有何用？所以人要学会淡定，我们改变不了气数；我们能改变的，是我们的心态：心静随风逐水，笑看云卷云舒。

笑着哭

  看刘震云的《手机》，以前的电影版就被称为"家庭解体大片"，现在的电视版更是拉长了、揉碎了。夫妻间生隙，很多伎俩、手段都是依凭手机这个工具施展的，手机功能的一一化解，使云山雾罩的脸孔渐渐迫近，粉刺、疙瘩、眼袋、胡子茬，量变带来质变，谎言欺骗久了，一旦被拆穿，发现早已是敌我矛盾，远非逗你玩儿，而是仇恨的冷漠。

  问题本来就有的，不是因为手机才疏远，但通过手机瞒着骗着遮着盖着。生活原本不复杂，作家的本事就是慢条斯理儿地一丁点儿不剩地给你剥开，有人叹之鬼精，有人骂他操蛋。刘震云是极其聪慧的人，刚看完他的长篇《一句顶一万句》，还是那么慢条斯理儿、絮絮叨叨，却又丝缠线绕，暗布杀机，他属于蔫儿坏的那种。这是本事。

  一个人在家里，看，笑，流着泪。对，笑着哭。

  生活原本就这样。没混出来的，窄屋陋巷、躬耕流汗，其中的轻侮、憋屈自不待言，最好的方式是麻木，或随波逐流或穷酸难拿，日子，再怎么也得过啊。混出点儿成色来的，其实也没什么新鲜，那成功本是无数的祈望、迂回堆积而成的。挨坑后发狠、坑人后心虚，有钱以后内心就不委屈了吗？熬出点儿地位来就与卑下、龌龊绝缘了吗？只要还有欲望，就刚强不起来，就坦荡不起来。人活着，是不能任着性子来的，充斥着欲求、猥琐、无助、慌张。

  我以前写诗，字里行间多是哭腔，那时初遇生活，遭到狠扎猛刺，哀鸣不已；如今泪腺干枯、半麻半木，只有慨然、凄然，最后索然。在笑中，在生活严肃的滑稽中，看到了同类的沉重、无奈、奔突、呼号、念及自己，忍不住泪水。

忧郁的王

  很多时候活着只是熬日子，一天一天的：

  睡醒，吃早饭，办些事，很快就要吃午饭了；午间还要睡会儿，再醒，再到哪儿晃会儿——更多时候是无事可办、无力可出，至少没有太有意义的事，就吃晚饭了。按减肥的说法，晚饭最好不吃，但又扛不住饿，做个胖子也有诸多不易呀。其实晚饭相持的时间最长，上午、下午都是四个小时，而很多夜猫子要夜里十二点以后才睡，这就五六个小时，这才有夜宵一说。这就是一天，吃完了上顿，想法子消化着，等待下顿，好像活着就是为了那嘴、那胃、那肠子一样。

  一忙就累、一闲就慌，不知别人是否也像我，总摸不准、搞不定那心。其实一个人建功立业、扬眉吐气的时候并不多,多是码高、再码高地靠近。由于喜新厌旧、得陇望蜀的通性,即便登上了一个山顶,人们很快也就索然无味了。大部分人汗流浃背地挣嚼谷,或喝酒打牌以享乐之名过完一天,只有一小撮人吃饱了撑的在此伤怀。

其实也没什么。这种麻木状态可能恰恰就是活着的本质,你看一条狗、一头猪、一只羊,它们吃饱了以后干什么？或谋求下一顿儿,或优哉游哉,暂时的无聊、迷茫。无聊正是生命的常态,你感觉到了它,才会惴惴不安。生命本能就是吃、繁衍,动物懵懂,植物更是入土一生,不得动弹。人也是动物,只不过高级些,但人需要时刻自醒,你比狗、猪、羊强不了多少,只是进化使你可以更好地吃、更多地繁衍。

王的感觉强烈了,如舒适、尊严、地位,同类之间的比较、周旋复加,方有了文明、文化。这就需要拼争、动脑子,体力与智力的差异最终分出尊卑,五谷不分、四肢不勤却劳心者治人。人类既要在动物界争雄称霸,在同类间也分出阶级,斗争这根弦时刻不能松。

这样说来,只有争做头羊、狼首才会忧患起来,才有别于一般。如此,忧患的我也就有精英的意思了,也不白受这思想的煎熬了。

习以为常

人活一世,是要习惯很多事物的,有的强迫着自己习惯,有的在外力打压下不得不习惯。一时难以承受,但要忍住,渐渐地,也就没事了。习以为常,次数一多,就"常"了,就麻木了,就半推半就了。以前断不能忍受的异己、断不能承受的重击,有了一个消化过程,都能面对了。捏住了鼻子,就不觉其臭了;被踢肿了屁股,就不觉其痛了。

举一个例子:用手摸电门,正常用电220伏,一下子就过去了。有人要练"过电技能",怎么办？先过弱电,10伏;习惯了,再加强,10伏10伏的,最后220。以此种习惯类推,人体内本来就有各种病菌潜伏的,之所以被疾病击倒,就是体内病菌一下子数量激增,占据了绝对优势,压过了其他保持均衡的因素;如若一个单元一个单元有步骤地添加,人的抗体也会逐渐加强,没准儿我们就会习惯癌症、艾滋等绝症了。

吃饱撑的

张悟本可是火了一把,在电视上讲中医保健,宣扬食补理念,导致全国绿豆涨价。我们也因此买了一个豆浆机,"人生不能无豆"嘛。但比蹿红还快,他倒得迅疾,一下子就啥也不是了。

其实张的食补理论充其量是一家之言,里面充斥着理念炒作、市场操作等因素。如今国民多病,以前是营养不良,现在是营养过剩。在城市,多见人们牵着狗互相遛,拍着肚子一圈一圈兜,全力对付高血压、高血脂、高血糖,还不是吃饱撑的？现在一提及保健,就会集中大片人群,不是这个病就是那个病,有专家称:真正身心健康的人不足百分之几,而这个概率正是工厂对废品的要求,我们倒了一个个儿。

一不留神吃成这样,大家伙还真希望能出现一个圣手,指引我们,改变那些不良的积习,修复那些已沉重、霉变的身躯。世人是没有定力的,也无所谓方向,只需要一个不用动脑筋的毋须质疑的指引,只需要随便的一个鼓动,就有了向自己开战的理由!

从开业到关张

参加活动,遇见一朋友,她却是要预备离婚了。据了解,两口子正处于两军对阵阶段,各执一词,彼此不念好儿总念恶,自是一拍两散。结婚就是成立一家股份公司,七扭八错,离婚就是公司经营不善倒闭了。只要有开业,就有倒闭的可能,虽然在开业之初,没有谁会想到关张,也没有谁会盼着关张。

由此想到:夫妻之间最根本的维系是什么?不是钱财、感觉,甚至不是信任,而是在意。在意是隐藏很深的爱,是变异了的爱,但再隐藏、再变异也是爱。夫妻之间因何有怕、因何有瞒与骗?都是在意。若没有在意了,剩下的只是不屑与冷漠了,连谎都不想撒一个了,"哀大莫过于心死",恨深莫过于不在意啊。

夫妻一旦撕开脸皮,就讲不得情缘了。人又是恶的,平时没有演练过,自己都不知道自己会恶到什么程度。经过几十年各种灰尘、渣滓的浸透,人已经恶得五光十色、光怪陆离。人性恶很多时候表现为分裂性格,如此坏的本质,通常被如此好的表象遮盖,好尽为坏所用。人性里又有一种自私,如爬物、枝蔓一样攀援,只要有缝隙,就会顺着光亮钻过去。

现如今恶人不少,信息量太丰足了,比较太多了,选择太多了,更新也就太快了。谁也不想吃亏,有很多细节就"皮将不存,毛将焉附"了。离婚就是一场战争,总会把你的念想、幻想磨没了,逼着你败退。婚姻结束,两个宣告歇业倒闭的股东,至少有一方黯然。

夜行记

晚饭后遛肚子,走到一个城中村,它已经进入拆迁倒计时,大多数人家已搬走,自是黝黑、荒凉。目前城市要发展,楼群像螃蟹一样张牙舞爪、四处乱撞。房价居高不下,一些土著居民因为拆迁补助一夜暴富,虽然丧失了几辈人厮守的家园,但也比那些外来者强,他们要积攒多少年,才能买回一套属于自己的房子?村子离我的住处不太远,也只有遛弯才偶尔涉足,这片屋瓦很快就要消逝了,我有最后叩访的意思。我替他们流连。

没有路灯,大多数房间也黑漆漆。我倒不怕,农村长大的,不怕走夜道儿。但是有狗,在巷子里呜呜着,很快汪汪大叫,还不止一条。狗与狗也不一样,有的狗едва叫边往回退,有的则几个箭步蹿上来。我猫腰捡东西,即使捡不到什么在手里,也做捡拾、掷出状,同时大声呵斥，甚至跺着脚冲几步——狗怕猫腰，它一般不与人为敌的，得从气势上压住它。这好像对待小人，你光明磊落了，操枪弄棒，直对他的心机、陷阱、阴暗，他倒不会与你直来直往、刺刀见红，可能就遁了。

终于找到出口，走到通衢大道的一片光明中。回头再看那黑幽处，有些后怕——若有疯了的不循常规的狗呢，若有不哼不叫直接攻上来的狗呢？这时，若再让我返回去，我可是没有那样的心理准备了。这就是人的特性：陷在里面出不来也就罢了，黑暗中机智应对、自我调节，一旦宣布结束，就泄了气，哪怕是重返一瞬呢，也会觉得窒息。

双人舞

身边一个家庭宣布破裂，两个人都上着稳定的班，也没见怎么样啊。在外人看来挺好，至于关上屋门后是怎么状况，就不得而知了。

在婚姻中，其实谁也不能免俗，没有两个完全重合的人，关上门过日子，性格上的凹凸毛发可辨，再加上金钱、家族关系、孩子拖累等，这些好似硫酸的冲刷，腐蚀着两个人的爱意与耐性。夫妻之间还存在一个致命的破坏因素，就是异性之间的新鲜感，我们一直谴责见异思迁，其实那几乎是我们的本性；人是高级动物，就不能回避动物性，正因为动物性的强势复苏，人群才以法律、道德、文化等绳索一道道加以束缚。

七年之痒、十年之痛、十五年之腐……六十年酱香，婚姻就像抱着头从陡坡上翻滚而下，刮碰都是不可避免的。两个人之间剑拔弩张，肯定是伤痕累累；不说不道的，也许反倒藏着更深的杀机。正所谓：不会比你想象的好，只会比你想象的坏。婚姻，就是跳一曲瞪大眼睛小心翼翼的双人舞，满足于现状的人本来就稀少，失望与懊恼俯首皆是，得失都在自己方寸间，尽量合着拍、尽量少踩脚——还是为大家伙送上祝福吧！

耳清目明

1

去参加一个庆典，主办者竟是我以前认识的人，前些年他弄公司，做一些空头的很玄乎的事。这庆典也不见得就不玄乎，只是空头愈发大了，邀了政要、名人助阵，他也就跟着飘扬起来了。

看着闪光灯中的他，不禁想起一个词来：沐猴而冠。倒不是眼红新贵，倒不是多标榜自己，这类人的发达，与闷头苦干、水到渠成的人不一样，他们只是敢玩、敢耍而已；他们也煞费苦心，也有奋斗，也有辛酸过往，只是始终是明白的、冷静的，非常清楚心机该用在哪里、成本是多少、攫取的渠道怎样挖。投机的努力往往不被世人认同，投机者成功几率却远大于常人,虽然令人心里梗梗不爽。他们好像潜入大院的盗贼,能吃点儿就吃点儿,能偷点儿就偷点儿,这满院子的东西反正不是他的,他随便抄点儿什么都算胜利,什么也捞不着也没有吃亏。

2

又参加一个活动。这次我竟做上评委了,但仍然是草台班子,虽然有一个冒着光环的名头,但环节毛糙、漏洞百出。这就是茫茫俗世,或擎着一个火炬,私底下蝇营狗苟;或弄俩烂人搓局,嘀嘀咕咕,竟也能登堂入室、领一时风气之先。刚刚踏进社会时,被一些名头唬得一愣一愣的,对别人定下的规矩满是崇敬,心甘情愿地去遵守、去执行,在仰视中把自己的心放低、贴在规矩的脚下。这是从书本上看来的理想主义,也是家里爹娘教的为人之道。

逐渐地清醒,是被人再三耍弄以后,慢慢看清玩人之人的面目,明白了他们玩人的手法。自己匍匐在地,所尊崇的架柱背面,竟是片片秽物、污渍,生长着狗尿苔!世事不得细看,疼醒后眼睛变清澈了,不应重蹈覆辙。尽管如此,也不要教导后来人对规约视而不见,常怀敬畏之心没什么错,那是源于对生活的看重与热爱,污来脏去也着实没意思。但人就怕越活越明白,清醒了以后不免懊恼:曾经对着一堆堆粪土膜拜,给一个个烂人叫老师,真是太过耻辱。

人的成长、发展就是这样一个过程:遵行规则、被潜规则、弄明白潜规则,混到了一定层次,很多人就能适应潜规则了,久病成医之人,也可以医人了。挨打就变聪明,原先被规则玩,慢慢变成玩规则了;再有发展,就创立规则,最终成为"我就是规则"的大鳄。

隐 居

夏天屋里热,单元门口通透些,拿一个马扎坐着看书。连续多日散淡,以书为伴,忽想:这也许就是隐居了。

"大隐隐于市,小隐隐于野",隐居分两种形式:厌烦了尘嚣,吃腻了肥肉,想换换清净,是主动隐;发展不顺畅,被人按着头动弹不得,找个地方偏安,是被动隐。隐居与出仕是相对而言的,没有出仕也就谈不上隐居。主动隐的,也许口里清淡久了,就会重新杀入江湖;被动隐的则多在等机会,剑在匣中待时飞。

与隐居相比,出仕也就是忙碌、应酬,坐在主席台上,出入酒肆,厘清利益与恩怨,谋权图财。那真是俗世的忙,有时候杀个两败俱伤、碗破锅砸,争抢来的,却不一定是生命中所需的,也不一定带来真正的愉悦。一生忽忽,真正有意义的时候并不多,大半是等待、靠近,甚至是错过。这些状态充斥在生命里,因为无益于生命,所以隐居与出仕的区别并不大。得到真正欢愉的东西,才是收获;心彻底地撤离出来,才是隐居。人生的金盆洗手其实是死亡,真的不跟他们玩了,彻底地隐了。

恨无处不在

几次来往不爽，与某人算是彻底结了怨，没办法，各有各的处事方式，在利益上也各有各的底线。因为妨碍了人家的发展，哪怕是挡了他非正常的财路呢，就招来痛恨。活这么老大了，曾喜欢别人，也招过别人喜欢，知道爱有明的有暗，如今知道：恨也是有显有隐，一旦发生，却是无孔不入、无处不在的。

你来我往中，能感觉出对方的不屑、怨气以及厌恶来，职场如此，也许分不出谁对谁错，我对自己也不那么肯定以及确定。只是恨是那么强烈，我想我若一下子摔个好歹、出点儿意外，那肯定要乐死几个。无非如此啊，利益决定立场，立场决定态度，态度决定嘴脸。如无利益之争，彼此之间还可以讲讲水平、长幼、远近、是非，还可以按常规评定；一旦利益发生冲突，就什么都浑不吝了，越是相近、相通，争得越厉害，撕咬得就越无情。

曾与一位专家来往，是我老师辈儿的，提及一个与他同等资历的人，竟斯文突转、破口大骂，脏话、狠话滚滚而来，那是多深、多久的宿怨积压，才会有如此的失态啊。读报：某局长雇凶打了副局长，某副局长找人"做了"书记；不是很意外，只要明白了对立者之间淤积的意见、怒火，再看这些惊掉世人眼珠子的新闻，也就不足为奇了。

青烟袅袅

活到奔四十，我算是一个不吸烟不嗜酒的男人。最近以来，对烟有了小小的瘾，原先几天都不吸一根，现在一天合上一两根了。离烟远，主要是没学会抽，也曾学着别人，对着稿纸燃上一根，但很快就熏得流眼泪，做不到烟助文思。其实很多人吸烟是缓解疲劳、减轻压力，文人的烟多是大量的文字压迫，得不到休缓。我写大部头少，没有这方面的罪受。还有就是嗓子，慢性咽炎，本来就嗓音沙哑，再吸烟，更不好受。谁吸烟也先是辛辣、呛鼻，但渐渐就麻木了，再以后有了依赖，吸上一根内心还会舒适、安妥，这就是瘾，听说吸食毒品也如此过程。

每次吸烟大多是情绪波动。情绪就像一片海，自己排列错致、挤挤差差，一些环节堵塞了，就会波及其他，发生多骨米诺效应的踩踏。有时自身是平静的，平白无故从外面掷过来一块大石，砰的砸进水面，水波四面荡开，自控不住的风浪。有时自己较劲，有时外界掺和，有时是自己与外界纠结在一起，这片海是风云不止、波涛不息。苦涩的海水涌灌进来，冲刷着心肺，须知，苦涩是人生的主要调料，风暴是海面的常态，我的烟瘾就像那缕青烟，只有呈袅袅上升的态势了。

骂脏话

骂脏话的确不是一个好习惯。不礼貌,没教养,不但毁了自己的形象——如果也曾温文尔雅,还有点儿不讨人厌的话——更会污染了旁人的耳朵。

骂脏话更大的问题是带坏孩子。孩子骂脏话,多半是跟大人学来的,大人骂的脏话,会在他们心里钻来绕去、潜移默化。孩子一开始不太知道脏话的所指,只觉得照着样子骂出来,很是潇洒,自己距离长大也就靠近了一步。孩子就是这样,学着大人,叼烟卷了、尝酒味了、交异性朋友了、也骂骂咧咧的了,瞧瞧,我们都教了他们一些什么?

人再活大些,脏话已经骂得顺溜无比,很多时候成了口头禅,并没有具体针对,也没有恶意。"他妈的"已经成为国骂,还有很多,骂直系亲属的、男女关系的、性器官的,以各地风俗、语言、口音不同,形成省骂、市骂、县骂、村骂。

骂脏话还有一个重要功能:宣泄恶气。我们经常这样劝导遭难者:"实在伤心就哭出来吧。"很少有人说"实在生气就骂出来吧",但很多人脏话一出口,心里确实舒畅多了。一吐块垒,骂出脏话来,心里淤积的怨气、恶气、委屈、无助都挥发出去了。无论高低贵贱,人活着谁没有压力?你好我好,那是拜年,一年三百六十五天,又有几天是过年啊。

曾见过一个精神失常者,他一直小声嘟囔着骂脏话,没有所指、循环反复、旁若无人,甚是陶醉。脏话就是他心肺间怨气孳生的蛔虫,一条条、一团团,不是伴着粪便排出,而是逆势而上从嘴里爬出来。这样,体内就清洁了,心里就轻松了。然后再孳生,再骂出来。

骂脏话更多时候是不能再忍。是,可以面带微笑、憋着不骂,但不吐不快啊,憋时间长了会出毛病的。我的二姑,一辈子淑贤恭让,没跟别人红过脸,敬老爱小,心肠子热。到老了,脑子糊涂了,老太太开始骂人,骂得很是难听,令伺候她的晚辈十分惊讶,直说:"真是老了,性子都变了。"我则认为:就是那么老好的人,也生长于骂脏话的环境,她也受过骂脏话的勾引,也有骂脏话的欲望,最终教养与性情约束了她;只不过年岁一大,她那根谨慎自控的弦儿,再也绷不住了而已。

钓鱼记

夏日无聊,带着孩子去城郊兜风,找到一个养鱼池,持竿清心。

我是不善钓鱼的,但池浅鱼多,也上了钩。忽觉不妥,也十分残忍:因为我的到来,已生成三斤多的鱼被钓离生养之地,活活摔死,然后剥掉鳞甲、掏出内脏,或清蒸或红烧。我不就成了罪人吗?持竿端坐,我倒不想鱼们咬钩,让我安静一会儿就行了,也许这种方式能让我暂离城市的喧嚣、能安妥我的心。我只要形式,而不想鱼们因此而丧命。我怕疼,想象不出死是什么样子,怎么也想象不出,这种感觉推及鱼,也就不愿它疼、不愿它死。

　　我一直爱吃小虾，用鸡蛋裹着炸，一次去菜市场买，一斤得一二百只。忽然想到，为了自己一时口舌之快，就要损掉这一二百个生命（虾再小也是生命啊），就转念了，去买洋葱、茄子，那些没有直接生命的菜。

　　钓鱼，不但要吃它，让它为了我去死，而且还由我亲手钓上来。很有人享受这个过程，我却不忍。心想，"君子远庖厨"就是这个意思吧？不进厨房，不亲手杀生，也看不到杀生——这样，就可以大快朵颐了吗？这是伪善啊，但伪善也比没有善强。为了自己的胃，让其他生灵真切的疼、窒息的死，着实不忍。

　　有人会说，人作为高级动物，地球食物链的顶端，饲养的鸡、鸭、鱼、猪、牛、羊，就是用来吃的，人需要生存嘛。那些等而下之的动物被饲养，就是为了供人果腹——如鸡，专有下蛋的蛋鸡、吃肉的肉鸡，长肥大了，被人吃掉，就是它们在人权社会里的价值所在。对于此我无话可辩，我也得生存，我也馋肉，但以它们的生命换来我们的脂肪，就因为它们比我们低级吗？

　　更有甚者，对于食物，人类早已不单单是生存概念了，人类以此划分出明晰的尊卑贵贱。为了面子，甚至为了刺激，人们早已不安于正常的进食了。很多时候，我们已经吃出圈儿了。人啊，你是高级动物又如何？小心哪一天把生物链吃断，为自己招来天谴！

遗　憾

　　接到一期杂志，上面刊有我的作品，还上了封面导读，只是名字印错了一个字，同音不同字。这不算什么，人生本来就充满了遗憾，"人生不如意十之八九"，半数花开就已不错了。试举几例：找对象遗憾不遗憾？阴差阳错、眼高钱紧，独占花魁者有几个？过日子遗憾不遗憾？缺盐少醋、招猫逗狗，厮守一起的夫妻也可能同床异梦。就连熬到了死都遗憾，别人彻底用不着你了，周身零件都老锈了，你干净利索地死去，人家敲锣打鼓庆祝彼此的轻松，称为喜丧……

　　之所以有遗憾，我想不外乎有两条：一是期望值太高，世间人海，机会不可能轮到每个人头上，有本事的人争，没因子的人也惦记，其间运道发挥着神奇的作用，"谋乎上，取乎中"，那就忒不错了。二是还没活明白，人世高垒深壑，光华堆砌的表面儿，背后是如何的争抢、倾轧、退让、迂回，即便得到了，想想艰辛的过程，果实早已变了滋味儿。

二十正惑

　　一个朋友着了大急、生了大气，因为他刚涉世的女儿。女孩谈了一个对象，长相、人品、家庭都不合爹妈的意，女孩却坚持。孩子为了自己豁出去了，爹娘为了孩子也豁出去了,一时间家里硝烟四起、鸡飞狗跳。

孩子最终是要长大的,关键是她大得没有任何预兆,在父母脑海里还是牙牙学语的印象,突然就陌生了。爹娘着急也不管用,生活不是可以教授的,而需要自己真血真泪地去经历。别人的经验、教训都是隔靴搔痒,过来者的切肤之痛惊不醒新人手扶门框的茫然,还有可能换来反感、委屈、决绝。就好像鱼,因为贪吃而上钩,被吃掉的不算,侥幸脱钩的也无法进行总结,如若类似"既能吃掉香饵又不被钩住"的经验被青年的鱼领会贯通,那生活就钓不到谁了。

作为叔叔,我对女孩进行了劝导。对于这种状态,我是很熟悉的,称得上专家。说来惭愧,我这个专家是反面的,我可以用自己的经历,以身说法。我以前是女孩这个阵营的,曾是心高路窄的小伙,来自农村又想逃离农村,收获了爱情的同时,也面临女方家长的考评、质疑、激烈反对。十几年过去了,那时的苦痛仍历历在目,至今隐痛不消。我的劝导却是真诚的。我早就理解了棒打鸳鸯的父母们,虽然自己走过的情路是那么坎坷、多变、充满血泪,但我真的已不恨"家长"了。

我曾经说过:"青春期就是发情期",情窦初开,荷尔蒙的分泌使性以异常心动的方式呈现。别人说过"诗人与恋人是一样的,都精神不正常",讲究气质、神情、眉眼、抱负,一旦"王八看绿豆——对了眼儿",就不顾一切,藐视门庭、财力、房车、公婆(岳丈)。如今才明白,我们当年忽略的那些,恰恰可以把我们为之痴迷的秒杀。

不是我叛变得有理,爱情是禁不起现实的,更禁不起岁月。梁祝化蝶而去,倘若他们不殉情,而冲破重重阻力结合在一起,婚后大概是什么烂样子呢?活在诗书里,很有可能不如曾经鄙夷的铜臭滋润,有诗为证:"贫贱夫妻百事哀"。或者也试图下海,面对灯红酒绿满脸媚笑,又不免经历鲁迅先生笔下的"伤逝":在冷战、绝望后,冲出港口的船,缺电少粮、内忧外患,自己颠覆在波涛里。我们曾经发誓,生活只需豪情壮志,情感只是二人世界,过上十几年回头四顾,发现完全不是那么回事儿!

我是过来人了!也曾经坚定、挣扎、哀号,也曾经遭人痛恨又投鼠忌器,忽悠了人家姑娘、惹急了人家父兄。青春啊青春,我整个脸都着地啦,手脚并用、眼泪鼻涕一把,总算勉强达了标。经过岁月的漫灌,我的心里落满了灰尘,作为一个最终也要当岳父的人,我早就不恨了,早就改弦更张变了立场。下了青春这艘船,我掉过头来,对船上的人谆谆教导、痛心疾首、高声劝降。他们正年轻,没什么错。我经过了生活,也没错。四十不惑,是我;而他们,是二十正惑!

把酒言欢

中国的酒文化由来已久、蔚然大观,一日三餐,每天有多少人在酒桌上周旋、敬与被敬?历史上著名的是鸿门宴,刘邦、项羽两个枭雄在杯盏之间较力,江山由此判定。如今这样的心机投入少了,人们更多的是把酒言欢。国人喜欢拿酒说事儿,想言欢的时候、想拉近距离的时候,就聚到酒桌上来。不光在平时,大多死刑犯临刑前,也能喝上断头酒,这很有些临终关怀的意思。

酒颇具模糊是非、点燃激情的功效,很少有人喝着酒还咬牙切齿的,只要不想立马开战,杀个你死我活,就不好拒绝酒,言欢须用酒,酒杯一端一般也就言欢了。喝酒是男人的成长坐标,谁没几次嵌在岁月里的酒战呢?一端起杯来,回顾经典战例是不变的话题,你说完他接着,彼此都满脸陶醉。

酒桌上还是一个满嘴跑火车的好地方,在酒精的作用下,男人将自己的嗜好、历史袒露无遗,有炫耀的,有回味的,也有一吐衷肠的。这是一种极强的生理趋向,平时还可以装、瞒,知道分寸,一旦几杯酒下肚,又取得了话语权,那就掏心掏肺了。那些东西在岁月深处,发酵也好、发霉也好,不管他人愿否接受,一股脑吐将出来,这个感觉真好。

人活着需要防备、伪装、强迫自己麻木,不喝酒时清醒,有太多心思压着,酒劲一冲就发散开来。人在酒中,醉话、大话不断,酒后吐真言,谎话倒不多。喝酒也有混淆现实之故意,轻重、真假可以一时不分,不过也不用太过担心酒后失德,一切都源于酒,事后也完全可以不认账、判若两人。

酒话又怎么能当真呢?说酒话的不过脑,听酒话的不走心,当时大家都晕晕乎乎,不履行诺言也不受谴责。正因为如此,等到清醒过来,恢复常态后,酒话完全可以不算数。倒是那些相信酒话的人,真有些天真得笨蛋了。

谁都不冤

听人闲语,说某人可能被算计了。想他也算忙碌,种活大树却被他人乘了凉,不禁为之不平。

转念一想,这事也平常。这人有时也骄横,也打击、排斥别人,所以受到打击、排斥也不足为奇,也可怜不得。其实,你争我斗之间,只要事不关己,谁胜利了也不值得欢庆,谁倒霉了也不用欷歔;为了自己的利益都排他,为了争夺果实都无所不用其极,君子与小人,只不过是手段恶劣程度不同罢了。

想起金庸武侠小说中的一个情节:一个大恶人被围住,行将就戮,针对众人对他宣判性的指责,他反诘:在场的侠客有谁没有错杀过人,有谁没有做过违心的事?如果真有这样的人,他尽可以杀我。在场的人竟被问住,一反思,还真的不能保证:几十年混挣下来,没做过一件对不起良心的事。是啊,以随意的一个时间点来计,谁也不能保证自己没做过恶,也不能保证以后不会作恶。做这样的保证真的很难,正因为如此,即便遭到清算,谁都不冤。

好奇害死猫

夏日如蒸,住所附近有游泳馆,就办了卡。你热别人也热,换好泳衣到泳池,嚯!池子里得有二三百人,煮饺子一样,真是见识到人肉汤了。

池中有男有女、有老有少,女同志环肥燕瘦,撞进眼帘,又快速滑走。想起早年间尚且年幼害羞,第一次来到城市游泳馆,那时封建且蒙蔽,私底下对异性想象过深,反倒不能习惯男女同浴,站在岸边犹豫再三,最终逃走。十几年下来,现在已然放开多了,作为男性,在游泳池应该大饱眼福了。其实不然,越是应接不暇,越是心静如水。人的欲望如流水,筑堤垒坝层层阻挡,只能使水位直升,形成巨大的势能。一旦提闸泄洪,渠道畅通,反倒潺潺不惊了。

有一个段子:在大街上放一个大缸,里面空空如也,却严禁探究;总会有人想方设法一探究竟,哪怕使出什么伎俩、付出什么代价呢。好奇害死猫,人性大致如此。

暑来我不走

熬暑,上街干脆赤了上身,衣不蔽体,其实不符合市民文明规范的。所居住的城市有一句介绍语:四季分明,通俗地讲就是冬天真冷、夏天真热,严冬零下十几度,酷暑零上四十度,有五六十度的差异呢。如置蒸笼,真想在山区或高原置一处房子,饱尝清凉!避暑,有暑来我走的意思:夏天,往凉的地方去;冬天,往暖的地方走。冷也好,热也好,关键是能避,夏天去承德,冬天飞三亚。避暑不是人人可为的,既要有金钱,又要有空闲,否则无处可避,只能呆在原籍,先是热得受不了,然后再冻得受不了。

这几年,在气候与地质方面,老天就折腾得没有消停过,南方雪灾、云南旱灾、汶川大地震、玉树大地震……现在讲低碳、讲环保,就是为了维护整个人类的利益,谋求这个地球的再发展,而不是少数人暴发了,却把所有人的水源、土壤、空气、气候、季节给毁了。这就是最大的不平等,也是一种根本性的掠夺,大多数人早就被侵犯了却没有觉察,让少数人糟蹋了环境后反过来又牛气冲天,让他们占尽了便宜还装傻卖乖。

生活在左,艺术在右

读某热门作家作品,他是很善于耍噱头的,也就有了一定的光环。作品有一定的自叙性质,作家有两种写作手法:一种离所处现实远远的,尽量隐身;一种笔尖总在身边划拉,属于成长自恋型的。

自叙性的作品一般纠缠于自身经历,不太讲究架构,旨在把曾经的真实铺开、呈现,有时缺乏虚构的超脱与细腻,也容易写成流水账。曾言,作品即作者的自供状,面对稿纸,记忆澎湃,不用拷打,就把什么都招了。这样的作品,虽然也做一些铺陈、掩饰,但真的东西闪烁其间,并且一般连着作者自己经历的线。

　　写这样的作品,作者会自觉不自觉地,隐讳一些东西、拓延一些东西、甚至有一种自足的臆想。写作也许有这样的好处:现实中实现不了、解决不了的事儿,在作品中得逞。一些作者在写作中得到手淫般的满足:升官了、发财了,女人接二连三撞入怀中,对手一个个死翘翘。评书中的"无巧不成书"就是夸大、巧合,生活是艰涩的,经常缺斤短两、事与愿违,作者就涂抹大量想象的润滑剂,使之通畅,掩耳盗铃般乐不可支。

　　同小说一样,生活中也充斥着不同的角色、多岔的路途、无尽的悲欢。生活的艰辛、灰色,在每一个个体那里都是一样的,冬冷夏热、盐咸醋酸,谁也超脱不了。只不过,有人就能做出超脱的样子,渐渐地把自己装扮成神。如同每个高官都是从基层干起的一样,名流也都是从凡人一步步熬上来的,他们历史上是人,装不好的时候也是人。神之所以像神,一是他自己刻意为之,二是我们信服了,仰望着他。或尊或卑、或悲或喜,在一生的舞台上,我们都是演员,扮演着自己选定的、别人敲定的角色。

乞怜者

　　跑保险、拉广告,一跑一拉就把这两个行业的性质固定住了。为何要跑上门来,凑你的时间、看你的脸子、附和你的话头儿,还不是为了挣你的钱?无利不起早,他为了你起那么早,就是想从你那里把利拿走。

　　有些职业太功利性了,一份简单的赤裸裸的心思,你别以为你给予了就会换来感动,那张附和、渴盼的嘴脸下,其实满是不耐烦、不屑、恼恨。事前求人事后拒人,他得到了,并不是感激,而有一种攻陷了的快感,离他得逞后把羞耻加倍奉还又近了一步。

　　如果没有利在,世上本应是谁也不求谁的,如果能平等、平视,有谁愿意仰脸媚笑、摇尾乞怜?想到我家宠物欢欢,每到吃饭,它总拿比人还人的眼神盯着我的碗,盼着我落掉一块肉、一根菜,盼着我丢给它一块肉、一根菜。就用这种哀求、温柔、倾述、感激的眼神,看着我,看得我实在受不了,丢给它了;它迅速吞掉,尾巴摇得更起劲,然后继续"看"我。如果我不再给,或以为给得已经够多了,它就走开。在它的眼里,我想我的形象是傲慢、吝啬、垂怜、戏耍,而非宽容、慈爱、怜惜。平白无故的,谁也不愿意忍受他人这些。它的心里不会是吃到了的感激,而是不能全部据为己有的懊恼,还有根本不尿我的忿恨。

昔日重现

　　闲来翻老照片。说它们老,是自己三十大几了,自从有清楚记忆以来,最早的影像留存已有三十年了。在这个基数下,照片记录的很多瞬间标注的时光标签,是十年、十五年、二十年……

　　我们真是不小心,让时光一下子溜走了那么多!岁月一摞摞地排着,以十二个月为一个单位,竟也难以望到尽头了。若一下子蹦回那出发的起点,我们看到的只是一些背影,向前走着,没有趴下,虽然跟跄不断。若站在今天迎头望去,那张脸是变化了的,粗糙、满布皱纹、眉眼木然;内心更不忍细看,隐忍、委屈、绝望——当然,这中间缠附着的,还是最初的执拗与决绝。

瞻前顾后,人生已然走过了一半。平常也不怎么显的,就像自家的孩子,你天天守着,看不出她的变化来,而一两年不见的人,一见之下就感觉她"嚯"地蹿了一大截。人的成长、成熟也这样,平时不怎么敏感,只是别遇上一首老歌,别去翻一摞老照片,一旦被它们勾住了,就会拉出沉甸甸的一蓬来,昔日的一切就都集中地凸现了,我们一下了才惊觉:对于过去,我们早已面目全非!

忠臣与叛将

看史料,就真为一些忠臣良将不平。岳飞、袁崇焕,都精忠报国、独撑社稷,结果被"莫须有"了、被误会了,就砍头、就凌迟,敌手百求不得的事,自己人举手之劳就干了,就是敌手也不至于这样的狠绝啊。然后再平反,追封,千年传颂。有什么用么?割了你的头,再说声对不住。

一般认为,忠臣遇害是奸臣当道,皇上通常是被蒙蔽的,用来以后平反。李白诗云:"总为浮云能蔽日,长安不见使人愁",忠臣泣泪洒血之际,也要遥拜主上高呼万岁的。大家可能想不明白,奸臣为何那么容易当道,皇上为何那么容易被蒙蔽? 也有可能,当道的人恰恰是被暗受机宜,乌云遮住的,可能正是一轮黑日!

皇上也是人,也会不地道、不讲究,特别是一言九鼎的人,耍起无赖来无人能管,也就更令人死无葬身之地。这个时候,泣泪洒血的英雄,不知道自己愚笨得有如何不值。也有挨打后变聪明的,吴三桂是袁崇焕的部将,也曾忠勇,人云吴为美女陈圆圆一反再反,我倒认为袁督师亡灵未远,吴三桂学聪明了。袁崇焕血淋淋地被世人传颂,而实际变通的吴三桂却永负骂名,这个朝廷真令人纠结:做忠臣而不得,做叛将又被吐口水,还不如当奸臣呢! 奸臣是内部矛盾,肉再烂也在锅里;一旦反水,就成了集体的敌人,以前受过的冤屈还不能说了,也不用说了。

明月照亡灵

参加一个长辈的葬礼,最直接的观感是:生者与亡灵最直接的接触场所,莫过于陵园或骨灰堂了吧。

那一排排的墓碑,好像一个个庭院的门楣,夫妻一方先行的,会并排空出一行来,等着另一位死后时刻上。还有直接刻好了的,只是已死的名字涂上漆已示区别,管理者说怕以后字体不统一;甚觉他们只是为了省事儿,让后死者早早地在墓碑上预备等候了!

我觉得不合适,后死者也许还能在世上逗留很长时日呢,再说,没准还另娶或改嫁呢。生则同床死则同穴,在森严的礼教下,夫妻的律条不可撼动,可见一旦恋爱牵手,只要不中途翻船,真的就要生生死死下去了。

墓室未定下的,供在骨灰堂,更是排排格格,黑框照片里的男男女女,一个方阵模样。看见一个孩子,如花的笑靥,在满堂肃穆中极不相称,肯定不是为了美而选最嫩的形象,孩子是夭亡。也有些许安慰:竟在橱格中,找到长辈几年前故去的邻居,"这下不寂寞了,有伴了!"

我相信,亡灵也有社区可以安居的,大家相邻不远,明月照临时,不一定没有交流,不一定就寂寞。

无仇不成父子

父辈与子辈之间的纠结,由来已久矣!纠正毛病、督促进取,为人父母者不仅要生,还要培育,而对于被管束、被敲打的儿女,莫不是腻烦、窒息。"无仇不成父子",记得自己二十岁前后,也因父母的管教怨气盈胸,我曾暗自发誓:以后,要做一个开明的父亲。

父亲是严厉的,但他还不太通熟教育,也没有系统有效的教育方法。他每日行医,在忙碌间隙,发现我们姐弟成长中的问题,暴躁一下,然后接着忙去了,所以只给我们一个怕的感觉,而没有刚性的纠正。在农村,父亲又哪有那么多舒心、从容的时候,让他和风细雨、润物无声?他不是不浪漫,有空儿了也听我们讲艺术、谈教育。他因我的写作也虚荣,常想为我使把劲儿,几次早晨起来对我说:"夜里我做了一个梦,替你构思了一篇小说,人物、情节什么都有,可一睁眼就忘了个干净。"

我也不是一个教育家,象傅雷教育傅聪一样,谈文讲道、循循善诱、入情入理,且效果卓著。我首先约束不好自己,散漫、暴躁、没有章法,教育也讲"一鼓作气,再而衰,三而竭",教导孩子是不能实践的,不能推倒重来,因为你只有一次教育他的机会,不待修正,他就长大了。很多时候,我只是咆哮,咆哮后又因下不去重手而退让,只会令女儿不屑。不知她怎么看待我的气急败坏、口不择言最终又黯然无措。父子之间什么时候才互相理解呢?是再也不需要教导的时候,父母老了,孩子大了,在阅历、见识上已经并肩了,这时,"多年父子成兄弟"。

女儿现在肯定不理解我的焦灼,正如以前我不买爹娘的账一样,日后她教育自己孩子的时候,才会顿悟我的苦心。但经验很少能累积传承的,她的孩子同样不理会她。

保质期

深夜,静听厕所水管的滴答声,那是从楼上滴下来的,我们的防水也出了问题,也向楼下渗漏。这房子住了十年了,水管的跑冒滴漏是预料中的事,不要责怪工程质量,已然不错了,材质再好,也只是多坚持几年而已,损毁是迟早的事。

人们不乏千秋功业的念想,其实哪里能够? 特别是现在,样式旧了、各处松动了,还有各种冠以建设之名的拆迁,我们买房的时候,产权是七十年,其实也就二三十年,内在的原因、外来的力量,就使我们麻木继而准备弃绝了。什么东西都有一个保质期,不要期许永远;在保质期内,自是甘醇,若一意坚持,过期了还贪心,难免馊臭。

人活一世,要学会掉头走开。在允许的范围内,是喜剧;喜剧若不加以节制,就会演化成悲剧收场。

心理拔高

与一对夫妻相熟,他们好似每日无所事事,却也恩爱和谐的样子。当然,他们也会恶吵、对着干,哪个家庭不这样? 只不过那些有点儿身份、地位的家庭,让人觉得理应幸福一点儿。

其实幸福是不分尊卑的,也不挑胖瘦,谁也会阴晴不定,那些高蹈之人也离心离德,他们之所以更痛苦,可能恰恰是抬高了自己的位置。他们认为地位高了、物质丰富了,情感生活就该镶金嵌玉、质地精良。一盆污水泼过来,他们吃惊不已;一盆血水泼过来,他们惨叫不绝;一盆硫酸泼过来,他们麻木绝望。所谓凡夫俗子也经历污水、血水、硫酸,但他们不像贵人那样,因心理不适应而过度苦痛;同样的颠覆,在心理拔高的人那里,痛苦尤甚。

自愈万岁

"人生不如意十之八九",有时一天里因缘聚会,竟有十几处失望、不顺,缠磨着,又如何不厌烦、恼怒? 到底什么原因,是我悲观、绝望的心态所致,还是黄鼠狼专咬病鸭子?

其实顺逆之道,还需要转换心理角度。总觉得失望,可能与自己的期望过高有关;生活缓缓,碾压而过,呼痛是正常的。我的哀鸣源自我的肌肤尚且鲜嫩,已然老油的,早就对以迂回、隐忍。就像一个女人,被玷污一次,会痛不欲生,因此绝命的话,成为贞女。有的不死,却愁颜不展,作家曹文轩说"忧郁是一种高贵的品质",大约是指对现实既看不开、又不妥协,满脸愁容,不激愤而死,也不折腰吃屎,中间的状态。倘若接受了被辱的事实,做了迂回、换位思考、大局为重,去他娘的! 从而超脱、麻木,就会别有一番风韵,人云:平淡了,成熟了,有风情了。

人生在世,很多伤痛也只有生吞硬嚼,若不懂得逃遁,矛盾就会此起彼伏、里外通透。所幸人还是富有理智的,既然不能躲开,那就要学会面对面的体谅、容忍,总不能冲撞得稀巴烂吧。人是有自愈功能的,受伤了,血从伤口流出,过一段时间就凝住了,若血液没有这种自凝功能,一个小伤口就足以致人于死地。

自愈功能还表现为选择性遗忘,忘了苦痛、羞辱,忘了惨败的起因、悲怆的场景,忘了是非、孰敌孰友——这不是没有骨气,而是继续存活的一种需要。皮肉受损,还会生出新肉来,还会生出茧来;伤口也会结疤,虽然丑陋些,但它是一种阅历,是穿越生命的徽章。在往复不绝的伤害中,我们应该庆幸拥有这些自愈功能,我们应该喊它万岁。

正好儿

去图书馆还书,女儿懒得去,我帮她再借;回来后她直嚷:"这本已经看过了,你又借重了!"

借重书有两三次了,这表明:在我记性已不太好了之外,我的阅读取向已经定型了。大概在小学四五年级的时候,我开始接触课本之外的杂书,算来已有二十几年了,动笔写也二十年出头了,读写经历一长,自然有自己的口味了。

我笑言:整个图书馆我只对一本书感兴趣,却又不能借,那就是我写的《青兮黄兮》。此话出口,我都觉得我脸皮很厚而且狡猾了。如上所言,我入道儿时间不短了,也捣鼓出来几本书,书已经印行,就像追求女子得了手,不再跳墙头扒窗户偷吃般牵扯,有时还觉得乏味,甚至怀疑当初自己走了眼;但在特定的场合,细细咂摸,还能品出当初的滋味来。至于那本书,我是不太敢向出版社探问销量的,怕被兜头泼一盆凉水。不是名家,非热门题材,在这个快餐化、多元化的信息时代,一个男人的私语有谁会去关注?比这个有噱头、能折腾的海了去了。

写作还得回到书桌前,一心追流行、找卖点,迎合趋附,专意谋财,还不如直接练摊儿呢,省得空顶了一个关乎内心的名誉。写作之外,一些人兢兢业业,但山水不靠,最后郁郁而终;一些人阴谋得逞了,沐猴而冠,在光环照耀下也许心是虚的,甚至因为小马拉大车而痛苦,不好收摊子。人的一生怎样才最好呢?窃以为:以最大的努力,干成自己最完好的事情,得到最中肯的评定。

小品言人生苦事:"人死了,钱却没花完"、"人还没死,钱却花完了",这都令人心存遗憾。什么事儿都有一个正好儿,拼争多年,能求得一个正好儿,真是一大幸事。

补鞋的与作协的

与一位诗友聊天,撞出思想火花,各自修行多年,水准是大致相当的。由此想来,每个市、省都有一个诗歌圈子,依据才情资质与自身努力,也能划分出一二三流来。好像夏天在大水坑里凫水,有的仰泳、有的狗刨、有的扎猛子,只要是比试,得第一难,得倒数第一也不那么容易。

这个圈子往外扩,就像金字塔,越往上越狭窄,眼界开了,高手也多了。从小爱看武侠,骨子里有排名的固定思维,如果来一场大比武,谁会是"东邪西毒南帝北丐中神通"当世几大高手,自己又会挤站在哪一个门派方阵?就拿各级作协来说吧,全国与写作沾边儿的得有十几万人,不知道教授、研究生有多少?按人口比例论,哪个更具有含金量?

又想:有多少人其实不管用,主要得看你所服务的群体有多大,十几万诗人作家,全国有多少人还保留阅读习惯、还掏亲钱买书?在商业炒作泡沫下,一年能有几部货真价实的作品?有多少诗人作家能靠写作养活自己与家人?算来全国修自行车、补鞋的也有十几万从业者,可他们服务的对象几乎是所有国民,一个小区就能维持一个小摊。写诗与补鞋都算技术活儿,这么一比,补鞋的比作协的强。

农村挣扎

读一位编辑刊发的长文,写他所接触的三个农村作者。三个小伙都在文学上下了功夫:一个不停写稿、投稿,最后出外打工;一个留在村子里,看过不少书,却显得不合时宜,最终沉寂在生活里没有声响,这二人是兄弟俩。第三个写小说,屡投不中,自然凄惶,好像置身泥淖,本来想跃出来,没有成功,反倒越陷越深,最终没顶——这个人投井自杀了。

选编者附言:贫瘠而广阔的农村孕育了很多人才、人物,有杀将出来的,而更多沉沦其中。文章引发了我的感慨,我也曾在农村苦写,以田园赋予我的那点儿诗情画意,试图改变命运,其中的艰难与他们大致相同。文学,不单单是心灵层面的诉求,一个初学者,尤其是身处底层的窘迫者,往往还有以之博取功名、改换门庭的重任。幸运的是,偏科的我在学校里跌跌撞撞,直至高中毕业,离校后暂时也不用我养家,我终于一身征尘一身泥水地爬到了城市。是父母,最终撑起了我的文学梦。

农村是纯朴的,但她的闭塞、落后、愚昧、简陋令人难堪。最近听说一对年轻夫妇搬到深山生活了,他们投资几百万养鸡,寻求田园生活。那当然行,跟随他们的是百万家财,他们尽可以诗意、浪漫。他们学陶渊明,老陶却比不了他们,老陶在东篱下经常饿得两眼发蓝。关于饥饿,贾平凹曾说:旅游者一时找不到饭店的饿,与穷人的饿是不一样的。后者的饿是常态,不会得到宽慰和恶补,他连抱怨的气力都没有。

追梦者就是这样:在森严的物质社会关照心灵,有寻梦的高尚、执著,也有囿于现实的龌龊、卑琐。思想往往是清冷的,在未被发掘、认可前,它单薄得可耻。文学虽然不一定高贵,但她一定是高雅的,所以还需要一个基本的环境,让人能从容地生活,保持一个自由的有尊严的空间。

文学史证明:这也着实不易。有多少巨著是在朝不保夕、泣泪屈辱中诞出?从某种角度讲,文学也是生于忧患死于安乐的,正因为连书桌都没有一张,米粥都不足以果腹,作者内心的气压才会无限扩大,作品才会象一颗高速出膛的子弹,厉声而飞,绕梁不止。

单位那点儿事儿

在一个饭局上,遇见一位老兄,几杯酒下肚,他晒起自己新单位的好儿来。在原先单位,他作为副职之一,主抓业务,辛劳之余还有业绩压力、人际关系诸多苦恼,下面拱、上面压,十分难受,终于跳出,到一清闲衙门去了。衙门之所以清闲,是因为清淡,清淡也不是不好,没有轰轰烈烈,却也不起起伏伏,办公经费充足,人少是非也少,还可以经常游山逛水。

他原先的单位大致了解,可以说多年来内乱不断,领导不能服众,下面也此起彼伏闹意见,君既不君、臣也不臣,这些年折腾下来,也就国将不国了。说起来好笑,班子七八个人,跟我都算熟,但他们分出好几派,在交往上我不得不谨慎:譬如攒饭局,你叫甲领导,乙领导就不高兴,反之亦然;如果两个都叫上,那就麻烦了,俩人谁都不领情。这样的单位,上面磨磨,下面就成豆浆,整体工作也就无从谈起。这位老兄看似靠边站,却是寻个清净、享了清福,知情的人都说他是"胜利大逃亡"。

单位那点儿事儿,说起来真叫人感慨。单位是公有制的说法,其实就是组织,落实到个人身上,那就是搭伙。有句话叫"买卖好做伙难搭",买卖有什么难的?低买高卖、铺路搭桥,遇见对手,兵来将挡水来土掩,就行了。难的是内部,人的分分合合都为利益,内部一旦生隙,用心都在买卖之外,对组织的伤害要远甚于敌手。

在一个单位里,以利益为垄界,往往分成不同门派,互相琢磨、倾轧,置异己于死地而后快。这些黑手是从背后伸过来的,正在对外作战的人,因为毫无防备(一般也没法防备),往往被一击中的、鲜血淋漓。宋朝岳飞抗击金兵在前,秦桧倒弄是非在后,结果风波亭名将惨死自己人之手,"莫须有"的罪名令人千古悲怆。明朝统帅袁崇焕,拒清军屡建奇功,敌军一条反间计引发皇帝猜疑,袁就被他效忠的朝廷凌迟处死,也直接加速了大明的灭亡,功臣的片片血肉令人至今胆寒。

岳飞与袁崇焕都是与本单位交恶才下场悲惨的,袁崇焕部将吴三桂,在原单位也呆不下去了,但他先下手为强,投了大清;几十年后,为保身家,复又反清。多少年过去,岳飞、袁崇焕得以恢复名誉,奇冤似海之后,成了受人尊重的民族英雄,而偏安保全的吴三桂却遭人诟病。吴三桂是否汉奸姑且不论,仅从单位层面讲,他没有选择愚忠,刀斧加颈了还企盼昏君英明。相对于吴三桂,岳、袁是理想主义者,左脸挨了耳光,再把右脸迎上去。可我认为,挨耳光不可怕,怕的是抽你耳光的是你追随、效忠的组织。在打击之余,被欺骗的感觉更难堪:不但疼,而且清醒了,明白了自己多年付出其实是个屁,双重的创伤,交替着疼。由是可知:挨耳光也要清醒的,之前清醒,争取不挨;若挨上之后还不清醒,那就太悲哀了。

有时会想,如果岳飞逃过风波亭之劫,他会怎样?继续率军抗击金兵吗?奸臣的变本加厉,皇帝的昏庸不堪,有什么可值得报效?当然,还有江山百姓,但百姓不会令你死去活来,以岳飞之才干,不会看不透。国家也好、集体也好,虽然不是那几个头头脑脑的,但操盘的,确是那几双脏手;反他们就是叛国,他们就代表着单位——这里有个概念偷换,忠臣之所以容易末路悲歌,是因为总玩不好这个心理急转弯。

岳飞忠勇不假,但他妨碍秦桧的利益了,秦桧何尝不知岳飞忠勇。单位里的纷争,多因最后利益的分配,其中不乏左右手互搏。共同挖下战壕,共同抵御强敌,艰苦创业时不乏惺惺相惜,但在果子面前,这些都是浮云,神马也不是。由此明白一个道理:朋友间尽量别共事,一旦谋利,原先相互钦慕的豪爽、坦荡、才华、能力,都会被猜疑、腹诽、争夺、撕咬所替代,带着美好的愿景聚到一起,最后连路人都不如。由此还明白一个道理:别以为同事之间、同行之间有多亲密,去一个单位办事,若说"我跟你们这儿谁谁熟",效果可能会更坏。

最后说说郭德纲,在相声界他因为"俗"而不容于同行,在他主持的单位——德云社,又因为管理不善、利益分配不均而众叛亲离。其实作为相声演员,他的基本功有目共睹,对传统相声的挖掘、复兴做出的贡献也有目共睹,他曾说:说不好相声被观众骂,说好了相声遭同行骂;同行的骂源自羡慕、嫉妒、恨。此中滋味,他是饱尝了。

总美,会令人窒息

又看见月亮了,圆溜溜、明晃晃,悬在半空,里面的阴影儿都清晰可辨。往远大了说,它是距地球最近的天体,离我们38万公里;在宇宙里,它小得连辈分都没有,只不过离我们最近,把太阳的一些光转发给我们。往小了说是传说、是心灵故事,她是人类最古远的朋友,不知是谁给我们挂上去一盏灯笼,晚上给我们照亮儿。

每一个月,她从一个弯钩,慢慢地变圆;圆透了以后,又接着弯下去。一月一来回,我们免费使了亿万年——当然,太阳我们也是免费用。月圆如盘,月华如雾,她替太阳晚上值班,给我们阴柔、滋润;仰望着她,看她无声地运行于夜空,心也跟随着澄明起来。八月十四、十五、十六,一年中最好的月,连续三个晚上,一出屋门,天上就皎洁的一轮;之后,她就渐渐隐去了。也好,总那么美,会令人窒息的。

是的,美的东西持久了,也会令人不堪。如柳宗元的《小石潭记》所述,"坐潭上,四面竹树环合,寂寥无人,凄神寒骨,悄怆幽邃。以其境过清,不可久居,乃记之而去。"清丽诚然清丽,但终是孤寒,人们需要暂换另一种情境,哪怕是恶俗一些呢。

去南方

终于可以到南方一游了。我在京津之间,黄河隔着,郑州以南就算南方了。这次向南又延伸了千里,短暂地游历了一些地图上名字。有什么不同么?气候差异,山水还是不同的,南方比北方温润。还是陌生的原因,生在白洋淀的人向往吴楚风韵,反之亦然。

这次也正儿八经坐了飞机,我的工作性质就像派出所,守着几个县市十几年死磕,逢年过节又要补偿平日对父母的疏离,鲜有远游。陡峭、嶙峋的名山是爬不上去的,也不好不来,主要还靠缆车。腾身于千米以上,大自然的奇观,自是鬼斧神工。景区里的居民并没有什么特别的,但这清灵之地就"分配"给了人家,人家就可以日日夜夜免费享用,别人来就得买门票、高价吃住,真是无处讲理。

所谓登山,大半人是顺着已经开凿出来的路、看开发出来了的景,所以称之为游客,而非披荆破棘、吃苦有瘾的"驴友"。大山莽莽,开发出来的不过二三,更多的地方人迹罕至,就好像人性,你能够猜到的,本人能够呈现的,不过冰山一角。我们从开发出来的区域通过,就自以为亲近了大山,甚至有人豪情万丈地声称征服了它,真是好笑。

我又是晕高的,但我心理很稳定,越到高处越往下望。我知道,制造飞机与缆车的人,在技术方面远比我在行,很多程序已非常成熟,不是我这样的外行能指摘的。还有,这东西每天运行,每天大批人乘坐,如果真碰上万一的概率,那也是我自己躲不过的厄运,与旁的无关。

旅游就是从常态中出来,常态并不是不好,只是腻烦心理有时让我们不堪常态。旅游让我们偷掠一把别人的,也让我们知道,在自己肢体外,还有着隐形的翅膀。

秘密

何为秘密?就是你自己眯起来一个别人不方便知晓的东西。内心装下一个秘密后,就得时不时地遮掩,防止它泄露出去。遮掩的起初是借口,再往深里走,就是谎言了;为了保守一个秘密,很可能会撒谎,也很可能,为圆一个小谎言,撒更大更多的谎。

秘密是活的,会在禁锢它的内心起伏、冲撞,谎言也有反刺的作用,令守口如瓶者时刻不安。人要明白:只要是秘密,就会有泄露的那一天;只要是谎言,就会有被揭穿的那一天。曾言:纸里包不住火,哪怕纸再厚、火再小。

内心的不安何时才能化解?不是最终保守住了秘密,而是秘密大白于天下的时候,内心没有秘密的人,才是坦然的。秘密泄露后有两种结果:遭到惩戒;得到原谅。无论哪一种,都会换来内心的坦然。

领导论

一

只要是寄人篱下、心怀欲求,就会内心不适的。无论什么样的主子,被他夹在腋下,还得扬起脸来媚笑,舒服了才怪? 领导也是人,懂行的、不懂行的,霸道的、诡异的,自我推崇的、臭不要脸的,什么样的货色你都得承受。你改变不了领导,只能改变自己,就像刀鞘,长短、弧形、部位构造,都得随刀而定,否则,就会被撑开、戳穿。

领导在上,干活是一方面,伺候他是一方面,俗云:干活不由东,累死也无功。在中国一把手文化影响甚深,权力的高度集中,导致立场、好恶的趋同化。一把手呼风唤雨、判定顺逆生死,令人不得不仰视、屈服,先是言行,后是心理,最终是整个人的奴化。

平常交际中,张三赵五刘麻子,谁没有优点、缺点?如果是与你平行的无甚关联的人,你是超然的,最多是"竖子不足以谋"一拍两散。可一旦发生从属关系,他领导你了,他的优点你要无限重复、放大(拍马屁),还要高声宣扬(唱颂歌);对于他的缺点你只能逆来顺受,即便内心诅咒也要面露喜色。曾云:侍苍生易,侍独夫难。揣摩上司心思、迎合上司好恶的难度,有时要甚于服务一方民众。

"宁为鸡首,不为牛尾",职场也好、官场也好,这样的浸淫无处不在,令人对权势趋之若鹜。置身已排定的秩序中,人一般是奴化着向上,同时又驱使着下属,不为后者,前者何苦?曾云:一个人有没有上司不重要,关键是有没有下属,心中苦涩、憋屈,总得有一个出口宣泄啊。总憋着,不定憋出一个什么样的异数来。

二

中国的饮食文化是参照现实的,饭桌上的排位一清二楚,总说主席什么的,尊卑由此可见。主人与主客,排座、点菜、夹菜、敬酒,都有讲究,民间所传四大傻之一就是"领导夹菜你转桌",没眼力界儿可不行。

这种规范在单位里更甚,一把手是主席权威,他掌握着话语权,可以一边以权谋私一边滔滔不绝谈公仆。在一个单位、一个领域,一把手犹如太阳,他可以谋划全局、普照万物,也可以犯下平常人所不能犯的错误。国人有一个不太好的心理定势:不是金光万丈的高大全,就是十恶不赦的大坏蛋,舆论与口碑不关注中间人物与灰色人物。人们习惯于媚上、为尊者讳,不会反思:权威也会犯错误、也会带来灾难——一个小人物即便再坏,也是自己性情恶劣,坑坑身边的人而已,并不能把更多人怎样了;领导不行,他若出偏差,会把整辆车开到沟里去。

无论是谁,具备危害性,就要试图纠正他,不能因为他是太阳,被晒死了还双手伏地状,还山呼万岁。国人不行,习惯于锦上添花,不屑于雪中送炭,本来已如日中天的权威,拥有绝对优势,反而被众人维护着、宠让着,溺爱孩子一般,使他变得矫情、放恣,认为自己就是真理,自己就是规则。

有些人被太阳灼伤,无力抵抗不算,还无处诉说。公权在领导那里,更何况那些受了领导荫蔽、得了既定利益的,蛙声一片,博不来同情,也只能唾面自干。在众人的心里,权威是瑕不掩瑜的:太阳再灼人,也是万物之父;黄河再泛滥,也是母亲河;熊猫再骚臭,也是国宝——生活不得不随波逐流,我们有固定的程序、固定的头脑、固定的悲喜,也就固定了那大同小异的起伏、得失、胜败。

三

参加一个单位的年会,倍显资本的力量与一把手的权威:主办方是行业龙头,宾客都因为业务往来,店大本应欺客,店若露出笑脸以示亲近,那客就不由得受宠若惊、满脸献媚。内部员工此时更有荣誉感,一把手被众星拱月般,人们都懂"好钢用在刀刃上"这个道理,使劲地拍马屁呀,一片附和、恭维之声。

我的朋友操持会务,我看着他身如陀螺、脸似菊花。怪不得他,在领导之下,就得心、眼都追随着领导,揣摩领导好恶、阴晴,维护形象、宣扬优点,领导上厕所都成了亲力亲为,时间一长,献媚成了条件反射的下意识行为。

在一个单位,真正与领导相熟的人、真正得了好处的人,也就是那些领导亲信,对领导反倒是清醒的。因为亲信太知道领导的所需所求了,透过权威面具,明晰领导作为人的喜怒哀乐。亲信知道自己是从哪儿得的好,怎样能得到好儿,也知道领导真正想要什么,什么时候以什么方式要。太熟了、太近了就没有距离感,换言之,你若不清楚不明白,也不会与领导太熟、太近。

还有一种人对领导保持一份冷静,就是那些被弃绝、坐冷板凳的人,反正也得不到好儿了,而且一有刺儿就会被挑出来,就会遭到打击,也就对领导不再抱有希望与想象,同时不得不小心翼翼、理智机智。

这两种人之外,是与领导半生不熟的,努一把力就可能向上挪蹭一点儿,自我感觉被领导多关注一点儿。这些人的得失是不确定的,所以就得天天向上,就得小心应承、精心伺候、忠心跟随、痴心爱戴,面部表情、肢体语言、心肺肝脏,都向日葵一般,随着领导移动、变幻。唉,只要受人节制、乞人钱粮,就不能抵抗、不容分辩,更不用考虑什么内心感受啦。

目光下垂

读老子,潜在岁月深处的他活得太清醒,所以讲求无为而治、避世而走,他看透了,所以老了。

对生活绝望、不自信,我也颇有同感的。譬如老年孤独,多子多孙者就能防备老么?遇见孝敬的尚可,但谁也替代不了你的老病,如果再"老来难"就更糟了——很小的时候就在奶奶屋里看到过那张画:一个老头拄着拐杖,不无凄凉地诉说,顺口溜式的文字排成图画的线条,"耳聋难与人说话,插七插八惹人嫌。雀蒙眼,似鳔粘,鼻泪常流擦不干。人到面前看不准,常拿李四当张三。年轻人,笑话咱,说我糊涂又装憨。亲朋老幼人人恼,儿孙媳妇个个嫌……"

老了,是需要别人捂一捂的,因为自身的热量已经所剩无几了。如果遇子不淑的话,一旁听人笑语,更是气愤中的绝望。其实,孤独便孤独罢了,孤独本来就是自己的事;有时,在人群中寂寞,要远甚于置身荒原的孑然。这些年,我的目光下垂了,看见了很多人的老病,看见了很多老病的状况,觉得人生莫不过如此,没什么新鲜的了,因此活得缓慢了,也不敢做绮丽的想象了。人生本如此,有贼吃肉的时候,就有贼挨打的时候,年轻时别虚度,如日西坠时,领受自己该得的罪过,而不用奢望最后有什么奇迹发生。

喝喝酒打打牌

一

最近有打牌上瘾的迹象,也明白为何人与人之间"喝酒越喝越厚,耍钱越耍越薄":

一、谁也做不到胜不骄败不馁,只不过有人大度些、会掩饰,有些人过于计较,顾不上掩饰。

二、赌钱的根本是"你输我赢",你骄的时候正是对方馁的时候,反之亦然。人都有幸灾乐祸的天性,同时也有嫉妒眼红的通病,所以肯定是一方得意洋洋、一方暗自窝火,在输赢间这两种情绪反复轮换,大家会变得越来越计较、越来越对立。

喝酒就没这些。除了酒精中毒的酒鬼,酒的辛辣一般人都忍受不了,把酒言欢的场合一般是忾头耍滑的场合。自己忾头就得想法让别人多喝,让别人多喝就得劝酒、祝酒,都是恭维话儿、拜年话儿。

喝酒的过程一般是慎着、入道儿、狂乱,很容易模糊是非、夸大其词。而赌钱的过程是越来越清醒,如果输钱的话,还越来越伤心,对方的心思一清二楚,对方的嘴脸毛发毕现,心里的怨恨先是冒烟,一会儿就起了火苗,甚至还有爆燃的可能。

二

打牌我还是谨慎的,人云"十赌九输",那要看打牌是为了一时休闲,还是以赢钱为目的,后者几乎就是职业了,有投入有产出,讲究技法与手段。

我一直告诫自己:赢了别想再赢,输了别惦记着捞本儿。这样就不会把赢来的钱再倒回去,反胜为败,也不会一输再输。说是这样说,赌博之所以使人上瘾,是它能将人贪婪、自私的本性全部勾出来;人在交往中,要讲究一些的,本来还可以客气、容忍、大方;"赌场无父子",在竞技中钱来币往,把一些修养礼数冲撞得七零八落——如果不为了赢了再赢、输了捞本儿,那赌博为了什么?

"小赌怡情",小赌只是让自己贪婪的本性小露锋芒,虽然浅尝辄止,但本质是不变的。世间很多事的定性都是度的问题,一旦量变带来质变,一旦把欲望的猛兽释放出来,那就不好收拾了。就好像伸着舌尖儿舔盐,越舔越咸,越咸越舔,本来有节制的味蕾麻木了,到最后齁死拉倒。

别让耳朵耽误眼

闲来无事,想想自己已然过去的青春,还有孩子即将到来的青春,总结出一句话来:不要让耳朵耽误眼。

我想说的是:人生其实很漫长,一时的爱恨取舍,代替不了以后形形色色不同的阶段。我们经常因为一面之缘、数月相处,而心动情牵,就许下一世的愿,这真有点儿像押宝,注下得够狠。

其实,二十岁是不能等同三十岁、四十岁、五十岁……九十岁的,只要你能够多活的话。生命的每个阶段都不尽相同,彼此之间有渐变、有突转,得意也好、失意也罢,不要在当下做以后的主,你也做不了。等你继续活下去,就会发现各个阶段的差异,就会明白:没有永驻的青春,没有不消散的风云。生命来之不易,除非发生自身不能扭转的意外,各个器官均须运转得尽兴了,才算对得起这宝贵的生命;即使一时磨难,耳朵完了,你再痛绝,也没有权力去终止与之无关的鼻子和眼。

钱到需时悔平时

看新片《借枪》,地下党员熊阔海为了买情报借钱、押房,总是捉襟见肘。剧中几个主人公大耍贫嘴,开口钱闭口钱,是别的影片所没有的,但真实,令人感到新鲜。如同早年读茅盾的《林家铺子》一样,林老板被人追债到了封铺子的地步,看得我也跟着揪心,进入了他们营造的窘迫情境中。

我也靠工资过活,不是那种"工资基本不动,老婆基本不用"的阔人儿,我也尝过"月光族"的生活,也怕单位突然降罪,一时找不到饭辙。根据《借枪》中天津解放前物价,换算一下自己的工资水平:剧中租房大概6元,换算到现在怎么也得600元,百倍之差,我的月薪抵那时的四五十块,也算得上高级职员了;只是,那时房子换算到现在才十几万,而如今,没有几十万元安敢谈家?

省吃俭用攒些钱,跟那些资源广阔的人相比,又算个屁!钱这东西,在不用的时候就是个数字,多几个零、少几个零无关紧要,反正吃馒头就咸菜也能得高血压,与每顿生猛海鲜的富人差不了多少的。一遇见大事儿,钱就可爱至极了——当然,大灾巨祸谁也逃不过去,钱再多也躲不过地震,得了癌症有谁不死?

细想钱的主要作用:一是阔人儿平日用以显摆,二是用以化解中小祸事。钱也分平时、战时两种状态,平时无风无浪也要积攒,以备战时所需,所谓"好钢用在刀刃上";如果平时大手大脚,没有计划、不懂节制,遇上事儿难免"叫天天不应,叫地地不灵"——人云:"书到用时方恨少",我云"钱到需时悔平时"。

皮　草

现在大搞经济建设，每个地方都希望能发展起一个特色产业来，产业越有特色越好、越具规模越好，最好能冠以"中国某某之乡"的名号。我生长的地方就谋得这样一个称号：中国裘皮之都。

也就是一个大的市场，羊、狐狸、貂、貉、兔子，全国的皮毛产品在这里集散。我来到市场，目睹了一个制作程序：刮皮。先剥皮，再把皮上的油脂刮干净。一条条油脂象泥块一样掉下来，这不是一两只，而是一个大的场面。这里把动物皮毛商品称为"皮草"，其皮如草。皮毛是主要商品，肉被低价买走，冒充人们经常吃的别的什么肉，刮下来的油脂也被收购了去熬油，皮毛被制成服装，直接披在身上。对于披着羊皮的狼，我们总是气愤、不屑并加以警惕，而我们，披着各种动物的皮大摇大摆地生活。

这个大市场，集中起成千上万的动物的性命，如果有冤魂的话，如果冤魂是一缕不易察觉的青烟，那这个地方的上空，早已瘴雾弥漫了！我的乡人，靠这个养家致富，饲养、买卖、屠杀、制作，每个环节都吸附着大批从业者，他们熟练而麻木，钱也挣得不算少。动物们也有报复的，处理尸体、皮毛，大量使用化学药品，污染了土壤和地下水，人们赖以发展的产业，最终会危及人体健康，得到与失去只是先后的问题。

我出外多年，对于这个行业只有耳闻而已。回到村庄，邻里不少都养着狐狸、貉，在《聊斋》中空灵、诡异的狐仙，此时只是豢养的商品，令我一时难以接受这样的时空转换。看到市场这样的场面，就没有了早先以此种特色介绍乡梓的劲头，虽然我服从生存与发展这个坚硬的命题，书生意气可能等不到世界大同就饿死了，但我发觉：我说出家乡的名字时，开始有些犹豫了。

典　型

一

参加一个典型介绍会，一个女孩抱病工作。树先进、学典型，于工作开展、鼓舞干劲儿是非常必要的。是典型就要有别于普通，拿得少干得多（有时拿得少是分配制度问题），不辞辛劳、不顾小我，甚至还会付出宝贵的生命。付出越多，就越具有典型性，越是超离常态，就越值得普通民众学习，以致不少人有一个误解：只要组织学习谁，谁就有可能已经"光荣"了。

而这个典型确实是去世了。座谈一天，她确实也不错，苦干、好学、坚强而且美丽，"于我心有戚戚焉"！上苍将诸多优点集于一身，又断然终止这个生命，当然是个悲剧。好的东西，毁了，造物弄人。若是一个平常人，就不会引发这样的追忆。如果是一个无恶不作的坏蛋，我们非但不纪念、不伤感，还要感谢上苍的，那就成喜剧了。同样是人，差距可是不小啊。

二

又见一个典型,活的。他的典型是在平俗生活中偏执于一种行为,一次被坑,就跟坑人的群体死磕,日积月累、七八不论,终于在量上远远超过常人,引起关注。典型人物是源于生活而高于生活的,他更加普通,其实就是执拗,甚至让人感到粗野。典型身边跟着一个女人,比他年轻好多,被他的执着所吸引,是那种美女爱英雄类型。

应该羡慕他,多年努力是很有结果的。但我总有延伸思维:我们所见到的、津津乐道的光明,其中又掺杂了多少琐屑?我们谁也不是赤金的,其实赤金的标准也只是百分之九十九点九九九,我们树立典型,却是朝着百分百打造的,不习惯也不允许质疑,以给民众向完美迈进的目标。生活本来就阴晴不定、良莠夹杂,好与坏是经过对比才冠名的,本来就漂浮、相对。我因为清醒而痛苦,其实是对生活太过奢望,习惯反思了,"水至清则无鱼",我其实是一个完美主义者。

我之变

可能是天气闷的原因,有些头晕。身高体胖,我一直担心着我的血压、血脂、血糖,别该高的不高,这千万别高的三项却高了。还好,除了血脂偏高外,血压、血糖正常,须知我四十不到,这个成绩马马虎虎,而高是一个发展趋势。现在城里平民化的夜生活,一般是遛晚、踢毽、跳舞、咿呀呀弹唱,人们自发地与"三高"抗争着。现代病多是营养过剩所致,就是吃饱了撑的。我也加入这个潮流,晃动着二百斤的身躯,每晚遛狗一样遛自己。

去诊所量血压,发现数值竟是跳跃状态,忽高忽低。在医生建议下,我做了多普勒,查脑部血管情况。电脑把脑血管血流的声音放大,哗哗的,我第一次听见了我的血在流动,真是有意思。在有所对比的情况下,所有事物都有宏观、微观的状态,拿我的血管来说吧,它们何尝不是时时刻刻川流不息?当然,纤细的它若稍有阻塞或稍加澎湃,我就会吃不了兜着走。

人体就是这样神秘,在皮肤之下、脏器之间,有着极其复杂的运动与转换。科研证明:人打喷嚏的体内气流时速可达 177 公里;人体有大大小小血管 1000 多亿条,成人血管总长度约为 96000 公里,可绕行地球两周半。除此之外,还有更多肉眼看不到的,神经不能感知的,细胞的飞舞,各种细菌的消长。

这就是作为人体的我。我拥有一个姓名,但这个姓名所圈定的躯体,时时刻刻在变化着!细胞、血液、水分、骨殖、毛发,如果说有告别的话,告别在随时随地发生着。你所看到的,早已不是以前的我;以前的我,连我也不知道何时离开的、去了哪里？当然,我还使用着我的姓名,我对它有使用的惯性,不好分时分段区别命名。你知道了吧,今我已远非昔我。再过一些时日,变化再剧烈些,我的细胞、气息进一步"乾坤大挪移",躯体会由三维立体变成平面一滩,乃至汽化;我的姓名就像被风掀到高空飘飘悠悠的一顶草帽,彼我亦远非今我。在这些概念圈定下,也有恒久不变的;变抑或不变,都是互通的,所以也可以说:我永远是我。

浅论钱

一

大多数女人有购物癖,享受钱币从自己手中花出去时刹那的快感,比买到什么东西本身还要愉悦。因为这个癖好,女人从骨子里看重钱,不管是自己挣的,还是那谁谁的;甚至不问钱是怎样的来路,只要到手中,花出去了,就高兴——这高兴单纯得很。

男人不同:钱是自己流汗吃苦挣的亲钱,就算从别处巧取豪夺,花费的心机、潜藏的风险也令人挠头。男人在钱上脑子会比女人多转一圈,花钱很有目的性:该花不该花,花多还是花少,花完后会有什么效应？男人在不得已的时候才花钱,就算为了一时享受挥霍一把,为了高兴而花钱,过后很快恢复理性,花完钱后忧心忡忡。

二

对于钱,要能省则省。我希望过一种最低成本的生活,能吃八毛饱了,就不花一块。这样会觉得踏实,一是多花那两毛没有用,二是生活中肯定有一个大洞不知在哪儿等着你,到了洞口,不知要用多少两毛钱来填充。

对于钱,我们要有敬畏之心。钱能解决那么多问题,能划分迥然不同的境遇,不是神明而胜于神明啊。那两毛钱虽然微末,但亦不可怀有轻侮之心。就好像打牌的说法,你来了好牌却没打好,好牌就会躲着你走了。在现实的冷硬、疼痒中,钱起着至关重要的作用,你怠慢它了,它会实实在在地给你好看。

三

近来我都觉得自己有些过分,对一些小钱很是在意:往外花,能省则省;能挣回来的,再少也费劲去挣,虾米再小也是肉啊。不是我财迷,而是我深深懂得:如果没有付出,谁也不会白给你一分钱。挣钱,男人付出辛劳与颜面,女人在此之外,可能还会搭上性别特长。对于钱,要做到来路明白、去处清楚,坊间有话:"吃不穷、喝不穷,算计不到才受穷",如此,安能不精细,安能不盘算？

那些同锅共缸的日子

俗语云:"皇帝都有三门穷亲戚",穷亲戚、富亲戚,这两个定语在前面一挂,就有功利、薄厚在里面了。《菜根谭》言:"饥则附、饱则飏;燠则趋,寒则弃,人情能患也",在利益、成本之外,亲情只是亲疏的因素之一罢了,或多或少,自觉不自觉的。譬如同样两个表哥,一个做官儿、一个务农,一个出手阔绰、一个上门求助,对待二人自然会不一样:阔表哥来了,至少会拍拍座椅上的尘土,这样的细节,可能自己都意识不到。对于阔表哥,自家是穷亲戚;而对于穷表哥,自家又是富亲戚了。亲戚间可以帮忙,可以施予,有的是主动自发的,但也会有意无意地流露出高姿态来;有的是无奈推不开,更会有掩饰不住的腻烦。

所谓亲人,皆在血脉也。以血脉为核心,一层层的圈子,最小的最紧密的,就是父母妻儿,这是伦理亲情的中心,是每个人的责任田,不仅有道德约束,从法律上也有刚性要求。次之是兄弟姐妹,从一个娘肚子里爬出来的(也有同父异母、同母异父的,此处忽略不提),成年前都在一个屋檐下住着,一口锅里吃喝;长大后各自成家,分出去几根枝杈,父母还是共有的,配偶子女却不同了,空间也就拉大了。在同一间屋里,共用一口饭锅、一个水缸,再怎么闹也散不了;有了空间就不同了,各自添置了饭锅、水缸,可以不脸对脸、背靠背了。各自成家了,有了新的同锅共缸的人,心也就分到新的成员身上,有了新的担当。

再往下,就是叔舅姑姨家的弟兄姐妹了,又差了一层,标志就是不曾同锅共缸。叔叔伯伯尚是本姓当家,自古丧事以孝服不同分亲疏,由亲至疏依次分五种:斩衰、齐衰、大功、小功、缌麻,亲族往上推五代,高祖、曾祖、祖父、父、自己,出了"五服",血脉稀释得又可以通婚重来一回了。而舅舅、姑妈、姨妈,都不是一个姓氏了,只能一表再表,倒是有一句话可以安慰,"姑舅亲,辈辈儿亲,打折骨头连着筋"。

有一句话论及亲戚颇为精准:"一层肚皮一层山",说的就是离那些同锅共缸日子的远近。一代代的人,亲近而疏远,疏远又亲近,构成一个村庄、一个家国。

惧 内

惧内,中外难免,自古有之,且留下很多轶事笑话。特别是新时期,女性步步解放,家庭里的民主气氛愈加浓了,男性不断腾出空间来;更有强势巾帼,乾坤倒转,给老公预备一个"吃软饭"的专用名词。以我之阅历,男女的高下,大半在双方眉来眼去之际、预谋成亲之初就已然定下,女色当前,任再铁血男儿也心动膝软,"拜倒在石榴裙下"。这与男女性别架构大有关联,男性荷尔蒙分泌呈爆发性,女性则潺潺不惊,在青春发情时节,猴急的男人往往会输给细火慢炖的女子。人常云:"无欲则刚",而不爱考证有欲则媚。为了出气顺畅、身心滋润,男人对大权独揽的上司、对充满魅力的异性,不得不藏披野性、俯首帖耳,不可谓不算一种煎熬。

在男性一并软化的时代潮流下,也不乏复古者,信奉大男子主义而置女权不顾。女性归根到底是柔弱的,特别是这些男人一般酗酒、嗜赌,往往引发家庭暴力,给人一种粗鲁、邪恶、不文明的印象——惧内虽有笑柄留于同性间,但大家大体还是接受的,惧内,至少与宽容、大爱沾边儿。

历来的男强女弱,主要是体力上划分,特别是机械不发达的冷工具年代,斧镐为主,家里不能没有重劳力,形成了一贯的男主外女主内的家庭格局。男人不仅力气大,而且还经常出外,见识多,主大事。如此下来,往往是男人挣钱多,在经济基础上占主导位置,这是命脉。

又想:怕老婆之所以明显,恰恰是"受气媳妇"实乃正常对照出来的;承受家庭暴力者多为女性,是挨打挨骂的真受罪,男人之怕,则多是取悦、敷衍、糊弄。两者一比较,惧内是一种有力不发的怕。力量如果不济,不怕人家又如何?而男人的怕,更多的是照顾女人的心情,为了获取而取悦,有逗你玩乐的意味。一旦动了真格的,一旦需要担当,男人再蔫也会出豹子,也会瞪起眼珠子,把男女多年形成的属性显露出来——女人终归还是柔的。

耐　心

一家人上街购物,挑挑拣拣中突然躁了,在妻女的眼中,我又是倔驴脾气发作了。顾名思义,倔驴就是又野又躁的意思,我也不知这种性情由何而来,想来在农村长大,没有多大涵养,情绪会突然变坏,很多不快是不好梳理的,却高低长短汇聚起来揾捺不住。

我这点儿不像妻,她大多时候是安静、自得,不管别人怎样。她甚觉这是我的劣根性。我于此有顿悟的:善也好,恶也罢,其实在善恶之外,还有一种习性很重要,即耐性。一个人全心投入地去干一件事,是迷人的,哪怕是脏活累活呢,自身也会心无旁骛而陶醉。耐心源于自信的平和,一个人具备耐心,于人于己都是舒适的,相反,暴躁是伤人伤己的双刃剑。

记得大姐有一个高中同学,名叫舒予,真是好名字!令自己舒展、舒缓、舒适,对周边的人,也是一种影响,更是一种善待。

踩来踩去

某人过来谈事,素来没溜儿那种,又是满嘴跑火车,大话、胡话兼混账话滚滚而来。有句话适合他:"要听他讲话,须站到八里地以外去听",有人讥讽某些女人"胸大无脑",他没有胸,他是脑大无脑。但这种人却不可小觑,他东转西撞,能拐就拐能诓就诓,虽然功夫都在嘴上,但没准儿就成了事儿。

这样的人并不少,误打误撞成一次,偷奸耍滑再成一次,心黑手辣又成一次,没准儿就能堆砌出一定的声势来,也有可能熬占了什么位置。你以为成功非得勤奋、朴实、先人后己、忧国忧民吗?成功得势者、占位掌权者,不一定是专家、功臣,恰恰是一贯没溜儿者,正所谓"窃钩者贼,窃国者王侯"。在俯首皆是的潜规则下,勤劳并不能致富,博学并不能谋位,美德换不来好的下场,很早以前就有诗为证了:"昨日入城市,归来泪满襟。遍身罗绮者,不是养蚕人!"

千年如此,这是不好改观的事。发展的问题,多是狗咬狗、毒攻毒,不努力上不去,不踩人上不去。只不过有一点儿还算公道:常踩人就难免被人踩。专门在别人脸上印脚丫子的人,很有可能,在哪一天,尝到别人脚板的味道。

花与刺

总想,人真的会坏到浑身冒脓水的地步吗?如同大贤大英雄一样,巨奸大鳄也是生活百般浸淫而结出的硕果,也是几百年才出一个。人性本善,很少有天性恶毒的,在立场相反、利益相蚀之外,很多对立是情趣不同,没有缘由就看不上那副嘴脸。有人不喜欢贼眉鼠目、肥头大耳,这般模样的人不一定就是坏人,但在人们固定思维里,这样就不是好人,演戏也就只能演反派人物,好不容演一回八路,半道上还禁不住考验叛变喽。

还有个人自定的厌烦,他就不喜欢粗眉毛,你生得浓眉大眼儿不是你的错,但就入不了他的眼儿。其实,每个人都有可爱之处的,就像一棵树,笼统一算,花刺相间,你的手躲开刺,时刻提防着,也就能一亲芳泽了。与人交际,花与刺,通常是几几开的。也是,到哪里去找只花不刺、只长西瓜不见瓜秧的品种呢?

旧物顽强

女儿升初中了,装修以示新气象。就这一套住了十年的楼房,无处可搬出去过渡,只得腾出一间装修一间。一片狼藉,瓶瓶罐罐、包包裹裹,干着费劲,看着烦心。人在什么时候嫌东西多?都说贪官败露后清点赃物时,我看装修时亦是。

十年的针头线脑,一直舍不得扔,一是居家没有规划,二是心软怀旧。现在要处理了,论斤、论个、论堆儿卖,收废品的也盘踞小区多年,据说他们也有潜规则可循。无论什么东西,只要一买回家就缩水了,用过几年后更不值一提,谁叫你尝了鲜儿!一组沙发,十年前四百元买来,不见坏的,人家给二十。其实也无所谓,缘分到了而已,只要它还有作用,去另一个人家体现价值,还能存在些许时日,而非直接回炉了,心里就有所慰籍。

更可气的是屋门,连门板带门框,二十一个,还得拆得完整;请人家来拆,就不要了,不够功夫钱。门框嵌在墙体里,除非整体推倒才得完整,只得一截一块地生凿硬劈。框是松木的,那么宽那么厚的实木,而非如今的几合板压制而成,而且那么的结实,木屑纷飞,散发着浓郁的松香。本以为它样式旧了,松动不堪了,从心里弃绝了,它就偏给你个好看,以最后的顽抗令你消灭得艰难,令你心生惋惜而最终后悔。

撩断心弦

单位季度会,好歹也是全省范围呢,各地弟兄汇聚某县。既选为会址,人家就有炫耀之处:有山有水、矿产丰富,经济也就坚挺。对口部门接待,其负责人陪同,席间大聊当地财富史。按说他们是小地方,却把一干人等唬得五迷三道。矿源之下,富豪倍出,且不管动了谁的根脉,污染了谁的碧水蓝天。记者乃踏千家门、吃百家饭的职业,何况是一群记者?却仍开了眼界:豪宅成片俨岛论,飞机、游艇都是个人的,电影中的富贵也不过如此。关键是气派:某富二代结婚,花一亿,是人民币而非冥钞;富一代包养空姐,玩乐几年后分手,一掷千万。

傻了。我们相互也有差距的,但跟人家相比,小巫碰见老巫啦。我们那颗百般开导已趋于安妥的心啊,可怜天见,被撩拨得断了弦! 不是不争气,谁不知钱的好处啊,物欲横流间,男的想包人,女的想被包,都是为了那传说中的享受。

不觉间被人洗了一回脑。回头再看自家多年的经营,有些遥远依稀,但还得过素淡的日子不是? 徒然内心澎湃一番。笑谓某女同事:"你比空姐不差哎!"又拿自己开涮:"我也是空姐,飞机失事后的空姐!"

作家简论

近来一些征婚、求职的电视节目,时不时冒出个把爱好文学的嘉宾来,有的钟情于诗词,有的致力小说剧本创作。一般都是木讷、偏执模样,更有甚者,某小伙认定自己就该凭文学大红大紫,几年不出来工作,妈妈辛辛苦苦养活他不算,还担忧他的神经出了问题。这些人也就被打上诗人与作家的标签了,被指指点点、被嬉笑,文学整体的形象在人们心里好似愈加酸腐不堪。

这很要命。对一个行业,人们大致凭着参照物就予以好恶的。譬如上世纪六七十年代,"最可爱的人"受到尊敬,仿制军装一套难求;八九十年代,大学生是天之骄子,龙门一跃端铁饭碗;再以后,曾被人嗤之以鼻的倒爷阔得令人眼红……我十几岁就往文学这条船上爬,我的伯伯是成绩不错的作家,人们总把他树成我的标杆;当然,附近也出有才无德者,人家看我也有些是否一丘之貉的戒备。乡人就这样爱比较,他们认为近视眼就该考出个功名来,从而立为后辈的榜样,如若赶驴车带着个眼镜,则免不了遭受嘲讽。

想来我从文也二十年了,自己明白,只是闻到"文学豪华快车"的尾气而已。国人素称文以载道,"铁肩担道义,妙手著文章";白纸黑字也是历代整人的死证,以致文字狱不断。"文革"之后,思想开放,文学一度成为思想先锋、时代代言,作家诗人被热捧:

汪国真去大学演讲,观众兴奋得不亚于追捧当今的影视明星,最后动用警力汪诗人才脱身。那时有个酸溜溜的说法:很多文学女青年追着男作家献身,这也成为不少人揶揄我的话头,一度使我怀疑自己的能力与运气;也遇上过女青年,伊也爱看书,但都比我理智、狡猾,把我滑溜溜地戏耍一番,却没一个上钩!

社会很快变得务实了,搞导弹的不如卖茶叶蛋的,作家何尝不是?思想禁锢、娱乐方式单一的年代,一本诗集可能就是心灵甘霖,一本小说动辄几十万印量。渐渐地,电视时代来了,网络年代来了,靠几本书、一个收音机维系精神世界的时代一去不返,看电视、去卡拉OK、当网虫,似乎都比青灯黄卷要来得爽。文学开始被质疑了,最争议的是诗歌,先是看不懂,后来又口语化、下半身化了,更有诗人脱裤子的行为艺术,引来围观与哄笑。小说还算聪明,去搭影视剧的车,最后也只是落个拍摄素材而已。质疑并不可怕,咱还可以改进,可怕的是疏远与遗忘,随之而来的是出书难、阅读荒,没人搭理你了。

这倒不算什么。一种艺术衰败乃至消亡令人心痛,而单一艺术主宰社会、搞全民诗歌运动也属不正常。沉渣泛起再久,也终有落定一刻,作家应该有自知之明,不卑不亢一些。拿几位恶搞嘉宾来说,文学虽然疲敝,亦远非他们所能代表。窃以为,文学乃百科之学,来自生活高于生活,一名作家,倘不去生活、不明善恶、不通事理,就不能在纸上排布云烟,更谈不上写出《红楼梦》、《三国演义》那样的百科全书、社会史诗。当然,有的作家也酸腐、偏执:张爱玲常找不到回家的路,金岳霖竟忘了自己的姓名,但他们对文字的敏锐几乎就是天生的。在丰厚的人生阅历、白发秃笔的勤奋之外,文学更需要天分。

最后说说我老家的一名作家,他出道前务农多年,木匠活儿拿手,棋艺也不错,常与掌权的村支书下棋,时不时让那臭棋篓子赢上一两盘提劲,忍让得不露痕迹,从而得到很多照顾。我曾有文章得不到认可的苦恼,他告诉我,真正的高手不能只有一种写法,别人喜欢什么写什么,怎会得不到认可?他既是能人,也是嘎子,除去这两样儿,文学还真不好搞。

"内咬"性格

女儿八九岁的时候,一位老兄告诉我:等着吧,过几年孩子会更难管。他说的是孩子都将进入"青春叛逆期",他是过来人。果不其然,我们父女之间关系开始紧张,她开始对管教大声说"不"了,那神情,充满忿恨、不服、不屑,甚至开始不理人,视她的生身父亲为空气。

我也有过叛逆的,觉得父母不理解,自己有着万千理由,父母的说教好像唐僧念紧箍咒,重复、老套、干巴又乏味,虽然压抑万分,但那时不太敢生顶父母的:小时候就被严管,特别是那时娘的身体已然不行,总怕把她气出个好歹。当时我曾告诫自己,以后要做一个开明的父亲,与孩子沟通、玩耍、交朋友,不成想,昔日的造反者也被造了反。

总想一个问题:对于独生子女,为人父母者何以难逃俯身为奴的命运? 怕他(她)饿着、冻着、磕碰着,家里什么资源都首供他们;也难怪,一家一个孩子,没得挑没得捡,过得都是孩子的日子,领导还有职务轮换呢,债主还有本息还清呢,我们在子女那里,判的是无期的心役。其实还是孩子少、条件好的缘故,我们那时候,一家至少两三个孩子,五六个都不算稀奇,大人一年到头累个臭死、穷得叮当响,谁也没心思哄孩子。我家邻居五个男孩,都是半大小子的时候,吃个饭就轰轰烈烈:大娘用大锅烙饼,熟一张,哥五个一人撕一角就没了,边烙边吃,前几张饼看都看不见就进肚了。如果象现在,非麦当劳不吃,饿不死你! 街上有一家特殊,大人宠着,买这买那,吃个饭哄着、求着,结果那惯孩子"青春叛逆"到监牢去了。细一想,那时的破天荒,不就是现在每家的常态嘛! 想想孩子们的吃独食、冷漠、霸道,不值得我们真正担忧吗?

这里还有一个"内咬"的问题。譬如轮胎,如果不调整好零部件,总会磨损,高一块低一块好像被咬过一样;有的咬胎,总会咬一个地方,也就形成了规律。人与人之间也一样,父母为奴,儿女也就吃定父母了,到后来一物降一物。被女儿看成空气也没办法,还得记挂她,其实她明白我对她好,也知道我对她无计可施。她在外面,可没有这样傲然、决然的地方,面对同学、老师,她好着呢。谈恋爱时,我们经常为自己的女人开脱:她对你不见外才撒泼耍蛮,她若向别人耍,你就完蛋了! 是啊,只有对亲人才百无顾忌、全无防备,也只有亲人才会这样不计成本、不计屈辱,别人才不会在意你,更不会容忍你。

我们都容易犯同样的毛病:越是自己亲近的人,越没有那么多讲究;跟外人可以客客气气,可以受委屈,去理解、包容,回到家则直接得不管不顾。我们总觉得外面需要用心打理,家里就可以懈怠,而不知港湾里也可能有沉船的风暴。有的女人在外面光鲜靓丽、勤快可人,在家里则被窝不叠、袜子不洗;有的男人在外面温文尔雅、孙子模样,在家里却惟我独尊、暴躁抓狂,就都是"内咬"众生相。其实,撒泼耍蛮者也明白:任其轻视、供其宣泄的人,其实对他(她)最好,他(她)恰恰离不开这个人。

英雄在概率之外

没事儿在网上闲逛,读到大学一女同学的博文,该姐性情直率不让须眉,又在公安机关任职,知道很多社会治安内幕的东西,甚至是执法者自身的毛病。她谈及现在的休闲、按摩、歌厅多多,感叹"常在水边走,就是不湿鞋"的人简直没有,人心丑陋、世风低迷。

诚如斯言,悄然发生变化的,不是某个人、某个群体,而是整个社会。社会发展如滔滔洪流,对于传统观念的大堤,先是洇透、再是跑冒滴漏,最后崩溃而出,势不可挡。记得刚到这个城市,有婚外消遣者,都躲躲藏藏,自己还经常加入指责的行列;这些年下来,正常了,人家变得正颜正色,旁观者也从内心理解了。看着人家五彩斑斓,自己咽着口水骂街也没意思,容易让人提出"太监骂青楼"(郭德纲语)的质疑。世人在享乐方面,是不需要谁领引的,更多时候,法律也好道德也好,拦都拦不住。吃喝玩乐,人之共愿,连孔夫子都浩叹"吾未见好德如好色者"。倘有程度的不同,也只是客观条件差异所致,古语云"饱暖思淫欲",说的就是干啥都得讲条件、讲阶段。

考证什么都有一个概率问题。譬如贪腐,一百个执掌权柄的人,真的有人正气凛然、洁身自好,但大多数贪了又贪、贪了又贪,把仅存的几个空档早就填满了,所以说几个坚持者刹不住整体的车,在百分比中不顶屁用。这不存在水涨船高的问题,而是淹没。坚持者成了少数,善恶的评判就会发生转换,君不见贪腐者心怀侥幸前赴后继,君不见世人在钱财面前"笑贫不笑娼"。

这也给了很多人滑过去的理由。谁都知道肉是香的,谁也做不成只啃竹子的熊猫,毕竟上有老下有小,保不住他们才是犯罪。做穷人,连善意都会被忽略不计的。我把这些通常的纠结讲给一位同事,他淡淡答了一句:"这就是凡人与英雄的区别。因为逆流而上艰难万分,英雄才成其为英雄。"

这句话将我震住。是啊,道理很简单。美女在怀谁都心动,鞭子抽肉谁都疼,但这不是变节叛变的理由。某篇文章曾对古代杀俘发出感慨,俘虏通常是十几万之众,没有反抗,甚至没有哭泣,是麻木的顺从命运的无声覆没的群体。英雄不是,他扯直了嗓子喊,揭竿而起,他可能是傻瓜,可能是疯子,更可能成为烈士,但终有可能,以万中之一影响万中之万。故云:英雄在概率之外,英雄之所以区别于凡人,是他的寂寞,是他的不容易。

春天在哪里

在某饭店,遇见一故人,几年不见了,他仍然面容焦黄、醉眼惺忪。认识十几年了,他也算有职位、有学识,但因为一段婚外说不清的感情,与妻子离了婚,出了户;但后来者最终也没留下。他一直纠结:是复婚,还是冲破传统观念尝个鲜儿,或者谁都不要自己去逍遥?结果是没有复婚,没有尝鲜儿,十几年下来也不逍遥。他抽烟不止,酗酒如命,给关心他的人们留下了颓废的形象,人们一见他如同见祥林嫂,苦闷与灰色成了他的标签。

我也曾关心他的,多次劝导,哪条道儿走通了也不至于这样。一看他这个样子,便知道他仍然站在岔路中央,而红绿灯都没了。他说了他的近况:由于与前妻一个单位,离婚后二人分的房子前后楼,儿子归了前妻,现在已大学毕业结婚生子,"结婚、生孩子都没告诉我,我没出现。"

不禁讶然:即便离了婚,父子的血脉也不能断啊,更何况是前后楼住着。这么多年了,窗帘可见、尿布可见,却儿孙老死不相往来!多次调解的人都知道,他们夫妻俩倔,二人都没有再婚,没想到孩子也秉承了倔。有些人发狠只是一时,他们一家三口是十几年如一日。这也是执著,一根绳上的蚂蚱,相互往伤口里插棒子,使劲拧旋,对方疼得呲牙,自己疼得咧嘴,在疼痛中彼此是否找到了快感?

婚外情,一时快事也,却换来了连绵不绝的痛,换来了亲人间十几年的决绝,真的伤不起啊。生活中谁都不乏绝望痛楚的,我也不时想挣脱而去,哪怕孑然一身呢。他给我展示了结局,至少是结局一种。他仍是有身份的,吃喝无忧,但所受煎熬要甚于饥渴辛劳。

劝还是要劝的,亲人间"他不向你低头,你也就只有向他低头了",因为大家还要生活,"只要不哭,就要笑"。或者一推二六五,人于父母要独立,于伴侣、儿女,也有一个独立的问题,特别是法律、亲情都靠不住的时候,先让自己舒服起来至关重要,只要不立刻寂死的话。

近来迷汪峰的《春天里》,"如果有一天,我老无所依,请把我留在这春天里",这歌被农民工拿到春晚上翻唱,被认为是食不果腹、朝不保夕的艰辛,其实汪峰是深味岁月逝去、锦衾孤寒的无助。人之于世,喜也好,忧也好,都是前因日积月累而来的,是某种报答或者某种惩罚;到了最后,好要移交出去,坏也要到吧台结账,那些青葱岁月,只有在梦中徘徊。他,算是老无所依了吧!只是,每一个垂暮之人,或多或少的,大概都会发出"春天在哪里"的浩叹吧。

第四辑：泥泞歌哭

　　无论对谁，乡土是无愧的。生愧的只是我这样的游离者，也许沉没其中、永不疏离才觉出泥巴的温暖；在岸边，洗不尽根须者，才会彷徨而歌哭！

高　处

——对一种创作心情的描述

小时候的一天,我去野外玩,发现一窝刚出生就被抛弃的小狗,当时我想了一些什么我记不清了,用筐背了回家。母亲看到后可能骂我了,还可能哭笑不得地拍了我的头——成长到今天,母亲已经笑着和我们姐弟说过好几次了,她觉得好坏这是她儿子的一个特点,是别人家儿子所没有的。我每次听说都要问上一句——"真的么,那是我么?"那时是一个暖暖的场面,而在这个夜晚想起却很幽缓。我想我自小就是善良的,虽然我怀疑着所有哀痛忧愁都源于善良,这时我想哭,为我那良好但虚弱的根。

自小就这样——总是满怀希望地去想去做,到头来却错在众人的预言里,疲惫、阴晦、沮丧、恐惶就一起弥漫在心胸。恶的人这个时候是要万物都回避他,都毁灭成瓦砾的;我却想回避万物:自己悄无声息地无了罢!哪怕是化成紧贴着木头的苔藓,只乞求心不再浮着。这种心情早潜伏在我的意识中了,不然荒的心境一来怎么就觉得熟悉?万年前就有,亿年前就有。

人穷则返本。在年龄上,父亲总是不惜我长大的,母亲却以为我永远是孩子;在印象中,父亲将我送过十六岁,而母亲却留在了八岁以前;今年我走在十八岁,今夜我的心很委屈,我就渴望迈过八岁跑到母亲身旁——母亲在炕上偎着被子坐着,窗台上点着油灯,我忽闪着黑亮的眼睛看着那不动的火苗,母亲"嗤嗤"地纳鞋底——现在我的眼睛近视了,那颗最亮的星成了一团光影——娘啊!

善良使我的心容易渗血;明天会晴爽么?如果晴爽我就不再忧郁了,可能还会欢愉起来;善良也使我忘却伤痛、重新幻梦。就这样流血、结疤,结疤、流血,直到有一天,我的心不再鲜嫩了,生出了茧,母亲也老得全然不像印象中的样子,那我就彻底地长大了。

少年的心飞得很高,高处不胜寒。

1992 年 12 月 13 日于肃宁一中

小　楼

往往在黄昏的时候,光线暗了下来,视野里的景物有些苍茫,而在太阳已尽没的西天,那抹微红,是令人不忍目视的。这时,就有些疲惫,面容干皱,目光松散;猛然地,对那些盘恒一天的信念,有了怀疑。疲惫中惶恐起来。

感觉有些冷,而且,早晨、中午的喧嚣回响成烦乱,一点一点贴近耳膜,变了音调,任怎么摇头也不去。愤怒了却有气无力,消极的忧思萦绕不散。

我想念那白亮而温热的电灯、硬而平的书桌,还有白净的稿纸、打满墨水的钢笔;坐着,同自己说。躲进小楼成一统;小楼,一种有声音的静、一种轻摇的稳。还是不要消极的好:有自己花十元钱新买的钢笔,虽然可能花了冤枉钱,但还实在地帮你无声述说;有在远处静止的希冀,你还不知它是坏还是好;还有能缓解你神经的音乐,只是没到播放的时间……这时只需要静止、休憩和等待——

小楼,我在楼里,谁在窗外?

1995年1月22日黄昏

戒 酒

有时真不明白:为什么我们一时感到高兴或值得庆贺的相聚时,总是花钱买来酒,最后换得你吐他也吐难受万分的结局?喝酒的结果是苦不堪言的,苦闷时执杯痛饮,以求麻醉、以求肠胃之苦暂代感情之苦倒也罢了,可为什么庆贺时也这样呢?不可能因这甜蜜孕育在数倍的苦痛中,而回味而忆苦思甜;酒于中国社会中的我们已经成了一种文化,是祖先根植在血液中、意识里的习俗和性情。中国人的吃喝都是文化,诸如酒文化、茶文化、地方小吃、南北大菜……还有"何以解忧,惟有杜康"、"抽刀断水水更流,举杯销愁愁更愁"等大量的吃喝名句,真令我们喝而苦、再苦又何妨?

人活着苦事儿太多了,谁也不愿再轻易地苦,尽管有着挚朋的情意、众人的寒暄,如今是能不苦就不苦啊,于是有了推辞、有了计较,酒场上一片萎缩的热闹;还有人大喊戒酒,"以后咱喝饮料不行么?"苦怕了都。有首歌谣很能令我们振振有词:"多吃菜,少喝酒,听老婆的话跟党走",就真想有一个因疼爱而严厉的老婆啊,"妻管严"也在所不惜啊!给我写一小牌悬之于颈,处处为盾,有群乐而无胃痉挛之苦。

此文为戒酒文,诸友听真。

想来酒这东西,酿自五谷,生活之精粹,喝时精神丰富,多时晕眩乃至欲仙,过后苦痛、空虚和饿肚子,似二物——爱情与诗也!

1994年7月31日

附记:写《戒酒》已十年了,却一直没有戒掉,反而喝得更多了。奈何?

2004年11月22日

旧 屋

雨的结果,几乎每家都有修缮的活儿。几天来的淫浸,新建地基松软的、土坯的、年久失修无人居住的,都倾斜倒塌,严重的胡同、人家,有了残垣断壁的模样。

我是怀着有了预备的心情去看旧屋的。

搬新居有三年了吧,旧的院落早就很荒凉了,像其他没人居住的庭院,倒塌情况比别人家严重:东边两间居住时就漏得不轻,这次屋顶塌了,只有四壁立着。西边两间有奶奶坚守着,房顶磨了石灰没有大问题;临着巷子的墙大部分倒塌,路过的人看得见院里很深的草、乱攀的蔓。也没有什么特殊的地方,就像现在写的——是一篇普通的回忆性文章。

旧屋以它的灾难引起我们的重视。与新居离得远,不经常过来,过来也匆匆,它低小了、破旧了、荒凉了,只有这样的念头一闪而过。这次却要走进来查看,适当地修缮。东邻更荒乱,原先那对老夫妇早已作古。老翁鹤发童颜、和善风趣,老太的白发永远是那么零乱,她精神有些不正常,常拉着别人的手笑了又哭、哭了又笑。二老给我的印象只是这些,他们怎样死的我不知道,也绝少想起他们的一些事。当年两家中间的墙是那样低矮容易翻过啊,太多的事竟没有痕迹!搬入新居后才长大却繁乱了,旧屋容纳的只是幼小时太多小小的无须言说无须铭记的情节。如今回来伫立静思,记起先前两家都是整洁的院落,可吃的是脆枣(也可站在墙头上够东院的,都很甜),还有贴红对子、守年夜,还有大雨时、大雪时、明月时……

无非是这些。无非是想起这些啊,对于我们总有理由拖延着不肯回去的往昔——确实也回不去了!野草掩没了石盘、砖垛们,也掩没了先前我蹦跳的足迹;只有隐匿在旧屋角角落落的老虫们记得,它们还在嘶哑地叫着……

1994年8月14日

释　梦

在半夜时分醒来,梦见了与现实迥然不同的,便不能再睡。心中充盈着那个境界的柔情,一切都美好得不用追求似的,但我又可恶地茫然和伤感。真是可恶,完全不用醒来呀,永远处于朦胧、轻柔的惬意中多好。产生着茫然,梦中看到了另一条路上的景致,一切都那么美好符合想象,可我又在完全幸福了的时候,淡化了追求,甚至开始犹豫。我不堪承受梦,因为我明白现实,完全的原始美好已经错过,所谓追求只是在努力地圆梦,而且注定圆得面目全非。幸福没有目标,只是天地间、心胸间的一团暖暖;追求有目标,是一种创造或挽回。在幸福和追求之间我选择前者,我愿意不走路(追求)而达到目的地(幸福),愿意置身于一个混沌的生长环境,正如俄国诗人古米廖夫所写:

> 啊,我也多么想找一方土地
> 在那里不必哭泣,也无须歌唱
> 可以千秋万代地在那里自由地
> 无声无息地破土而出高高成长!
> ——《树木》

歌唱是一种痛苦。正如我现在拥被执笔、起身查找资料,我本可以再续那个梦(不管它能不能实现);却不能再睡,我怕醒来后忘却了那梦(其实动笔也不可能完全再现),对于冥冥梦境中的承诺,我只能做到这些,在茫茫现实中。

1993年10月29日凌晨

转　向

　　早晨八点,明晃晃的太阳挂在北边。我的心里掠过一阵悲哀。北边,怎么是北边呢?又怎么不是北边呢?我知道自己还在转向。昨晚住在这儿了,况且一年前还在这里呆过一星期呢,可南院或东院、北院或西院还在混淆着。在S市的一所大学更惨,住了半个月后还把南院当成东院呢!

　　多么执拗的转向啊!

　　我并不傻,十分清楚有太阳的那边是东,可细细一辨,还是北呀!走到汽车站,又是一派新景色,迟迟疑疑、走走停停地出去了近四里地,才拦住回家的车。在L县下车,小的地方能增加我的自信,就信步前行。正巧两个朋友骑车过来,"哎,你去哪儿呀?""找你们去啊!"两个人都乐了,于是一个人接着买菜,一个人领我回去。"哎,你们不是在东边吗?怎么冲北走?""你刚下车吧?"

　　唉!

　　我真的"善于"转向啊,且又那样转来转去转不过来。其实转向也有好处:去一次就换一种景色,这回南北街下次就东西路了。我的转向是这次怎样转的,下次还原样转,所以常来常往地也能出入自如,只是大家的南是我的东罢了。

　　一而再、再而三地这样,我不由悲哀起来:自己的感觉怎么就不同于别人,而且还不愿附和公认的方向。自己诚然经过着同大家不一样的街、楼群,可一旦转过来,四周不是一片陌生吗?主观且执拗。在家当然是没问题的,为什么一涉足异域就怀着想象且不能抹去第一印象?远方是我想象中的远方,过程却违背我的想象,只有自己且哀且怨地徜徉。万幸的是,我还能辨寻参照物,知道这座楼的某个方向是另一座楼,使我这个如在梦中的人儿还能有自己的轨迹,纵然在违背众人时。

1995年5月13日

过　年

　　这是正月十四的夜,就有不少烟花从四下里升上天空炸开,明天就是小年了,到时会更多。不觉中已过了十几天的年,有时过得真快,有时就感觉在熬。

　　——熬年?

　　之所以称熬,是这年过得富贵却空虚、乏力。也见了一些朋友,说上一年的作为和新一年的打算,中间夹杂着处世的疲惫和牢骚,过去的悲喜已淡逝,未来的事物只是一个空想;说完了就凑一个酒场儿,可又没几个人不担心自己的胃。不像平日里孤单时想象的聚会。饭食很好,却没有值得犒劳的辛苦,过年是休息的时间,成天油光满面的无所事事。松懈是松懈了,但不能十分地欢快起来。长长的电视剧和各类的联欢会不能持久地把人逗得兴致勃勃,去野外走走,又不能像孩子那样呐喊、打滚撒欢,变得什么事也提不起精神儿,这年过得不像年。

年又是什么样子呢?我们回忆回忆小时候吧。盼着过年是所有孩子的心事,新衣服、鞭炮、平日很少吃到的美味,都令我们扳着手指数日子,最可贵的是可以不受大人管束疯他几天:溜冰、放野火、点猪蹄灯……那时,真是年近一天就兴奋一点儿,年过一天就惋惜一些。那样的年什么时候不复存在了,年又是什么时候变成了这个样子?年龄大了一些,不少东西就变得不是滋味了——也许本来就是这样的,或者改变的是我们自身;譬如小时候大人逗孩子,常说给你找个媳妇吧,以至于把爱人想得跟糖果一样简单、易得,现在却要面对反复无常、令人悲喜不已的爱情。

正月十四、正月十五,毕竟是小年啊,尤其是那轮浑圆而轻柔的月,又使我悠美起来——总也搞不清,像大年三十那样的节日之夜,怎么没有她照临?总让我怀着些许的遗憾。隐隐地对即将过去的年还有留恋,我们还年轻,虽然长大了不少……

不断的鞭炮声,把旧的一年的琐碎擀制,炸出新的一年的日子。

1995 年 2 月

熟 悉

在这里我说两种熟悉。

一次我去外省出差。一日到了某县,吃了午饭后从旅馆起身,到该县的一个乡镇,坐客车去的,因为是初次,我不停地向司机打听自己去的工厂该在哪里下车。那是个小县,民风淳朴。车停住了,在一个雕塑前,我被告知走过了一段。我只匆匆一看就被吸引住了,印象中可能是头铜的牛吧,稳当扎实地站在石砌的高台上,头梗梗着,很倔的样子。因为急着找那工厂,我的感动很匆促。七扭八拐地找到那工厂,又没有什么成果地出来,站在路旁等车时已近黄昏,小镇通县城的车很少,有人告诉我可能回不了县城了。那牛在东行一里多地的街心站着,还是那个样子,这个镇就叫铜牛镇,一个小镇能有这样的雕塑让我惊奇。我急着等车,也没心思走过去细看它,它在暮色里,一个村镇的房舍和街道也在暮色里。

有人说走不了就住下吧,这儿有店;我扭头看身后简陋了许多的店,尽管不情愿,也打住下的主意了。突然地,我觉得那时的情景非常熟悉,那暮色中的街道、房屋、铜牛,好像以前曾经来过……

车还是来了,我如释重负地上了车,也没看那铜牛一眼,在我走时或走后,它可能又换了一种站姿吧。

另一种熟悉也在旅途中。出门在外住店是常事,每每是奔走了一天后,疲惫地找到一家旅社,黄昏里心情不是太好,旅社的布局、摆设甚至气味都令人不适,但总比昏黑而陌生的街上好,只有住下。往往一觉醒来,清晨的空气不错,体力和信心又得以恢复,住处的一切也顺眼了,可往往又该离去了。

那种熟悉最逼真的时候,是当天没走成,披着暮色在城市的某处盲目走动。那种熟悉已变成亲切了,透过高楼,顺着在晚霞里依次亮起的街灯,看见那个地方正很温柔地等着你回去。可能离它很远,可能不辨往它的方向,可那种熟悉让人摒弃所有亮着灯的窗子,让人想哭。回去!我还住那个房间,还睡那张床!已经很累了,但还是奔走于四周灰黑的陌生中,去那个地方……

初到一个去处,倏地滋生似曾相识的感觉,使我怀疑人可能有前世和来生,茫茫轮回中的一次重逢,可能是很亲的、很近的,却讷讷着不敢相认。至于对相逢匆匆、分离匆匆的那些事物的留恋,我认为是一种缘;缘显现了人们本来就伪装不好的脆弱,而我们之所以脆弱、相依,是因为我们所存在的宇宙空间太巨大。

1995 年 6 月 18 日夜

旅 途

前些日子写过的一篇《熟悉》中,说到猛得对一个村镇或者一个景象、一种心绪感到熟悉,但又是首次经历,好像冥冥中有人已安排好了似的。人是渺小的,在宇宙中哪儿都不是家,其实又哪儿都是家。我们所说的家又是什么呢?是前一段曾呆过现已离开的那个地方么,还是从未见过的古远的潜在意识深处的没有形状和颜色的时时就来侵袭我们的那一块?我们肯定在经历着什么,又肯定在飘飞、行走着,像风中那些蒲公英的种子,何处不曾留下我们的注视和温情?

列车在行驶中,我似乎不能再感慨什么了。早晨起来就匆匆,去车站赶车。我是力求平静的,压抑着、隐匿着对火车站惊悸、迷茫的感觉,十六岁时第一次远行后,这种感觉就深植了。在公车上和一个女大学生说话,她说她认识我,参加过我在大学开的诗歌座谈会,她也去赶那一趟车的,我说我第一次在这个城市坐火车,对火车站是不熟悉的。我是希望能同她一起买票、上车,因为我知道自己在火车站的表现有些弱智。但买过票后她就不见了,我只有自己去检票口,又在咫尺之间迷茫了一次。在检票口我可能还有些张望的,但若见到她的话,我应很冷漠,因为我已到了不能流露出依附别人神情的年龄。

窗外仍是田野、树、屋舍,坐在车上看着这些,就能想象出自己在路上看着列车从眼前呼啸而过的样子。列车长长的,长长的尽是旅途中的新奇、惊喜、不适和思念。家乡也要通火车、建车站了，车里车外无非是这些吧。车上又放起了歌曲，无论怎样，音乐是能给我安抚的。包里还放着一些照片，是临出门时才决定拿上的，依次看着自己的所爱，这才是最感受逼真、思念严重的时候啊。我好像总在旅途中，无论是形体上的，还是精神上的，且让我以这些为盾。

……家。我是从一个异乡到另一个异乡，安慰我的，是过些天就回家看看的决定。

……不想再写了，扭头看窗外夏季里那深深浅浅的绿。

……列车在行驶中，脚步整齐。

1995年7月8日保定—石家庄

名 字

时至今日，我还没有给自己起一个笔名。以前曾想叫"碧石"，碧绿的石头，既梦幻又坚硬，有人说它的谐音是打牌时要输丧气死了，也就做罢。现在不怎么想起笔名了，而且对隔三差五就换一个名字的人不怎么感冒（鲁迅先生除外，他那时白色恐怖）。我的名字不怎么好，原先称"永立"的，小时因奶水不足，身体虚弱的我坐到了很大才会走，在胡同里是不哭不闹的乖孩子；第一个名字"永恒"和某长辈忌讳后，就叫了"永立"，是想让我尽快立起来、跑结实的意思。上初中的时候，自做主张改成"永力"，永远都有力量。

永力是我的学名，小名、外号还有几个，村里人现在见了我还叫那些名字，叫得熟答应得也顺口，如人言名字只是一个符号。去我们村打听"庞永力"，有些人是不知道的，但这么大人了，还小名、外号地叫着，有时就有些难堪。小名、外号都不太雅，在这里就不提了。

我的不愿意起笔名，是因为原名受之于父母，再说也用熟了，再俗也听着顺耳了；还有就是家族观念：庞姓不多见，写作著文的更少，在报刊上偶见一同姓，便觉得特亲近，文章好坏都得细读；不同于张、王、李、赵诸姓，太多了反倒没什么了。为了光宗耀祖，所以不愿更名。我不愿人们把我的名字写成"永利"，利润的"利"，怪商人味道的。

上学时，印象最深的是我那年轻的女化学老师，她的口音不是我们那地方的，她说的"永力，你又没交作业"，令几个同学反复模仿其音调。在严肃的场合，称"庞永力，怎么着怎么着的"，给我以严厉的感觉，仿佛被指责，甚至有些心悸。而一把姓去掉了，单称"永力"时，是很动听的，且给人一切都好商量的感觉。有例为证：女友W，常直呼"庞永力"，直至相交已深还不改；我多次反对这直呼其名的直指、诘问语气，她说没有什么恶意只是喜欢叫人全称；一次闹别扭，可能她觉得理亏于我，竟脱口而出一句"永力"；当时我的心一动，再看她，也温柔得面庞娇红、吐气若兰了。

1995年6月24日

一些话

一些话一直在我心头萦绕,到现在甚至成了冲撞,不吐不快;尽管我知道即使说出来也不一定起作用,可能只是自己的"一角心情"。

我想我之所以这样产生着情绪,能有一些话且被这些话憋得气闷,是因为自己刚刚从纯洁的梦幻年代走出,在社会中行走了一段后,带着被污染了的心情回头看时,有些无奈中的悲愤。自己总是有些小心情的,在社会中仍拘囿于书本和本真,所以也不是什么太奇怪的事。当然,也不能避免周围既定事物对这异己的挤压、侵蚀。与大多数的、生存规律性的、社会的相悖,好像只能是自己的不是了。但我还是想说一些话,说出自己无奈中的悲愤。悲愤是无奈中的,悲愤了却无奈着——

为什么高尚总不是生存的朋友,甚至是与生存对立的敌人(这话听起来有些可笑,是不是太书生气了)?

社会的高速发展本应举双手欢呼的,人们追求物质的极大丰富也无可厚非,但因此而抛弃本真、没有人情味儿,进而变得凶残、阴险、麻木,又如之奈何?物质的发展,正造就着一个精神上的荒原,人在逐渐丧失自身之所以为人的东西,空虚的灰暗的贪婪而病态的情绪正在蔓延。翻读现今的某些中长篇小说,观看现今的影视片——这些都是本着忠实地再现生活,一进入作品就被那些情绪弄得满头满脸,不禁沉重起来。我们沉重,因为那些描写是那样的真实可触,如果换了我们,我们也会唯物、唯利、唯欲的选择,我们也会忘却真善美。对于其它不善于思索的人,我们只是多了迷失过程中让人惊恐的清醒。文学只是再现,却不能改观,甚至不能针砭。对于太多现实里的东西,我们可能是清醒的,但我们缺乏改变现实的能力。退一步想,就是让我们握了刀,我们也不知是先剔除太多的烂肉,还是挥刀砍向自己已腐朽的胳膊?

1995年3月12日夜

雨夜静思

无论什么东西,人们不喜欢了却还自顾自地多,那就可怕了——雨下了三天了,大的时候似瓢泼,小也淅沥着不绝;道路上淤积没膝的、排放处竟有些喧腾的,是那恐怖的水,它们很凉,又茫茫的样子。想起前十几天干旱时,人们一见黑云就兴奋就暗暗祈祷,第一场雨时有人竟放起了鞭炮,不禁感喟:人之于世,欢乐和忧伤、渴盼与厌烦其实相隔很近的。

十分怀想晴天时的道路好走。想去城里看看来没来新杂志,想访一位不太普通的朋友。阴雨的时候,好不容易清闲了,却又找一些事情填心;再有,想那去处是晴爽好走的,可即便走上一段泥泞到那里,也是雨声和潮气。

置身灰冷的世界,更容易恻隐弱小孤凌。雨在下,三只小鸡在角落里瑟瑟着,外面很黑,是可以让它们凑合一夜的;冒雨出去,背上凉凉着将它们抓到窝里,放进群体时,就听到了欢鸣。电灯眨眼,恐连电,点蜡代之。整理在潮乎乎里显得很乱的床,将火柴放在伸手可及的地方,一头蜡烛一头墨汁,中间铺纸动笔,心中是祈愿一切都安妥的。

……雨声,外面的物件如何呢?睡意浓浓,不是太累,而是慵懒;睡,又有什么梦在等我?明早醒来,若有金黄灿目的阳光——该有多好。

1994年7月14日雨夜

不写之写

我很少甚至绝不在别人面前提起我的恋情,只有几位挚友深知,他们已经以我乐为乐、以我苦为苦了。在文字上我也回避着,诗、散文、日记中,爱这个词也含糊而泛泛的,尽管这些多是因情而生的悲欢。初恋的情节已模糊,只有少数几幅画面,像明信片上的风景图,是要清晰到我骨肉消亡的,大部分幻化成了雾一样的心情。

初恋,还没有意识到那是爱时就已发生了,当我们察觉到它,不是天各一方、咫尺天涯,就是情已云涌浪起。初恋多是夭折的感情,以其无奈、哀怨刻骨铭心。现在我以少年的无邪、纯洁祝福着,却无尽心伤在半夜突然醒来时,我不堪忍受梦。我写过不少描摹爱情的诗,都凄美得令人不堪面对,但我也深知彼此的平凡,只是众多哀伤中的一个、芸芸众生中的一例。

表白。我即将吐露那孕育已久的字时,我羞涩得艰难。不说你已知道,偏要叫我说出。爱字一出,昔日的谈笑自如、机智清狂就一去不返了,进而纵身情网,自此痴迷、犹豫、多疑、脆弱,随你点拨的一个我了。

等待。日千思夜万想,我等你,总是千万言语汹涌于胸时。等你的地方总是车多人杂,我在喧嚷中等你,视万物而不见却只见钟表,想着同你说的第一句话直至最后一句;你就是我的倾心、我的注目,等你,就像在百花园中等一只属于自己的灰蝴蝶,任蜜蜂彩蝶从身边滚滚而过,你还不来吗——还有点儿怕你来。

相处有欢笑也有不快,总是我的忍让,你的嗔怪也在消融着我,以我宽厚的臂膀、以我勇士的斗志和气力蔽护你。却还有东西令我们隔阂,隔开情人的,往往是感情之外的东西。

远行。你的神情已说明,我不哭;现在又上了扬起尘土的路,我独自一人。有人说我是诗人、歌者,但只有我知道自己的内核及为什么歌唱——总有一些话没能对你说,总有太多不是我想象,总想把身影留在你眼帘,总记得清太多细节,总忘不了你的笑脸。你依旧,我喉咙已哑、风尘满面。不想评说这终生相随了的情感,初恋是年轻时的事,可是有人一生都在初恋,当恩怨真正了结时,人已苍老蹒跚……

1994年9月30日

写在月光里

在蜡烛熄灭前我一直伏案疾书;自处一室,四周安谧,时间在手的抖动中悄然而逝。烛头闪了几闪熄灭后,我才猛得记起有音乐节目等着我去听,我手忙脚乱地找收音机,手忙脚乱地拨台,幸好,音乐潺潺而至。

烛头闪了几闪熄灭后,当音乐潺潺时,我才感觉到月光——圆月空中皎洁,清辉似水轻泻。原来,我在稿纸上臆造美时,却忽视了真实的美。由于我的匆忙,错过了几首好歌;由于我的匆忙,月光被拒于窗外。我想:这样的一个好时候,需安排一个停电之夜,需月好风静、树影婆娑,再加上音乐。我想:这样一个好时候,可以尽力渲染一下自己的心绪——平躺在床上,雾一样的月色散开来将我罩住。有人在音乐中歌吟:

"风雨的街头,招牌能够挂多久?爱过的老歌,你能记得的有几首?交过的朋友,在你生命中知心的人儿有几个……"

此时,此处,此情,此景,我想一些旧事,我理顺一些零乱的过节——分别时,你让我微笑,我就哭了;分别时,我劝你别太忧愁,你却笑得舒畅。呵……若干天前也是这样的月夜里我在干什么?在这个月夜我"纵有千种风情,更与何人说"?跑到野外么,又有谁为我的闲愁见证——只是想,我还静静地躺着。我知道一些事情已远去,虽然永远不能忘却;我知道伤心难免,在仔细品味之余。

我决定将这些笔录于纸,也许是我人生长藤上的一个结。这样的一个难忘的时候,干什么也得浪漫着来。我把这些感应写在月光里,让她一开始就有明月的超脱。行文久,眼却禁受不住,意欲执固却隐约听到有人在嗔怪——你不是已经远走了么?是梦,还是幻?

……我点上蜡烛,却没有了月光。我吹灭了蜡烛,圆月却不足以照明。无可奈何,自己对自己说——如此结尾吧。

1992 年 4 月某明月夜

夜,读顾城……

夜,独处一室。隐隐的有点儿累,却又不想过早地睡下,想读着书安静安静。从书架上抽出《顾城新诗自选集·海蓝》(百花文艺出版社 1993 年版),书很厚,拿在手里很舒服,翻开,又看到了一行行长短不一的小铅字,默读着,渐渐地进入了顾城的世界……

书是 1994 年初在石家庄买的。那时顾城的死已在报刊上沸沸扬扬。由于早知道顾城是朦胧诗派的三大主将之一,又因为他的死,才买下来。买后就翻看,那是第一次较系统地看顾城的诗,却读不大懂。那时正对诗的"超俗"反感,就想既然是朦胧派的代表,合该让人看不懂吧,就一笑,合上了。之后 年的时间里,又翻过几回,每次都能读懂前几次读不懂(也可说成没耐心去读)的诗,也能看见他心中一些平静着存在的风景。

第四辑：泥泞歌哭

今夜读，心更是贴近他了。

主要因为在社会中的游走，渐渐粗糙、坚硬却时常回味少年纯真的心。在这样的夜晚，愿意同诗人的顾城神交。自己也竭尽心血地写着诗，也有过一次同顾城相比较的对话：那次出外办事间隙，去看读大学的同学，见到了同学的同学——一个爱好着文学且很执拗的女孩，她听说过我并看过我的诗。她说："你不算纯正的诗人"；我惊问为什么，并为自已数年的付出不平；她说："你在逐渐适应社会，这就说明你不是，真正的诗人是不容于世的，譬如顾城"；我问："难道诗人都要去自杀吗？"接着我就认为她幼稚、偏激、孩子气了。

现在想来，就有些赞同她了。是的，是诗人与否并不取决于成就、名声，主要看一颗心，因为诗是一种太本真的创作。写诗，是一种不需要报偿的付出，而且一颗心因太美丽而脆弱——如果不脆弱了还能保持纯洁和晶亮吗？有时，我们中间相貌萎顿、行为拘谨的人会写出细腻、华美的诗；有时，我们中间成名于诗的人却过于圆滑、麻木。这是一种什么现象？诗人的清高是人所尽知的，但因清高而产生的尴尬和窘迫，又令人很想庸俗、可恶一回。太多的梦在我们的年龄里盛开着，她们因埋在泥土里的根瑟瑟而抖。美丽而残酷、苦难即美，这是我们的定论，我们就不能摆脱这咒语吗？

我们承认田园的、孩子般的诗人不容于世，我们也无奈社会对至真的挤压、吞噬。诗人顾城死了，死得是是非非，我们翻开他留下的诗，就发现作为诗人而非凶手的顾城的温和：

"我离开你／是因为害怕看你／我的爱／像玻璃……我多想抱抱你／在黑夜来临的时候"（《回家》）

"有些灯火／是孤独的／在夜里／什么也不说／／在夜里／这些灯是美丽的／它们做梦／照绿了身边的树丛／／有些灯火／是快乐的／她知道熄灭以后的日月／她知道她的快乐"（《有些灯火》）

"我只要几颗山杨树／像兄弟般／愉快地站在那里／一片风中的绿草地／在云朵和阳光下／变幻不定"（《我的墓地》）

……

还是有些读不懂的，不过懂了他的平和、安静，窥见了他作为诗人所创造的一种美。他是一个诗人，他可能患有精神病；他是一个诗人，他杀妻后自杀了。他有不少过错，但他是良善的罪人，是与非仅一纸相隔。他不在了，算不算一个好的诗人或正常的人呢？想着他那平静着存在的风景，就不怎么怪他了。也许已很晚，在乞求自身少些悸动、多些安静的夜，写关于顾城的文字。

1995 年 2 月 17 日夜

珍珠和嫩肉

蚌壳掀开,说不定会有一颗珍珠。珍珠是宝贝,宝贝的不易得可想而知。据说是蚌壳里掉进去砂粒儿,蚌为了减轻硌磨之苦,用脂肪将它包裹,愈磨愈包住,日子久了,就成为了珍珠。

珠宝是需久经孕育的,不太像钢铁,在烈火中淬烧;那种磨砺是缓慢而悄无声息的,是一丝儿一丁点儿的侵蚀而不容抵抗和逃避;而且十有八九走了形、变了质。其实珠宝只是棱角得别致、只是扭曲得艺术了。

这可以用来比喻许多人。我们前后左右,无论是大腹便便、趾高气扬的,还是拘谨持重、庄严高尚的,连蓬头垢面的叫花子也算上,都是经过了这一番磨砺过程的;掀开或华美或破旧的衣饰,胸腹上皆是刀砍斧斫之痕,却也不觉疼。不觉疼是正常的,清醒着、绝望着、同时也幻想和希冀着的人,也就是在这一过程中始终痛苦而挺过来的人,他们疼得成了艺术。珍宝就是一些不正常的东西。

人们喜爱着珍珠,却不热衷于它的之所以成为珍珠;就是在逆境中清醒而不漂浮的人,他们知道自己的性情如一条轨道,通过刻骨铭心的画廊而最终成为珍珠,他们能预知却不兴奋,他们说:不,如果能减免磨砺,我宁愿做那不久就腐朽的嫩肉。

1995年3月31日夜

一件旧衣服

除夕之夜,母亲从箱子里拿出早已买来的新衣服,当时我下意识地去瞅穿在身上的西服上装,它已经小得不合身且磨损、脱线,不由生出感慨来——这件伴我几年的衣服要被脱掉了!

几年中,穿上一件衣服就熟稔着不爱换的我一直认为它很庄重、大方(至少是适合我的),而几年中的许多有回忆价值的时刻,也有它存在,现在要告别它了。

小了的破了的衣服,脱掉后就要压在箱底了,更有甚者沦落成抹布什么的。有生二十年来,有不少衣服就这样先给我温暖(有时还掺杂着虚荣),之后悄然隐退不见,如同我飞奔而逝的年华,没有再现如初的可能。

现在,我怀着淡淡的惆怅告别这件衣服,还有今晚过后就不再有的"今年",我不想忘记它们,力图找一块地方贮存它们的形象。

——明天早晨,我将在一片鞭炮的欢呼中醒来,试穿新衣。

1993年除夕夜

文学是什么

文学是什么?是人类吟唱出来又在人类头顶上盘桓不去的歌。人类的原始幼稚年代,文学是在劳作时"吭唷"出来的,同树叶、兽皮相差无几,文学也是人类的一件衣。什么样的地域滋生什么样的风情,什么样的肤色腾起什么样的浪朵,我们的黄色的河,她发源于古风、楚辞而一路流转了下来,有唐诗的拍岸、有宋词的潺潺、有元曲的回旋更有明清小说的泥沙俱下。以后呢?又滚滚汤汤地下去了,风云在天际翻腾,这样的浪头、那样的水沫托浮着帆影,一路下去了……

文学是什么?是人类制造的一张白纸,她会用自身的洁净展示人类真善美的本性,她也会以自身的洁净扑向丑恶、肮脏,用以别样地澄清、有力地指责。她恬静,她又忧郁,浪漫得载歌载舞,尖锐得投枪匕首。文学的心灵在高处,在不胜寒的高处。她透明,她又阴晦,她纯洁得脆弱不堪,又愤怒得冷静理智,文学就是这样。

文学是什么?是一种宗教,虽然没有直接的教义、教规,甚至众口不一;她只是在人的心灵上撒播善良、温情。文学是年轻时代的特征,并且让人一生年轻。这无疑是一种烙印,无论我们走到哪里,无论心灵的建筑如何被风暴摧毁,无论心是多么的衰老荒凉,打下烙印的人们,眼前总有一盏如豆的灯在闪曳不灭。文学又是安妥灵魂的回忆,是在旱漠中行走时的干粮和水。我们文学"教"里的人,眼神都是一致的,我们召唤着、聚集着,相视中有默契的欢愉;我们依偎着、牵扯着,都投身进去,我们就是一堆熊熊燃烧着的火!

1995 年 5 月 11 日

等到安静下来

把一些喧嚷着的送了出去,甚至回过头来时嘴里还在唯喏着。回过头来,自己的小屋里,只有静静存在着的床、床底下的书箱、窗台上的钢笔和墨水瓶……站在门口,审视着屋中的一切;我知道书箱里的那些书本、稿纸是怎样零乱放着的。安静下来了,难得的安静。

我坐在床边,脚碰到了那个较小的箱子,便俯身把它拽出来。里面盛着信件,我抽出几封:有文学界老师,我重新聆听他们的教诲和批评;有老朋友,熟悉的语音又在耳边响起;有未曾谋面的朋友,他们还是那么真诚……很长时间不翻信了,我淡忘了,在这之前的每每失意时,竟一直认为自己是孤独的。

另一个箱子装着空白或写满了字的稿纸,还有一个剪报本;很长时间不整理了,它们有些乱。取出来,再往箱子里码;又抚摸到那几本作品集了,从十五岁到现在有七本,上面字迹各异,反映了我逐渐成熟的过程。翻开,那些幼稚的语言、单薄的结构、偏激的想法,现在看来有些可笑了。但我不会否认写作它们时的郑重、投入、狂喜,现在到永远。少年的心情已成了化石,逼真的排列在纸上;那些已少得可怜的清纯,我怎肯轻易抛开?拿起剪报本,心情不是骄傲,尽管又一次扫视着那些铅字;我可以从那堆卷了边儿的稿纸里找出它们的草稿,而一些草稿只是写在皱巴巴的一小块上,所以是欣慰。

……在难得的安静里,我回去了一次。在热闹又要到来的时候,我已整理好了书箱。看着那码得整齐的书和纸,倏地神绪一飘,犹如缩小了身子位于其间,"你们好吗?"

——我轻轻地问,尔后等着它们回答。

1992 年 11 月 18 日

走尽了一条路

时至黄昏,忽然倒了胃口,一时间变得无事可做、无力可出了,其实也是不能做事、不能出力的意思。很懒散时又不困,的确不是一件好事情。我想找一个方式自我调解调解,好让自己的心脉由滞缓到激奋;好象不能去热闹的场所,似乎都腻味了,所以我决定走走,就自己。

这时才觉出:自己呆的地方原来有这么多人、东西、音响,很烦乱!很烦乱少的几颗树也蔫蔫儿的,叶子上蒙了一层不灰也不白的尘土;很烦乱黄昏也有些不伦不类,不是晴爽,也不是阴沉,只有软绵绵的云和白晃晃慈祥的太阳。我异常想见见庄稼和田野,见见那成片的郁葱,我要走走,就自己。出了校门是市场,穿行于人群的喧闹中,我走得很快,似在奔逃。以往逛市场,往往是看看服装、听听叫卖,到了边缘就折回去。很少象今天这样顺着路向外走,而是留在一片温热中。愈走愈静。离了闹市,人就少了,即使有也匆匆忙忙,没有相识的。我一直向东,放慢了脚步,悠闲了起来,并且开始留意两侧的房舍,感受着普通家户的日暮炊烟……

正走着,遇见一个故人,他远远地就认出了我,就叫我的名字;可我的近视眼,模模糊糊地对他怠慢了。我们热烈地谈着,我体内的闷闷也不断随着话语而逸散,轻松多了。真怕他会问一句:读书怎么读成这个样子,你的眼!我和朋友都不能忘记过去,我们很亲近,即使无言以对也有一种别样的含义……

这条路到尽头了。这条路在尽头岔成几条土路,土路上汪着几片积水——前几天下过雨的。这时,天已渐黑,几条土路伸进田野,路旁高大的白杨树耸着浓密的叶子,地里的玉米有半人高了,像绿墙一样挡住了人的视线。日头沉尽,天地暗了下来,四周没有人声,衬得风吹树叶声很响。我扭头看过来的路——众多的建筑物远了、淡了,很朦胧,很安谧。

我踏出几步到了田野里,立得笔直;这个时候,我的心静得发灰,刚才那种没原由的烦燥被一种清冷代替了。我有些怕了,想扭头跑回去。但我坚持着——处于一种静穆之中,感觉风在回旋、碰撞……

向回走时我走得很快。回到寝室,昏黄的电灯却很能给人热意;他们奇怪我的一段时间不见,打过招呼后,就又继续他们认真地争吵。我倚着墙,微垂眼帘,回想着刚才。

1992年初夏于肃宁一中

阅 读

一

理论家说阅读属于接受美学的范畴。那是他们的事。

我只记得一个男孩子用脏兮兮的手翻着书——那书很少是崭新的,大多皱皱巴巴,有时他只能读半篇,或没了开头或失了结尾。那男孩就是我。十一二岁时,我开始接触那些不是课本也不是小人书的读物,新奇使我狂嚼着语句、思想,我四处搜罗着,小说、散文、诗歌、民间文学,甚至一些专业书,我都找来瞟一眼。

一日十行,读书亦吃书。先是学会了引用,五年级时一篇写月夜情思的作文,因肢解了书上的几段月景描写,被老师看中,她红着一双冻手给我改了好几遍,拿去参加了全县作文比赛。自此成了语文尖子。把形容词、成语、名言警句和景物描写抄了好几本,是上初中后的事,随后进入痴读状态,幼小的心被阵阵感动吹得东摇西摆:读曹文轩的《再见了,我的小星星》、《十一月的雨滴》等篇,无数次痴了心、掉了泪,以至于几年后竟跑到北京大学去看他;《北方的河》(张承志作)中在夕阳下凝金聚铅的黄河水,使我常置身于一种瑰丽雄壮中,而王蒙"他妈的三十年不能写河"的拍案叫绝,更令人心动于他的阅读欢愉……

读书一久,心湿润了,眼朦胧了,放眼万物,都是那么晶莹剔透、细腻缠绵;可是初三时眼就近视了,少看了现实世界的许多细致。

二

若说误我之深重,莫过于写作了。

阅读的开始也是练心练笔的开始,写,诗文几大捆:冬霜微白、夏蚊嗡嗡,此中甘苦是不消细说的;含着泪、描着笑,此中悲欢是不消细说的。每成一文,自己先依情就理地诵读,然后奔至好友处,给他看——写作的开始也是寻求理解与共鸣的开始,他笑了,因为写的就是周围这些事这些人。随后,也学着投稿了,焦灼与渴盼自不用说;作品发出来了,当着别人不露声色,私下里自己是看了又看……

我读别人的同时,别人也在读我。

第一本书出版了,朋友写了信来:"你的《飞翔的原因》正在我的桌上,已厚厚的,上面写满了我黑色的字迹……让人怎会不落泪呢,这样的句子,这样的心情",更有众多不曾谋面的读友,只言片语、一张贺卡,说的尽是同龄悲欢。

傍晚，同友人坐着，一弯新月静悬，她突然叫道：你《初月》中所写的境界我体味到了！

还是傍晚，端着饭盒走出食堂，忽然听到广播里正念一首诗，咦！怎么这样熟？这不是自己那首《在生日里为自己立传》吗？女友含笑的眼波闪动着："这是我送你的生日礼物……"

——这是多么美妙的事啊！

我只希望，某年、某月、某日、某地，某个人（还会是以前的男孩吗），拿着一本不知书名的书，读一篇没了标题失了作者姓名的文字时，听到了我遥远的心音。

1997年12月10日于廊坊师专

心得一二

与同学夜谈，说的多是同行之事，随随便便、嬉笑怒骂，回来后却碰撞内心，于是忍着困倦，落笔成文。

以前我真的好傻，人们称十几岁的我为天真，其实是一回事儿。我以为作家不食人间烟火，常费着脑子想他们如何吃饭、说话……放屁；我把作家按自己从小说、电影中看来的形象，归成鹤发童颜、慈爱可亲、博学强记等许多类型。我大伯就是位颇有名气的作家，他远离故土，我看了他好几次，才把以前想象的模样，一点儿一点儿换成他客观的面容。对其它作家也这样，见面后一出来，就忘了人家的眉眼儿，忽的又跳回自己的想象。就这样顽固。崇拜作家，发疯似地写作，终于有一天我也成了作家，当一个与文学压根儿不沾边儿的人笑着喊我"作家"时，我很不习惯，很恼火。对作家的膜拜之情也淡了，又换上了惺惺相惜，我常想：都是对着月发痴、对着花掉泪儿的主儿，容易吗？得团结。每遇见一个人，若听说他也写东西或爱看杂书，就不由得亲切，好像是远亲一样。看人家的作品，常忍不住拍案叫绝，受不得一点儿真情与精致的感染。常想：如果世界由文人作家掌管，是不是很好？你多愁，我善感，他空灵，世间得少多少争执与龌龊！

事实证明我傻得可以。文人也是人，也要吃、穿、住、行，在某些方面比人还要人。多情与善感使文人的矛盾变得滑腻些，但五脏俱全、毛发毕现。你惺惺相惜，征询人家意见了吗？一细看，正拿一个大标尺衡量你呢，他的鞋愣放你的脚，你说合适不合适？所以标准的文人都很有城府、很清高。你不要对某某说某某某对他有意见，他对某某某的意见早大得不得了；由于天真，被一些不天真的文人坑得死去活来，终于处心积虑地砍了人家一刀，咧着嘴傻笑时，他在被砍中之前就刺过来的剑把我穿透。政治家勾心斗角、小商贩分利必争、女人善变健忘，文人何尝不是这样呢？

我愿意把作品给别人看，心挺诚，得到的评价却不高，有一阵子我很羞惭。终于有一天，我把自己的书给一个人，他比我出道早、名气大；他一接过来，头连连摆：什么呀什么呀！我发现他根本就没有翻页。于是我明白了，是啊，不挑出你的毛病来怎显出我的水平？身边人都说我：你看谁给谁叫好，显着你水平多低啊。我答：我是看《儿童文学》

起家的。其实不定有多少人这样看我呢,不是好好先生就是初级水平小儿科。再一深谈,人家就搬出某某主义、某某手法及众多专业术语,那种不屑与自傲,把你推出去好远。我这样大呼小叫的,恐怕注定与评论无缘了。

落后就要挨打,我变聪明了。听理论课时眼睁得大大的,准备好多词儿应付别人的请教;也夸人,但适可而止,不让他乘机冲过来"轻薄"我一番。学着话留半句,临事先缩头,这叫做"冰山理论"。心得不一而足,说给同学听,夸我聪明、得体、干练、得人心,我忙说:哪里,哪里,谁不知道我挺傻?

1997 年 12 月 11 日夜于廊坊师专

运气中等

静下来的时候,或喧哗中不被别人注意时,我常想:自己的运气是中等的。想的时候也是不好不坏,既没有狂喜、窃喜,也不痛苦、悲怆,以平静的心态很明确地感知自己运气中等。

细想自己这几年,苦苦创业、迷惘追求,虽然目标像浪尖上的救生圈,总在眼前飘来荡去的抓不住,但毕竟也跟随着走了一段又一段的历程。自己的脾性自己明白,是有些野心的,羞耻感也强;于是就奋斗,还受过别人的称赞与崇拜。当然,也走了很多弯路、吃了不少苦。

感觉自己运气中等。运气不运气的,首先是感觉中等了。不高不低、不喜不怨且不算不死不活——这恐怕就是成熟或准成熟吧。屈指一算,虚岁二十五,立世几年总体上发展尚可。有惊无险、没吃过大苦。先说事业。爱好文学,就写,有退稿、讥讽、心酸,但十几岁就正式发表了作品,接着出书,接着入作协;从学校出来入文化口儿,老爸老妈没钱没势,但倾力支持不让干农活儿,这不,开始挣钱返给家里了。嫉妒过有作家爹妈的同龄作者,但不也是"吭吃吭吃"地达到同一条线上了吗?眼红某某的大红大紫,可自己不是小人家十几岁吗?况且,还有很多不如自己的呢。

这年月,生产力大发展,虽工人失业、商人皱眉,但也没有冻饿之苦、战乱之忧,比吃糠咽菜、担惊受怕的老辈儿人强多了!经常负债,但也短不了你请我请地撮一顿,消化了不少鸡鸭鱼肉。受点儿苦的话,也就是感情上的苦,天生情种,几年情场鏖战,情犹不得付,空留哀怨几许、酸诗一筐。但哪个不是心上女子,哪个不刻骨铭心?"只求过程,不求结果",一循公众的道理就顿感丰富。

读友肯定骂我站着说话不腰疼了,其实不是。胜负均有天意,有时是很怪的。说挣钱:有的业务无论你多努力、多具备优势,一概不成;而有的买卖,无心插柳一拍即合。"祸兮福之所倚,福兮祸之所伏",不可能总顺,也不可能老倒霉,世事大概若此;当然,你得不停地跑,但不定哪块云彩会落下雨来。爱情也这样:先前与一女子交好,差不多一天一见,神使鬼差似的,且每会必欢;待苦恋惨别,竟左转右碰、隔墙传书也不能相逢,奈何？情与缘二字，不是我们能安排的。

　　有些人升了官、发了财，有些人却意外地死去了。我还活着，每天忙碌，经历着小悲欢；苦闷过，认为此生无味，一天乃两个半天而已，但也因一些蝇头小利眼亮心跳、寝食不安。算了吧。我怕被误解为宿命论、唯心主义，其实我很忙，也很在乎，那咱们理解为"不以物喜，不以己悲"、成熟或准成熟，好不好？

1997年8月8日夜

伤心大肚子

　　高中毕业后就进入社会，也上了路。每年下来，在路上的时间要多于静止，写的多是飘泊文字，也得以喋喋不休地向尚在笼子里的人们讲；也给了众人一个流浪的形象，说不好听的，就是蹿来蹿去的意思。

　　看来什么事情都有两面性，很多时候只要一不留神，就向另一端滑了过去。

　　每次回家，一些亲友，特别是姥姥，总在端详我一阵儿后，说：瘦了。我就从中感到一种慈爱的怜惜及对旅途辛酸的慰藉，是啊，除了他（她）们，谁会反复映现你的音容笑貌呢？路上的甘苦自己是知道的，往往在现实中吹起一个泡泡，然后追逐着，而更多的是"啪"的一声破灭了，还是以前的生活。所以顺利与否、宽心与否，总和胖瘦相连的；激烈的奋争中，也常常盖住瘦脸、划划根根可数的肋骨，滋生出一些凄然、乡愁与悲壮。

　　我喜欢别人说我胖了、发福了等等，因为这就意味着手头不紧、美梦变幻着成了真，昔日美丽的凄楚已被时光冲刷成一种饰物。每一个追求者，若以此种为结局，那就有福了。喜吃肉，常自谓"肉食动物"、"胃亏肉患者"，渐渐地，体重上升，尤其是肚子，局部发达。我以前希望听到的话，别人说了不少，很多时候竟成了调侃；而自己，对着滚落在地上的诸如乒乓球之类，有了气闷的感觉……

　　我还没发财，想着以前自己老鼠夹子般的敏感、麋鹿般的矫健，就有那么一点点伤心。

1998年4月13日

幸　福

　　在杂志上看到两条信息：一、某位大红大紫的影视明星，在现实生活中却蛮横无比，凌驾于诸人之上、作言作色；二、也是一位巨星，业绩赫然、貌倾城国，且拥有过亿资产，与同是明星却远逊于她的丈夫黯然而别。

　　读罢，引起内心的不适。前位明星清纯玉女状，明丽、恬静的形象已深植我辈脑海，如何有这般的差异？那位巨星的丈夫，更是掉进蜜罐儿吐胆汁儿——何苦来呢！

　　心情郁郁，宛若一个喜忧从他的标准发烧友了。然后就想到了一个词儿：幸福。

光艳照人也好,要什么有什么简直乐死人儿也好,不就是芸芸众生眼中的"幸福"么?梦寐以求、趋之若鹜啊!怎么会这样?真叫人活着索然!

其实真的不是这样。细细一想,他们也有着烦忧,也该仰天浩叹:幸福在哪里,幸福在哪里?

看来,"幸福"这东西须好好咂摸咂摸呢!

幸福只是一种状态,也是一种感觉,看不到、摸不着、说不清。譬如我们感冒鼻塞了,就想:呼吸通畅该多幸福啊!其实呼吸通畅是大多时候存在的正常状态,由此可推出:幸福即是不痛苦。只是在这里我们分不清不痛苦与快乐的差别来。

可继续分析:我们的正常状态也就是不痛苦而幸福的时候其实很多,只是我们浑然不觉罢了。鼻子通气儿的时候,我们不会在意它、意识不到它;本来短暂的痛苦,却因种种不适而无限扩大、无比沉重、无边漫长,令我们辗转反侧、耿耿难眠、记忆深刻。于是我们就把二者的比重倒了过来,自以为看透了的人,就认为幸福难觅,而痛苦不可避免地周期性袭来。悲观的叔本华认为:人生不过是在一条铺满火炭的圆形跑道上奔跑,痛苦而无始无终。

在现实生活中,人又有不满足、见异思迁等劣根性。为什么大半的正常状态也就是幸福被视而不见?因为人们不满足,认为这不算什么;即使是痛苦时万分心仪的,也因为已然得到,而变得不算什么了。大多数人难逃这样的惯性,以发展的目光得陇望蜀、饱暖思淫欲。正因为这些,人们无视幸福,而奔向下一轮煎熬之苦。有不少人用爱人的眼泪串成帘子,装饰着什么,然后两眼放光地向远处奔驰——又得到什么了吗?无非是另一轮的欣喜若狂——兴趣索然——黯然神伤。

有段歌词很令人感慨:"你现在还好吗?是否过上了你想要的生活?我不能给你的,你是否已拥有?"你拥有了吗?地位、金钱、美色,在你一次又一次地逃开后——

你幸福不幸福!

1999年5月6日

是 非

在家的时候,有时听到村人和父亲开玩笑,被他们言语和神情中的随意深深刺痛。父亲曾从高处摔下,左手骨折,断骨扎了出来;萎在车厢里的他身上有草屑、尘土,苍老了许多,下巴上满是胡子茬儿,好像在几秒钟里涌冒出来似的,泪水模糊了视线。

啊,之所以如此地难以接受,是因为父亲在自己心里是那样的高大、完美无缺!

不仅是父亲,还有母亲、姐姐、姥姥……这些朝夕相处的亲人,在幼小的心里,都是那样地恰如其分,好象换了另一种,就不是父亲、母亲、姐姐、姥姥了。血浓于水,更重要的,是自己那颗稚嫩的心。

不知从什么时候起,自己开始完善自己了。自幼怯懦,很久都不敢指摘别人,只是沉浸在自己幻化出来的情景，一次次感动不已。高大谈不上，但合情合理。待见识多了些，与他人碰撞多了，也感到疼了，也就有了意见、不平：他(她)怎么会这样？无情、无义、不懂规矩，真他妈不是东西！小时候受过家教的，不能背后说人家坏话，当面痛斥又没有勇气，只有在心里丝丝缕缕地缠绕起来，堵在那里。

又不知从什么时候起，听到了关于自己的坏话儿，有传过来的，也有直接当作意见提出来的。登时脸皮发紧、口发干，掩不住的窘迫，随后愤愤起来：怎么？竟然这样看我！天啊，我可是一直清白、耿直地活着啊！"君子坦荡荡，小人常戚戚"，堂堂男儿呀！委屈之极，说不出来的感觉，又不能去解释、吵闹，人家一个眼神、一缕笑就挡住了你。

然而细想之下，却不禁惊骇：自己好像也许可能真的有些那样哎，如人家说的，马马虎虎、粗粗鲁鲁、邋邋遢遢——这只是表面的东西，本质呢？也有点儿阴险、自私、好色、缺德。须知人家也不是轻轻易易就胡说，也言之凿凿、有根有据呢！须知你是一个世界，别人何尝不是一个宇宙！

这么多的是非评判标准，这么多的出发点与立场，谁知道自己在别人眼中又是什么样子呢？有例为证：一次几人喝酒，一名学生坐过来，有些尊敬的样子，然后挺真诚地说："我初次看到你，就感觉你长得挺狰狞的。"朋友在旁边插话："怎么狰狞啊，一看他就一副傻乎乎的笨样儿。"笑。我还是比较接受朋友的说法，虽然我认为自己潇洒、机智有余。可乐的是，那学生长得确有些浓眉豹眼儿。

外面的世界不是自己想象。这倒也罢了，最难熬的是自己真正错的时候。现已长大成人，各色人物、事体均得以见识，也曾绊倒在泥坑里浑身污垢。错了，心痛倒是其次，主要是不安。莎士比亚名剧《麦克白》，讲的就是麦克白弑君杀臣最后惊悸而死，老麦是恶人，但他失去了灵魂的安宁，在内疚、惊悸、涂抹污点中煎熬，他是可怜的恶人。于是也内疚、惊悸，想补偿。有朋友说："算了，要知道事情一开始就已经有是非了，信任你的总会信任你，攻击你的永远也不会放下武器。忏悔没有用，补偿也没有必要。"最后她说："你还是不行，要少管闲事，为自己的利益要当仁不让，其余的，不要庸人自扰。"

我知道她的话是处事箴言。曾和朋友说："人做恶有三种状态：一、被蒙蔽着做恶；二、目标明确地做恶；三、不忍做恶却被迫无奈去做恶。"朋友笑道："这第三种才是五味俱全啊！"

他年逾不惑，一脸沧桑。

"人在江湖，身不由己"，是是非非是说不清的。有幅漫画，画着一只小老鼠，配一句话：我丑，可是我妈喜欢我。一想起来就有些心酸。活得有点儿累，故乡的叶子才是永远的纯粹的绿。

1999年5月22日凌晨

怀念苹果树

我终于坐在火车里吃上自家产的苹果了。火车一个劲儿地飞奔,而此时的我是空闲的,在渐垂的暮色中,这几个家里的苹果,又给我带来一些什么样的感受呀?

一直以来,在火车上、自家产的苹果,这二者之间总有些距离。村人们大规模地种苹果树大约在十年前,那时苹果对于农家来说还是很金贵的,只有走亲戚时或生病了才能吃上一两个。栽种时极其兴奋:"咱家也有苹果树了!"很快就幻化出在果园里大吃特嚼的情景。

除了一些死掉的,苹果树都生长了起来,还可以说得上茁壮。苹果树越来越高,外面的苹果也越来越多,等到挂满果子时,市场上已经果满为患了。村人们怎么卖掉苹果我不大清楚,因为想象中的丰收我家从未有过。也就是二十来棵树,长得越来越高,枝叶蓬松开来;它们都有些不像苹果树了,就像多年未嫁的姑娘一样,高大得多余——没有人为它们施肥、剪枝、喷药,母亲的身体垮了,父亲在农余行他的医;我们姐弟三个,渐渐地,都远离了家里的田地。

那些高大得一身轻松的苹果树,一直是我心中的症结。我多是坐着各种车穿梭于城市之间,在土地和庄稼眼里,我已是一个陌生的人了。父亲仍不轻易扔掉田地,他有时忙里偷闲竟去管理果树了,果树们也就或此或彼地"丰收"一下子:别的树零星的几个,而它却压低了枝头,让人们感受到它们蕴涵不发的能量。

前些天回家,听说苹果树很有些奇怪地空前丰收了,普遍结满了果;果子摘了下来,盛满了一个大缸,铺严了厢房的地面。家家都这么多,所以是不好卖的。母亲极力让我带上一兜、一箱或一口袋,"搁着也是搁着,省得在外面买了。"但在外面,这些苹果的价值,还抵不上来回捎带所受的累!还是带了,而且在穿梭如箭的火车里,吃上了自家产的苹果。而且我知道,那些高大的苹果树已经被砍倒。时代变了,苹果树上结满的,不再是人们强烈的盼望。

过不了多久,这偶尔能给久滞异地的我些许感受的苹果,也不复存在了。我也只能在这寂寥、灰朦的黄昏,做一些没有准备的怀念,对苹果树,对那同样苍茫无语的田地。

1999年11月

奶 奶

无意中拨通家里电话,听见那边一片忙碌,大姐说:今天是咱奶奶一周年祭日,家里正忙着。放下电话,心想,怎么就不告诉我让我回去呢?离家不过三百里地,难道说我工作忙、孩子小不方便?是的,奶奶已经离开我们整整一年了,如果大姐不说我是算不准这个日子的。

这是一个写怀念文章的日子,也该写了。一年的时间里,有"作家"虚名的我,却没有文字献给她老人家。近年来,浮在异乡的我与故乡渐远,每次回去都匆忙,好像在外面混得多好一样。其实在我的心里,乡愁是渐重的,有时弥漫得满心胸都是。

我十岁的时候跟奶奶做过伴,她是识字的,而且能讲许多故事;晚上,她指着天上告诉我,哪是北斗七星、哪是牛郎织女。除了讲故事,奶奶还在半夜里推醒我跟我絮絮叨叨,说娘和婶如何如何不孝;虽然困得不行,有一阵儿我还是对娘很有意见。过了几年,才知道奶奶的多疑,她总是猜测,怀疑儿媳妇对她有意见且预谋害她。自娘嫁过来,两人之间就很少和谐过。娘性子直、脾气烈,每当得到莫须有的罪名就气得不行,在我的印象中,她多次气得背过气去,让人们捶后背抚前胸的慌张、忙碌,直到把硬朗的身子弄垮了。虽然这样,娘还是该怎么孝敬就怎么孝敬,我曾记得这样的情景,奶奶在炕上盘着腿儿,娘给她点烟。

奶奶不在乎我的背叛。在她的眼里我是个乖孩子——当时我在胡同里的名声着实不错——她还是偷着把一些放得硬梆梆的点心给我,我往往拒绝,不象表弟,吃完了还惦记着别的,愈发"仁义"。奶奶越老越糊涂,在村里是出了名的。她翻文革时的旧账,靠儿媳赡养又愈发怀疑她们,她找到有文化的我,让写她"结婚那年日本鬼子进城,"四清"、"文革"时遭批斗,爷爷死得早她怎么不容易";她经常在村里说:"俺孙子能写,他是作家,长能耐了。"我却从未写过她的"历史",在她面前,我总有一种八路军政委的感觉,以开导来搪塞,往往又能保住好孩子的称号。她一见到我,就拉着我的手,没几句就老生常谈,一会儿泪水就跟下来了,以致有时见她没瞧见我,我就悄悄溜过去。

其实奶奶是孤独的。我们总认为,吃好穿暖找个地方一呆多好,而没想到她需要的是交流。奶奶很早就聋了,别人说话她听不清,久而久之怀疑丛生。她是热心和我们交流的:娘和婶经常给她洗衣服、被褥,有时她过来大姐就让她洗脸,用蘸了水的梳子把她零乱的白发梳整齐,这个时候,她是高兴的。她有时也看会儿电视,离得近近的,细细地瞅,一会儿就扭过头来冲我们笑笑。她的兜里常有糖块或其它零食,经常拿出来给这个给那个,可是连小孩子都知道,东西已装得很脏而不要她的。她有时说话出奇的得体,每逢家里来了求诊的病人,她总是应对得很好,能记住很多人。对我的妻子她更显得"客气",除了坚持地把兜里的零食掏给她,在前来哭诉时,娘用手一指屋里,示意人家正在呢,她就收敛了悲声,说些别的或离去。如果仅限于此,这是一个多好的老太太啊。但她还是三句话不离本行,一拐就到她的"悲惨"上了;我们也正因为她的絮叨而说她而离开。现在想来,有着众多子孙的她其实是孤独的,絮叨,却无法言说。

奶奶故去时八十八岁,是让子孙有自豪感的岁数。去世前的几个月,她变得十分倔强起来,不像以前,人们劝劝她就离开就罢休;饮食也没有了规律,有时就来吃,有时送过去也不动。她总想去六里地外的三姑家,因为她的反复无常及三姑的身体还不如她,大家都不同意。她就出走,好几次自己夹着小包颠着小脚不打招呼就走了;得到消息的爹和叔骑上车子就追,如果晚了没准儿就走到了。有时傍晚她在街上还不回来,儿子们就得满村去找,村人们经常提供她刚刚在哪里的信息。娘的身体已经彻底垮了,没有能力同时也不愿和她辩一时的是非了,对她的絮叨甚至谩骂都十分平静。那几个月,我们几个成人的孙辈都在外面,家里的压力骤然大了起来;但人们都知道:变了脾气的她,没多少日子了。

　　去年同样如蒸的夏日,我刚从北京采访回来,几日没睡好正想睡上一大觉,呼机上出现"家中有事,速回"的字样。在电话中听到奶奶的死讯,我的泪水"唰"地淌了下来,事先我连她弥留的消息都没有得到,我那整日奔走在村里虽糊涂但身体硬朗的奶奶,永远地去了。翌日晚,我请了假,安排了怀孕的妻子,倒了好几次车,来到奶奶的灵前,双膝跪倒、失声痛哭。我为她彻夜守灵,以赎我的迟来之罪。在现实中,一切都与艺术离得甚远,我的泪水是流着的,但做不到想象的悲切,我只有长跪,信奉灵魂的存在。我没有揭开盖在奶奶脸上的布,没有看她最后一眼,不知为什么;我只看见棺木里满是阳光,因为即将的永久的漆黑而白亮耀眼……

　　思念是仓促而肤浅的,在匆忙恍惚的日月里,逝者无言,而生者总有理由。娘几次对我说:"你奶奶走得很仁义,落炕就那么四五天,没有拖累人,俺觉得没有伺候够。"奶奶,您泉下有知,该满足了。我依然为生计忙碌,为一些您不懂或不屑的东西殚精竭虑,并作为不回家的理由。碰巧读到一句联语:"百善孝当先,论心不论事,论事天下无孝子",读后默然良久。奶奶,一年来,当您的孙子理想遥远、苦难重重时,他曾向您祷告:如因冤孽深重而赐难,他愿领受;同时请您远远观望,烛照他走好他的一生。

2000年7月22日夜

月　颂

　　今夜你的状态最好了,八月十五中秋夜。我们小家三口奔波了一天,回乡与父母的大家团圆。晚上,我才明确无误地知道,自己栖居的城市,难觅这样的月光。

　　那么多赞美的诗词佳句,就不必提了罢,我只是惊诧:你还是那个样子! 独自在夜空中,浑圆、晶亮,那光华掩没了绝大多数星辰,少有的几颗也被逼得退向远处。那么简单、纯静的美,使人间众多美妙比喻应运而生,却又明显拙劣。浓密的树荫挡不住,每一个枝与叶的缝隙,都缀着一个你。

　　你还是那个样子哎,思绪一飘已是数年前了。在你的照临下,在这个村庄,几许徜徉、几多情泪! 你的各种美已深植我心,我离开了,躲进钢筋水泥的丛林,被霓虹灯的雾罩着,一晃好几年了。变了,有了新生的稚嫩的婴孩,勤快的姥姥已老态毕现,我也所谓地成熟了。久违了，因为自己的改变，我不敢去想象你的样子。然而，你还是那样，几年的时光，丝毫没磨损你什么，令我这个日趋平静的追求者感慨丛生。

节日，其实就是赴一个美妙的约会。你的影子在缸里的水面上，与空中的那个一般无二；我用瓢舀了，你就到瓢里来了，圣洁的，我毫不犹豫地——一饮而尽！

2000年9月30日夜

吾乡吾老

前几天回了一次乡。虽然每隔一两个月就回去一次，心却总是迫切的。因为在外定居了，所以回乡主要是看看父母、长辈，时间允许的话，再与朋友见见。

家里是有些变化的。一条让生活在城市里的我欣喜好久的柏油路，窄窄地通向村子，这是在家时做梦都想的好事儿，只是，上学时每天来往的雨天一准儿泥泞的那条土路，永远见不着了！父母已基本放弃了田地，过起了"退休"的生活，爹可以专心行他的医了；有了孙辈儿的他们都成老人了，到了让人时常惦念的年纪。

正说着话，姥姥来了。我本想一会儿就过去看她的。姥姥问我带没带照相机，若带了就给她照一张像，要正脸的。我纳闷以前不愿照像的姥姥缘何主动提出要求，她说：正脸的可以放大，等"没了"好弄相框。我的心一沉，她却很无所谓的样子。在一旁的大姐不高兴了，嗔怪道："照像就照像呗，提那个干什么，让人怎么给您照？"

"那有什么？都奔八十的人了。"姥姥说。

哦，姥姥都快八十了，在我印象里，她还停留在我孩提时代的五六十岁。

在门口遇见邻家爷爷，他曾与爷爷一起经商，八十多了；而爷爷已故去四十余年。他还是那么风趣，说：回来啦，来，握握手！嘘寒问暖中我得知他已不自己起伙，搬来跟儿子们过了。突然想起他的老伴儿，刚想问候又猛得打住：几年间总是来去匆匆，村里的事好多都不清楚，如邻家奶奶已故去，岂不唐突？就把话咽了回去，聊别的。第二天，邻家奶奶来拿药，还是那样颤颤巍巍，心才释然。

早晨上街时又碰见一位爷爷，他是四姑的公公，沾亲的。他一个人站在门口，我走到近前与他搭话，他才认出我是谁来。他说：你该常回来看看，家里老人想啊。又说起他的孙子——我的表弟，说我的表弟懂好几个国家的话，本来可以当更大的官儿，但让父母拦在家里了——孩子有能耐了，就走远了，老人更孤单——现在当个厂长就不错。我看着自豪的老人，不知道刚毕业参加工作的表弟怎么在他爷爷那里就成了神，我还听出他几次叫错，孙子、儿子的名字混在一起。

老人今年八十九了，与前年故去的奶奶同龄，他身体依然硬朗，他是老党员、受人敬重的老村长，据说年轻时当民兵，曾见过毛主席的。老人的身后就是我家的老宅，我穿着开裆裤在这个胡同长大的,晨曦中的老人的脸是那么祥和,使我顿生一种从未离去和终将归来的感觉。

2001年1月3日夜

当爱不存在

看一部电视剧:腰缠万贯的大老板爱上了年轻的女助手,重用她、讨好她,送她贵重物品,深深地痴迷。女助手却对老板没有感觉,牢牢地站在自己贫苦的男友一边,于是乎,一个千方百计追,一个百计千方躲。

看完后心情异常感慨又沉重,为无常的爱情。女孩忠贞自己的爱情,不为金钱所移,没有什么错。那老板真情难掩,不顾身份低三下四,啼血乞爱,也没有错。这都是爱情在从中作祟! 对一个异性有好感,发展到爱恋,应该是很平常的事,表达、追求,更无可厚非。但正如一句话所说的:流水在遇到石头的阻挡时,才会激起美丽的浪花。爱情也是如此,一旦有了难度,一旦遭到拒绝,好感反倒见风就长,越是哀愁就越是美丽,人在爱情面前有屡败屡战的通病。

像电视剧里的老板一样,在生活中,被无望的爱折磨得不成样子的人很多,换来一方憔悴一方烦恼,甚至终生隐痛。乞爱者不会知道,正因为对方没有感觉,自己才爱得如此痴狂;反言之,你的爱越痴狂,对方可能越无视你的存在。许多人被痴迷者无限美化,许多人为自己臆想的偶像海涸山移,如一句诗写的:是我们抬高了星辰的位置,心甘情愿住在下面。

其实爱情是年轻时代的一种流感,忽冷忽热、损耗身心。大多数人只是在臆想中深恋着自己,经过风风雨雨后,很多人清醒了,又不相信爱情了,或者说不敢再涉足那个雷区了。就拿剧中老板来说,若不被自己制造的巨大的美丽压倒,凭他的实力,同质同量的爱不一定在别处找不到。要知道:当爱不存在时,你的情泪只能被对方串成帘子当作饰物。退一万步说,就算应了那句"男怕勾搭女怕磨",千辛万苦地进了城,但因追求时的"不平等",以后就有可能偏重地活下去——"妻管严"很多是在恋爱时期就得下的。

当爱不存在,其实不如走开;如不甘心,不妨坦露情怀,然后再理智地离去。也许你的背影会在对方心中留下一些痕迹,这样,在某种意义上,你更多地得到了他(她)。

2001年1月6日夜

爱的恐惧

"爱的恐惧"?这句话在脑海里盘桓好久了,但一写出来又动摇了,怎会有爱的恐惧呢?归根到底还是与爱离得远了:虽不到而立之年,但有时就开始反思爱情了;爱情有梦幻与激情的本质,一旦反刍它,说明已水淋淋地上岸了。

在社会中闯荡,常有人心叵测之感。是啊,事好干,人难处,这个不用多说历尽沧桑的人也大有同感。而爱情乃至婚姻又何尝不如是呢?组成家庭,作为一生营建的根据地;找个爱人,两人厮守一辈子——可不是件小事。此等人生大计万万不可马虎,很多人前思后想、斤斤计较:对方的家庭条件、工作单位、身高长相等等,这时候,哪怕脸上多长了一个瘊子,都可能成为影响成败的要件。有句老话儿叫"门当户对",细细一想,爱情这个东西,其实是一点儿也不浪漫的,也很有阶级性。

对待爱情,要"吕端大事不糊涂",因为一旦糊涂,就可能弄乱自己的一生。讲一件小事:我的一位叔叔,曾与某女定亲,后觉不妥;但若男方提出分手,定婚钱恐杳如黄鹤,那笔钱对于贫苦的家庭来说,可不是个小数目。叔叔很有计谋,找到女友,称家中母病需钱急用,女不疑,将钱给他。不久,叔叔提出异议。佩服叔叔冷静机智之余,又想起一句"夫妻本是同林鸟,大难来时各自飞",说的就是即使恋爱成功成为一家人后,阶级斗争这根弦也不能松。

写到这里,也觉得这样说爱情似乎有些残酷,须知自己也刚刚恋爱完毕。但爱情作为一条通往婚姻的必由之路,确实十分复杂。恋人、夫妻之间的关系,有时要远比竞争对手之间复杂。

当然,不排除坚贞不渝、相敬如宾的二人世界存在;而且几乎可以肯定,每个人、每段恋情,都会有真情流露的时候。但世事如棋,我们所要面对的,远不止两个人如何恩爱的问题。所以想起热恋时情话缠绵,恨不得将心掏给人家,真有些不好意思;经过了爱,或终成正果或劳燕分飞,如若对方始终保持清醒,自己却几近透明,思之不禁悚然。

2001 年 1 月 21 日

可能的爱情

每次读到报刊上有关情感的文字,心里就有"应该为她写点儿什么"的冲动。自己一直靠写而活,却没有为她写过东西。她的确不算我的什么,以前记忆的潮水退得真干净,即使翻遍满地卵石她也没有出现过。近一段以来,却总想起她,想起那一种可能得到的爱情。

时间往前推,回到六年前。那一年的夏天,我高考落榜回到家中呆着;没有太多的愁苦,那时的我已经疏离课堂而决意在文学上一决胜负了。所以我的头还是昂着的,而没有预见到以后绵绵的苦难。当时我是一个身在农村心理却有些古怪的人,以至于有人给我说亲时,我竟哭笑不得:我是谁呀,心比天高、情比海深,在学校时诸多情愫就已尝尽。说白了,给一个诗人说媒,无异于怀疑一位村姑会不会穿针眼儿那样可笑。

我却答应去见她了。提亲的是一个长辈,任你是诗人也不能一推二六五,村人会说你拿豆包不当干粮。还有母亲,她同其他母亲一样,非常愿意去看看。所以冷笑也罢,像蒙受什么耻辱也罢,得去。当时我还有一个不好的想法:花一两个小时去和一个姑娘聊天，未尝不是一件好事。她上初中时与我的老友前后桌，老友对她印象还可以，说她挺白的，但有点儿倔。

那个下午还是给我留下了一点儿印象。天很蓝，太阳很高。我穿了一件崭新的白衬衫，与母亲、媒人一人骑一辆自行车。这样的装束与母亲脸上掩饰不住的喜悦，使人一看便心知肚明，一位大婶拦住问："去相亲吧？看这当娘的乐得！"

到了，进了一间屋，见她垂着头坐在炕沿上。说了两句，其他人就到别的屋去了，只剩下我们俩。我倒没什么，侃，多年的阅读已经使我动辄滔滔不绝了。她不说，只是听，偶尔抿嘴儿笑一下。她低着头，脖子很白，其他的却没看清——我的近视已过三百度了，母亲为了掩饰我的缺陷，临出门时硬叫我把眼镜摘下放在家里。究其根源还是没戴眼镜的过错。我俩一呆就是两个钟头，我倒没什么，同异性朋友聊起来还没完呢，甭说相亲了。但媒人却很惊讶：一谈俩钟头，很合得来呀！回去问我怎么样，我如实回答，没看清楚，不妨再见一次。于是又见了一次。没几天，村里传出话来，说我们俩要成了。

哪儿跟哪儿呀，见两回面儿就结婚，那这婚还结得清吗？其实她真的不算我的什么，不是不尊重，而是没到那个地步。我的心在远处，在不是现在和此地的远处。我的恋人应是笑如银铃、哭似黄鹂（黄鹂怎么哭？）的女孩，虽然我还不知她长什么样子、身在何方。

我很快就在路上了，逐渐地远离了生养我的那个村庄。如今，作为一个可爱女婴的爸爸，我回首我的情路，莫不是坎坷复坎坷，自视甚高而又先天营养不足，我所中意的女孩，都是被我的赤诚打动后，又凫着我的泪水游走。有几次身心疲惫地回到家里，姥姥问三问四后说："你见过的那个闺女，现在还没嫁人呢，说就愿意你。"

——怎么可能呢？即便是，我又怎能跌回原处？

现在却有为她写点儿什么的冲动了。我想，如果念头一错的话，我们会在一起，干活儿、吵架，我会在大姨子的嗔怪中、小舅子的怒视下乞求她破涕为笑，然后再和老丈人喝上半斤八两；我干着那些力气活儿，她白皙的手也变得粗糙——这不是一种幸福吗？我的那些乡下朋友就身在其中。而现在，日出暮归、男耕女织只是我们这些所谓诗人在书桌前的惺惺作态，在不知麦子绿、桃花开的城市里活着，冲着蝇头小利双眸放光；审视自己千转百回后所拥有的，就真质疑自己这些年的追求。我曾执拗地想，我的恋人应是笑如银铃、哭似黄鹂的女孩。自己旧作里倒有几句比较适合她：

"我的旧时相识／被山隔被水挡在时光的河流上／漂远／我以逮到麻雀的多少计算自己的成熟／你却用深沉的目光遥测着彼此的间隔"

就是这几句，也是写给一个毅然离我远去的女孩，而非她。

2001年4月

坚强而持久地活

若写这篇文章的话,应去查一下女作家三毛的散文《不死鸟》,对于这位流行作家的作品,我仅看过这一篇,却留下了较深的印象。她在作品中论及生死:

"毕竟,先走的是比较幸福的,留下来的,也并不是强者,可是,在这彻心的苦、切肤的疼痛里,我还是要说:'为了爱的缘故,这永别的苦杯,还是让我来喝下吧!'"

"在这份责任下,就不再轻言消失和死亡了。"

可最后她还是用丝袜结束了自己的生命,在亲人们之前,她实在没忍住生的痛苦,毁约而先死了。

写到这里好象向人们宣扬死有多么多么好似的,其实死有什么好的?只不过生太艰难而辛涩了!世事不如意者十之八九,生命是被一点一滴磨损完的,孟子云:"死亦我所恶,所恶有甚于死者,故患有所不避也。"在现实社会中,所有完美主义者都是逃避者,他们渴望童年、怀念故里,对死探头探脑;有人做诗云:来到这个世上,遇到不愉快的事,我就死去;我死去,遇到不愉快的事,我就活转过来。大多数人没有这死去活来的遁术,大家不得不留在这冬冷夏热、哀愁多于欢喜的世间。有人这样为轻生者开脱:不要责怪他们,因为苦难是那么的沉重而漫长。

确实,相对于生所追求的众多事物,死是比较简单而易行的,死也是很多人最后体现自己的能力、最能自己拿主意的一件事。但有人也说:有的人敢于为信仰去死,而有的人为信仰艰难地活。相比之下,后者因其死摧更为可敬些。有段话至今在我的脑海里深刻:奶奶尚在世的一年春节,一位伯伯到我家拜年,对我父亲说:"现在我是该死了,也敢死了,而你还不行。"他接着解释:"我现在父母都已故去,儿女都成家立业,孙子、孙女也上学了,任务完成了!没多大用了,也没什么牵挂了。"他问父亲:"你行吗?老娘尚在,你敢死?儿子还没结婚、女儿还没出阁,你没尽完义务呢!"父亲被问住了。

是啊,死是容易的,活确实需要勇气;但牵挂未了、义务未绝时,死就是渎职。深爱着一些人,同时被一些人深爱着,他们尚在世上,他们是那么地需要你,离开你他们是那样无助,所以无论多艰难,你也要坚强而长久地活下去。由是,赞同《不死鸟》中的三毛。

2001年5月2日

夜 啼

往往在半夜,一岁半的笛笛会突然哭起来,在深夜里,那哭声甚为响亮。妻把她抱起,往她嘴里塞乳头;哭声往往一下子不能绝止,待换了若干种抱姿、轻抚复轻抚后,才渐弱,绵绵似呻吟。

不由担心,这小小的人儿在梦中遇见了什么可怕可憎的事?在黑暗里,妈妈的怀抱中,不断地轻抚下,才渐渐平静下来。这时,母女俩的相依显得孤单无助,因为我多是赖在睡梦里不肯出来的。

有时睡意就去了一大半,清醒了过来,心里掠过数缕凄凉:孩子断是受了委屈和惊悸的,幸而妈妈就在身边,抱起来,换着方式轻抚。才一岁半的人儿,一定怀念在妈妈肚子里的时光,也许抱姿与那时相似了,她才安静下来。这样说来,再绵长的黑暗里,拥在一起的母女俩也是无懈可击的。

孩子安静了,我却想起自己的母亲来,我的心因为深夜响亮的哭声而悸悸,身边却没有母亲的怀抱和轻抚。好多的惊悸,只有在母亲的怀抱里、轻抚下,才会得以安宁。而最多至少年,大多数人就会不再有这怀抱和轻抚。很多人以为离开母腹十年、几十年,就不需要这些了,其实不是的。想起母亲,我的惊悸是否也引起她的不安呢?她在三百里地之外故乡同样的夜里熟睡着,虽遥远,但我能感到一些切实的慰藉。

母亲逝去了的人才算真正长大了,委屈、惊悸时不会再有母亲的怀抱和轻抚,真可怜啊!

2001 年 5 月 4 日凌晨急就

诗·人

一

在我的书橱里,夹着一个折页,那是 1995 年《诗神》杂志编印的"折叠系列诗丛"《文宗诗选》,很薄的东西,几次搬家竟没有遗失。

看题赠是 l998 年赵文宗送给我的。他是我的沧州同乡,长我三四岁,一米八多,白,且胖——与他相识时我瘦,他说:"过几年你也会像我这样胖的。"他在《沧州日报》任文学编辑,因为另外一个编辑朋友,我们得以相识。那时我和女友(现已成妻子)经常到沧州办事,去了,朋友们就聚,有他。一次,别人不在,就找到了他,他带我们去他一位诗友家吃饭。两人的交往就这些。

文宗的诗清丽、细腻,不像他高大的外表:

"如水的月夜伫立／风中清泪如露／瘦若黄花的／不知是易安还是／今夜写诗的我"(《黄花》)

"山中雨后／一株向阳的植物／开放着一种黄色的花／在雨后的山中这花朵／凝结着七月所有的寂寞"(《蝴蝶飞》)

日子就这样过,两三年过来了,我们不曾相见。有一天想打个电话,却一时找不见号码。心里想,如果回沧州,找朋友,有一个白胖高大、内心细腻的文宗。一个月前,在省城遇见沧州朋友,言谈间问及他,对方脸色微变:

"他已经死了,五个月前出了车祸。"

现在想来,与文宗的交往实在谈不上深,只是如他言,我已像他那样胖了,他却……

回来说给妻子听,她说:"他还带咱们去吃饭呢!"以前听人言,文宗像个大孩子,我想,如果有机会深交,我们很可能成为莫逆的。想着他短暂但因诗而满溢柔情的一生,不禁凄然——

"漫山的枫叶早已红过 / 红过就要临近死亡 / 我怜这死亡 / 如同怜我一直 / 偷偷流泪的心"(《深秋》)

二

案头一本《远方》(中国戏剧出版社版),作者吴家振与我同村。至今我没弄清"佐"这个字何以命名村——"袁家佐"就是我俩共同生长的地方,她给我们的东西可能不同,但无疑均已楔入生命。凭这,凭我们一样的爱诗历程,这本集子就有别样的意味。

他长我十几岁,我叫他家振哥。他一米八多的大个子,浓眉大眼,确属英俊一类。我读初中时,他已出外工作,每次来访,总问及我的写作;他声音洪亮,热情洋溢,给人一个很好的印象。他的路却是坎坷的,由于那时很制约人的家庭成份。他没有因此放弃,在村里种地时没放下课本,终于找机会考出去参加工作,几年后,做了乡镇的领导。

由于年龄的差异,我说不出一个更翔实的他来,只是存留着一个好印象。我以文学跌跌撞撞地冲出村子,到城里干上了文化事儿,以前的狂热渐渐趋于宁静。这时,他告诉我,他也写诗,并拿给我看。我吃惊,文学尤其是诗歌,多是梦幻少年所热,他年已过四十,且从政,还写诗?一聊,方知这是他多年隐藏不露的爱好,这个火种,在他已届中年时灼热起来:

"虽然绿 / 一时被污染 / 却永远动摇不了 / 天性萌发的妖娆 / 更有年轻的精神 / 不会衰老"(《倾听小草说》)

他的诗集付梓了,他也自此将诗的旗帜舒展开,然而我却为他生了迟疑,十几年的狂热,使我清楚了文学:她能清澈双眸、轻柔心灵,但在现实社会中,却如虽美但脆弱的冰凌花,于她的追求者,很容易成为一种牵坠。然而为诗又不分早晚的,只要有一颗诗的心,他不悔:

"我是用浓重的笔 / 刻画成长 / 总想让其中的每一个点 / 都增添一些 / 高昂的愿望 / 和神圣的力量"(《告诉亲人、告诉朋友》)

三

姜宇清是我在廊坊师专读作家班时的亲老师,给我们上课。他的张家口方言很重,身材不高,也胖。他曾获中国曾宪梓教育奖,是全国优秀教师。以上与他的诗人身份似乎还有些距离。其实入学前就应读过他发表在各报刊的诗,有了他的《土地之味》(中国文联出版公司版)后才与他的人对上,并惊讶于田园在他内心平静、完美的投影。

"月光下的麦秸 / 亮得如母亲的针一样 // 月光下的麦秸 / 是无眠的麦秸"(《月光下的麦秸》)

"草垛深处有许多微小的／生物动作／草垛里有许多种干花／艳得好象还开着／草垛主要有／草垛的气味"(《草垛》)

"土炕下／有一只灶口／／总吐着／红烫的花朵／／娘说／小心着凉／／我和猫／就睡在那火上"(《土炕风景》)

姜老师是一位成熟的诗人,在他的诗集里这样优美的句子很多。其实我这个做学生的哪能评论老师?自从毕业后就没见过了,清闲的时候,读他的诗,感受他对农村田园准确、俏皮、静美的感受,总想:诗人还得以内心为本啊!

2001年11月19日夜

蜜语时代

"你扎上马尾辫儿特纯情,多大了,妹妹?"

这是我对一个比我大好几岁的女士说的,相互之间还算熟,话语里可能有点儿真的感觉,但基本上属于打情骂俏、逗嘴皮子。

上网进入聊天室,对着屏幕上的"她"很快进入状态:"你漂亮不漂亮?你的谈吐好有特点,能一块儿吃饭吗……"

这就是快三十岁的我的话语,我不太脸红,因为周围人等很难找出一个不这样说话的人来。同时因其中的虚假而坦荡——如果别人这样对你,你信么?

这完全不同于另一种抒情。早,再早的时候,涉情未深,怀着青春冲动的农村少年,对出现在自己梦里的女孩这样表白:

"在塞外的　一座秃秃的山上／我扭头　目光穿越千里／我看到了平原上柔弱的你／不禁泪——流——满——面"(《漂泊》)

"我内心的花是素素的一树／那样纯洁而伤感／在记忆中她流过泪／那泪无杂质地柔柔地凝于枝头／我不敢用目光注视她／深怕会泪雨飘零"(《想起梨花》)

"爱／我是说不大清楚的／对于你的注视我忽的没有遮拦／我只有躲得远点儿／我的向远处奔走／原是为了接近你"(《爱的最后》)

……

以上是我的一些诗句,我从少年时代开始的现已基本结束的"耕耘",与本文开头的话语相比,我觉得这才是纯粹的甜言蜜语,虽然那时的爱人是小小的、青青的,虽然她可能一生都不会知晓。

那样的时候永远不会再有了!上学路上苦心设局,只为和她打个招呼、说句话儿;相恋年余却从未拉过手,整日饱饮单纯的欢乐。在这个讲求"爱情工本"的年代,那是一种怎样的爱恋啊!是该怀念,还是鄙夷?

我亦不可抗拒地随波逐流了,看着对对在明处、躲暗处亲昵的男女,看着场场速战速决、务求实效的情事,青涩的蜜语时代渐行渐远!

那时的男孩是单薄的,转过头来看,那时的女孩也是平凡、朴素的,但那样的时代人生仅一次,永不复归。就象小小的种芽,我们尽可以忽略,但永不能删除。她是过于漫长过于多变的人生的核,时光穿梭,这样纯洁、静美的岁月,你有一年、两年还是几年?你是否还能被偶尔擦肩的一段诗、一首歌引逗得发呆?青春,只要有就足够了,她对一生的支撑,许多人也许意识不到。

当风雨皆过,人成了一个散发着腐朽香气的烂苹果,刀削烂肉,一层、两层……终会显现蜜语时代!

2002 年 12 月 29 日

老笛看演出

老笛者,我闺女也,大号庞心笛,三周岁刚到。前一段我曾在报端写了一则《联想式学习》,写她贵人语迟学说话,现在行了,可以说话气人了。

老笛有一定的艺术潜质,刚会爬时,听到音乐就扭屁股。但她看演出,尤其是高雅艺术演出,则是偶然:组织单位错爱,送了票来,两张;这就该让媳妇去了,她带老笛三年几近荒废,该陶冶滋润一下了;但没人帮我们看孩子,只有带着老笛。

在去之前,我们就郑重地说老笛:"演出时不许说话、不许笑、不许拉不住乱跑。"她答应了。坐第一排,我紧盯着,生怕老笛控制不住本性。斯特劳斯交响乐,果不其然,老笛突然指着台上说:"回去我也买个棍儿,拉。"见她违约,我只有把她带到最后一排,但她已然懂了,"拿个棍儿,拉,响。完了就鼓掌。大提琴放地下,中提琴放腿上。"然后两手在胸前晃,做搓泥儿状。

第二次听钢琴,我们坐在后几排。老笛看台上阿姨的白裙子,不敢说话了,晃着大脑袋无所事事,单等一曲完后跟着大伙儿鼓掌。和朋友坐一起,难免议论几句,老笛扭头嗔道:"别说话,演出呢!"曲终,她又一指:"鼓掌!"现学现卖,把别人管她的全反过来了。

第三次去,老笛似乎已习惯了,她几次问:"什么时候去听音乐会呀?"除了鼓掌外,她还坐在椅子上摇晃脑袋,但别人一看她,她就做鬼脸。这副认真是装出来的。她又开始说话,阻止不听而且耍起公主的性子来。"出去玩!不好听!"……

老笛看演出,烂竽充数。但做爹的还是想让她去听,毕竟她会"搓泥儿"了,这时的影响于将来如何姑且不论,但她爸爸从农村走来,质朴多于艺术,希望她不要和我一样,快三十岁了,才去听交响乐。贵族(艺术修养)是需要三代培养的,她长大了我要告诉她:"你是喝着牛奶、听着交响乐长大的。"而无论她今后入哪行。

2002 年 9 月 6 日夜

追赶睡梦

回到家已是夜里十一点了,推开卧室门,老笛还没睡,已洗了脸与脚,一个人在铺好被褥的大床上玩儿。

接了半盆水,坐在电视前把脚泡进去,眼睛盯着荧幕,匆匆了解近一天来的信息动态。老笛在里面喊:"爸爸,你睡不睡觉?天都黑了!"

"快了,洗完脚就睡。"嘴里虽这样说,但并未加快洗的速度。老笛三周多了,由于一直跟着我们,依赖性要比别的孩子强,无论多晚多困,也要让搂着拍着睡;还有睡前听妈妈讲故事的习惯,也持续一年多了。这令忙累一天的我吃不消,我则一半以上先她睡去。而现在,老笛的活动量大了,有时一种姿势摆久了,就能自己睡过去。这是孩子的成长,虽然离撒娇耍赖的纯幸福时光远了些——人总要慢慢学会自己去做许多事,而疏离于父母,随着日益的长大,父母撑着的伞也就渐渐收起来了。

果然,里面没了声息。我把袜子洗了,进卧室到阳台晾上,老笛把被子盖到下巴颏上,两眼半睁着,已困得不能转动眼球了。忽然心动:奔忙一天,还没跟她玩一会儿呢,而这么小的人儿,多该在父母的轻抚下入睡呀,尽管我们更多时候是盼着她长大。这样一想,速度就加快了。等收拾清了,再看老笛,已闭上眼了——她又一次不用大人哄而自己睡着了。而我却没有窃喜,我想给她一些睡前的抚慰,我在她的身边躺了下来,轻轻地亲了她的额头一下。她动了动,用手拿着被角在嘴唇上磨挲着——自从断奶后她就添了这个习惯——但没有睁开眼睛。

我想她感觉到了爸爸的亲吻,而我也赶上了她的睡梦。

2003年4月13日深夜

活 着

学校停课、客车停运、报纸电视一脸严肃,非典型肺炎,一个崭新的词语击中了整个社会,人们彼此发现了眼中流露出来的惊恐……

在我有生之年,第一次经历这样的世界恐慌,一个五十多岁的人说,他也是第一次。"非典"的突如其来,让世人措手不及,也顿感人生与现代人群之脆弱。其实病魔是早就存在的,它一直跟随我们,或前或后,若即若离。人生在世,磨难的阴影一直如毛附皮,常态表现为疾病、战乱——刚刚打完的伊拉克战争带来的生存危机同样典型不过。磨难大体分为两种,天谴和人造,都在人们头顶上,平日如阴云滚来翻去,来临时闪电霹雳如虎扑至。

现在想来,人活一辈子真不容易。此言贫矣,但世人莫不是感同身受。除了婴儿懵懂期,人一有羞耻心就开始了奔波动荡,飞蛾扑火般饱受欲望的折磨。有些折磨是这样:

受难者红光满面、嘴角带笑,不以其为苦痛——世事折磨人竟至如此!

不知什么时候起,开始羡慕那些垂暮之年的人了,他们游过一生的波涛,外表完整、内心平静地上了岸。我的楼上邻居,年近七旬的老人,干了一辈子矿工,在黑暗和危险中爬过来,闲坐在阳光底下的他真是神悠气闲、百念俱平。曾走访百岁老人,更觉每一位都是厚重之书,无论他们怎样走过,最终都是幸运(存)者、胜出者。

民间有"三大惨"之说:幼年丧父、中年丧偶、老年丧子,由此可见人之死亦应有时有会儿:幼年夭折,其惨可恸天地;壮年而殁,妻子何堪;中年折翼,父母何置?一个人活到了六十岁,就是值得庆贺的胜利,于己于人皆然,大抵是万难应过,同时责任已尽,于人不悯不伤,于己无牵无念。再往后,就成了自由之身,有潇洒的余地了;若还能活的话,就成了寿星,人中佼佼。人们把古稀老者之死称为喜葬,也就是从心理上已经很能接受其之死了。

走笔至此,头微痛,须知年方三十,尚有人生半数必答题未解,着实肃然。

2003 年 4 月 24 日夜

清 晨

睡梦中被好几只手撕扯,一挣,就醒了。一看表,六点半,窗外已大亮了。有了出去走走的心思,让晨光洗去梦的残余。

穿着松便的衣衫,看楼前一位打太极拳的一板一眼——我这不算晨练,不跑不跳,只是把全身松懈了走。一个刚会走的孩子纠缠着老妇,"天天醒这么早,一睁眼就不在屋里呆!"孩子咿咿呀呀,看得出,小小的人儿是惊喜这个世界的。迎面两个老妇买菜归来,篮子冒尖,两人竟用木棍抬着,脸上洋溢着买了合适东西的满足,由衷地笑了,为她们的可爱。

小区不小,每栋楼前后绿化带内容不同,穿行其间就能愉悦心胸;顶着清露的草,抖着蓬松冠首的树,同样让人满眼沁凉。这些绿,汇集在清晨,扩展了她们的内涵,而我素来就喜欢每种绿,没有来由就喜欢。这里竟种了葱、茄子,比其他楼大出来的空间竟这般实用,又有什么不好?绿色固有,且平添田园之姿!

绕回来了,清晨也过了大半。清洁工们挥舞着笤帚,路面在她们身前一笔笔洁净,她们的说笑感染着旁人。有人走出家门上班了,脚步匆忙而有力;有的窗口,出现女主人在弄早点了。看着这些,心好象小手抚过一样舒坦,漫步而行,已将睡的不适消除,只余充沛的清醒了。

清晨,真是个好称谓!想起早年村邻一家兄妹,名字都带"清",生得小巧而饱满,现在也而立已过,满脸沧桑了。想自己虽值壮年,却也要庆幸一夜好睡了!从小到现在,从现在到老,距离是等长的,人生已过了一半。在清绿的早晨,想一些人生的问题。昨夜疲劳而眠,今晨蓬勃苏醒,身心得到休整。人谓睡即小死,想来也是;一个人度过白昼般的一生,疲惫不堪,在死里可得休复,斯死要比睡丰厚。如一死醒来,苯胖的变轻灵了,脆薄的变壮实了,老年斑消失了,近视眼正常了,头发又黑密了,血液清澈了,比婴儿还婴儿,那该多好! 如是,死何足惧哉?

2003 年 7 月 2 日晨

相 见

对于一个几年不见,突然出现在你面前的朋友,你能做些什么? 喊他的名字,上前,握住手,说——各自的现在,怎么到的现在,及共同的过去……我想,一般应该是这样的。

现在,我就遇到了这样的情景。一个朋友,在火车站候车室四散的人流里,露出了他的脸。我很满意我的眼,能在人流中,从那已有所改变的容貌,一下子认出六年前相交的他来。他的名字都在喉咙边了,忽又止住。想:喊住他以后又怎样呢? 上前一吐别离吗? 在火车站繁杂的安静里,去见一个人,去探究他几年的历程,去勾起他往日的情怀,去得到他的了解与祝福,只为排遣火车开动前二十分钟所谓的寂寞?

说排遣说寂寞,是想以前真的那么交心吗? 就算交心,有了这几年的相隔又如何? 在分别的时日里,两人互相想念了吗? 就是有时想起,但从未想过以这样相见,且倏忽又分别。相见可能有惊诧、欢喜的,但以后呢? 各自天涯后又如何? 如上,还不如沉默错过,留一个多年不见的话头。与其不丰实,不如空白。

虽然这样想,可眼睛还是捕捉着他:他几乎没有变,身旁的女孩却不是几年前那位了。有几次,与他是正面相对的,我已胖了不老少,隔着二十几米的人,我想他是不好认出我的;就算认出来了,我就:"哎呀,哈哈……"

一想也逗,私下已观察他及他的新女友了,什么时候见到时,他会说:"这么多年不见了! "其实……

到底喊他不喊呢……

他在眼前来回几次,混入人丛不见了。

2003 年 7 月 21 日夜草于北京火车站

三十以后

● 看着父母变老,昔日的靠山在坍塌,自己正是最初记忆中父母的年纪,也完全能从他们身上看见自己的未来了。

● 孩子已走过婴儿的懵懂,惊人的懂事了,但人生的沉重也渐渐笼罩住不再幼小的她,为之遮蔽风雨的责任感日益加重。

● 忙着累,闲时慌,"什么时候能痛痛快快地玩一场! "这个念头不断推后从而变得奢侈。身体开始出现不适,经常的心理年龄很苍老。

● 没有什么美味可言了，饭前的张罗、饭后的收拾，以及下一顿饭的接踵而至，使一切变得索然无味。

● 对陌生事物失去兴趣，感觉很多人面目可憎、言语乏味，但仍混迹其中，博取劣质的快乐与安慰。

● 看见美丽的异性还心动，但很快就想能否进入自己的生活，进入后又会带来什么灾难性的影响？

● 往回想日子、数往事，很有可怀想的了，动辄就是几年前了。好多心情不再有，不再干一些事情，并且开始嘲笑、不理解像自己以前一样的年轻人了。同时也习惯于训导他们了。

● 对一些混沌、凝滞，渐失抗争的气力。钝性增大，允许很多漏洞、不足存在，并扭过头去。

● 在众多烦心事前，坐着发楞。觉出时光如箭，却习惯于记账、拖欠。

● 琐碎、算计、辛劳堆积出来"成功"，喜悦恍惚而短暂。明白"成功"是熬出来的，而以后，还得熬。

● 很多事情是靠经验而非勇气完成，并引以为荣。

● 一沉思就能悟出好几条人生哲学。

2003 年 7 月

泥泞歌哭

我看见
一些植物在溪水边
认真地洗
自己根须上的泥
　　——旧作《无题》

我从来没见过那样难走的街道，从头到尾满布着粥一样的泥，随时会搅出波澜，在人的脚底"噗噗"响着。整个村庄所有街道都如此，好象有人煞费苦心专意铺倒一样，时间是下午，起伏在黑乌里的庄子上空黄昏早降了！屋子也与街道相配套：低矮，还乌黑，还空荡荡，还挤扭着。

我想我是穿了一双新皮鞋的缘故，才这样不堪忍受。我想，如果被困在这里过上一晚，天啊！其实我对泥巴并不陌生，我是在另一个村子里过完自己前二十年的，这样的心态，是应受到谴责的。我的采访关于一个夭折的放羊的孩子，但我甚至想，如此般生存，死倒是一件幸事。

早几年，我还在村子里时，一个牵扯心肺的人告诉我，一见到密集在一起的泥就想哭。她因此离开,到十里地外的城镇扎根了,那里人多,有公路,下多少雨雪甚至不用湿鞋的。我心痛,心痛之余又鄙夷:土生土长的人,何至如此?而我的努力是,要比她离村子更远。

而现在,也想哭的我理解了她。雨雪的天气,城镇其实是被泥泞包围着的,只是大的城市泥泞遥远些,小的市镇切近而已。我努力的结果是,故土的泥泞三百里外,而异乡的泥泞左近——我有新家了!

忘本的人应受天谴的,虽然我也曾在午夜被乡音唤醒,也能挤出几滴浊泪;虽然我身在城市反而在文学上更乡土;虽然我思念父母,口口声声要孝敬他们。但离开就是离开,回忆与追溯是徒然的。我只是欣喜于一条细窄的公路通向了村子,欣喜于村里有了集市。当我走在集市上,对面撞来张张粗糙的面容,原来的细润、挺拔、灵动都不见了,经常感喟世事无常、青春潜逝的我顿悟:晴时灰尘雨雪泥,单调、重复、沉重的劳作,对人的改变是粗粝的,来不及作文人式的哀吟。然而他们也曾经鲜嫩,不逊于仓皇逃离复又装腔作势者,他们何幸,乡土何幸!

无论对谁,乡土是无愧的。生愧的只是我这样的游离者,也许沉没其中、永不疏离才觉出泥巴的温暖;在岸边,洗不尽根须者,才会彷徨而歌哭!

2003 年 11 月 15 日

梦中恭王府

昨夜梦回恭王府,那座北京乃至全国保存得最完整的王府,模样与以前大致相同,甬路、房舍,连厕所都雕梁画栋。又走,辨寻记忆中熟悉的,恍惚间却换了别处的景致,是两年前游历过的山西王家大院吧……

梦醒,心情复杂。我非贵族后裔,七年前,所在报社到恭王府租房办公,我得以在"国家级文保单位"呆了一年多。前不久,到北京,欲故地重游,未遂。回来后几次酝酿一篇文字,却滑溜溜地难以拎出水面,方有此梦。

那日,送一位老师赴京,午饭后尚有大段时间,遂在京城游逛。从西单图书大厦买完书,对年轻的同事说:带你去参观一处古迹,与我有关的。

就是去恭王府。车往北开,京城太大,不到故地我是发蒙依旧,同事善用地图,一个弯儿也没绕,一步步靠近记忆。一进新街口南大街,街道就熟悉得不得了,那房舍、店铺、路边的树,无甚改变。到护国寺,拐进向东的胡同,梅兰芳故居、京师学堂,再走就是了。这条胡同当年与妻一步步遛得倍儿熟,掏出电话问在家的她:

"我在护国寺呢,你知道这是什么地儿吗?"

"卖热栗子的地儿。"

妻不加思索地说,我的两眼倏地一阵潮润。她是完全没忘记的,七年前两人相恋时,无数次穿过幽静、细长的胡同,走到各色灯火与各种食物香气混杂的新街口大街。七年后的今天,我们的爱情已修成正果,甚至琐碎的争吵多过温存,而很少念及这些。

记忆到了。却热闹得很,先有交管人员示意门前是单行线,车须停在王府西侧的胡同。有人流涌来,往北是王府花园,那时候就收费参观的,如今人气更旺。花园门票20元,是与记忆无甚关联的。绕到南面中国音乐学院附中进口,被门卫拦住:向北进入王府的路已封死,请到北侧西门进入。七年前就在此进进出出的,很不理解门卫的不友好,一位教师模样的女人不理解我的故地情结,现出对外地人的轻蔑来:"不让进就是不让进,你这人儿咋这样?"

我十分恼怒了,昔日屋舍就在眼前,心中温情却横遭打压。还是绕到西门了,在花园的入口南边,又开一门,上挂"文化部恭王府管理中心"标牌。封南口,开西门,这个"全国文保"被重视起来了。一脚迈进管理中心,又有门卫拦截:王府不对外开放。怎么不对外?当年进出自由,看那边的飞檐,我曾经在下面纳凉午休。还是例行公事,只有找到保卫处长。处长很客气:进入王府须中心主任批准,否则会惊动各路保安。现在快下班了,就是获得许可也得明天。

只有出来。花园是开放的,花钱就能进,而府邸,已成禁地。沿街冒出几家"纪念品"商店,康熙御题的"福"字被制成各种形式。快快而归,一个故地被煞有介事地保护起来,却与自己无关。记忆相隔不远,二十米而已。

车往南开,另一条熟悉的胡同,熟悉的是七年来不变的东西,扭过头去,则是漫漫时光的隔离。就如一对分了手的恋人,任昔日几多缠绵,如今怎样的重逢,也万难交心了。与妻最终走到繁华声色中去了,幽静、古朴的深宅只有在梦中出现了,有什么东西丢在了里面?人是不断成长变化的,不能停驻,想到此,泪水夺眶。

2004 年 5 月 2 日

无　睡

- 安眠。长眠难安为至苦,但生之无聊呢?
- 睡,刻意求之;不得,夹杂异物,如梗在喉。醒,尚有虚度可图,允许空白、过渡。
- 累极而眠,好似因功受禄般自然。
- 幼小时思单虑静,安眠乃自然天生。得长,渐失,终成奢侈。
- 安眠是一种境界,可遇而不可求,需修炼得来。
- 睡眠,每日之必修功课;梦,白日言行之复照,为秤,从不偏袒。
- 睡,如赴夜间之考场,其规则贴近主观,关乎内心。
- 他人酣睡于侧,更觉有责受罚,如囊中羞涩置身食肆,愤怒,倒也不觉不公平。
- 文章推延派生,如睡而再睡,注水而淡。偶有好梦十二睡,始知梅开二度之佳。
- 夜半走笔,攒睡之条件,以退为进也。

2004 年 6 月 9 日凌晨

焚

我没想到那些纸张竟然燃起那么旺、那么久的火来。

在书柜前坐了一个多小时,我的脚下就有一堆了。我一张一张、一沓一沓、一本一本弄出这堆凌乱。没有人说我,因为家里人都认为我早该这样收拾收拾了。我也这样想。我想哪天自己要好好整理整理。

书柜的作用就是储藏凌乱的、陈旧的东西,与之前的纸箱子一样。这个书柜里盛着十年的凌乱与陈旧。由此有人断定我是个怀旧的人。完整而幼稚或残损而美丽的最初诗文,都是一片或几片破皱的纸上的呓语;而信件与贺卡记载着已经淡泊了的情感,即使还能勾起一些感觉,也已是一些时过境迁了的东西。

最旧的我已保存了十年!但我还能怎样呢?即使曾经那样的精致。生活批量生产记忆,层层积压了下来,真的需要好好整理呀!我的犹豫是如何处理这些以前的物品,扔到垃圾堆里,卖到废品站?都不合适。我一直替它们想归宿,也一直犹豫不决着。

母亲说:一会儿做饭时放进灶膛里烧了吧。这个想法我早就隐约的有了,但不能在灶膛里。我走出家门,走向不远处的麦田。怎么也能卖点儿钱啊,邻居问清后在身后说。

就用了一根火柴,它们便争先恐后地燃了起来;用树枝挑着,我才知道什么叫做羽化,黑了、小了、轻了,蝴蝶的翅膀,更似黑色的花朵,煽动着、绽开着……

若依着母亲,恐怕能做熟一顿饭了。灰烬飞扬开来,周围的麦子明年会带着墨香丰收吗?

陈旧的呵,我没想到你孕育着这样的火!

1997 年冬

无端泪流

一

5月12日,下午三时从城市出发,驱车三百四十里,送娘回到家中。到家近七时,虽已是暮春,天也开始暗了。娘是5月6日跟我们去的,连来带走六天。跟三年前极其相似:爹娘跟我们住了五六天,毫无准备地在下午就回返了。上次姥姥是高烧不退,这回是昏迷几个小时。

姥姥今年八十四,已彻头彻脚垂暮。走的时候,娘告诉留守的爹:"就是有事,晚上也不要打电话,回不来我受不了"——其实我晚上开车也行。果不其然,11日傍晚开始发病,身为医生的爹一直盯到半夜方解,一度危急,而也是等到12日上午打的电话。

八十多的人了,就是在身边也有可能赶不上,娘已然有心理准备了。她三年不到城市,觉得亏孙女的了,才来。而姥姥的"适时"发病,让她"准时"地回去了。

姥姥的大踏步衰老是在四五年前,印象中干净利落的老太太已彻底糊涂了,到了对面不识儿女的地步。有几次,我试图打磨些文字给她:"一生如菊花/盛开在额头、脸颊"、"不是村里的街道变长了/而是自己的腿软了"——感觉不精纯,形不成东西。

三年前我与爹娘赶回来时,已是夜里十时,在盛夏,姥姥蜷在床板上,我能感觉得到笼住她自己的冷,又是任何人不能替代的,而我们的奔波,也只是形式,给自己安慰而已。刘亮程在散文《寒风吹彻》中说:"落在一个人一生中的雪,我们不能全部看见。每个人都在自己的生命中,孤独地过冬。我们帮不了谁。"甚是冲撞内心,令我着实佩服。

二

五一从城市回家,将娘接走,不足一周又送回来;我从心里难堪这样的奔波、时空转换。二十岁开始离家打拼,生怕挣脱不掉农村似的,十几年下来,家也就成了故乡,我做了第一代移民。几年前回家,幼小的女儿已很会用词——

我说:"奶奶会高兴地说'笛笛回来啦'!"

"不是'回来',是'来'!"

令人感慨万端又不得不点头。是呵,我生长于斯,出去了,自然是"回来";而女儿生长于城市,自然是"来",跟爸爸"来","来"看爷爷、奶奶,而没有"回"的意思。

车程三个小时,刚刚还是城市的楼群,一转眼就尽是庄稼了;而明天,一晃又是城市,用个词就叫"倏忽"。车快,而心却慢,一下子难以适应。以前"痛恨"般逃离农村奔所谓前程,而在城市经过十几年沉浮,也鲜有欢愉的。第一代移民,至死都有在路上、首尾难顾的幻觉。新屋未就,旧居尽丧!这些感觉女儿是不会有的,而她长大后会不会再做移民,会不会再饱尝凄惶?这些年,我一直鼓动爹娘到城市,他们也老了,不跟我不行;但让老了的他们再去做移民,虽是无奈之举也不太人道。八十多岁的姥姥仅出县探过一次亲,平日连县城都少去,生死于斯,从某种意义上讲,也是不错的。

三

正准备过去探望,却不想姥姥自己走来了。这不能不叫人惊骇,昨晚还在抢救,现在就能爬坡跨沟了!依然那么糊涂,不知道昨晚的事,也不知道我们的奔波。我们也就不提醒她。吃饭,留下不让回去了,住一宿。老年痴呆,类似于醉酒,深一脚浅一脚,头脑里"呼呼"复"哗哗"。从某种程度上,也只是在"活"而已。姥姥用她记忆中的客套与我寒暄,给我讲她小时候跟她姥爷玩的情景,分明回到八十年前了,听着,真有时空交错之感。我盯着她,昨晚几乎离去的她,而且在以后的日子,也许一错眼就……她的日子可以用"屈指可数"这个词了,而我们也确该"珍惜"了。

人生至晚暮,没有什么"生"的任务了,但也确实无趣无味,尤其是病痛缠身的人。姥姥在偶尔清醒时曾对我说:"唉,活烦了!"相信她不是客套。垂暮,就好像在打一场毫无悬念的比赛,只是终场时间未到而已。"夕阳无限好,只是近黄昏",夕阳未必就好,人生末梢,大半是悲情的。刚过而立的我,就常常感到生活乏善可陈,在这一点上,我与姥姥是相似的。

四

走出屋子,西天有颗星星格外明亮。身后的房子也有二十年了:呼朋唤友地看守新房、充满幻想地出游、回家时的喜悦,此时暗寂、灰色中夹杂些许温馨。更老的屋在村子中央,已有两间塌顶了,这些日子,四叔翻盖房,又搬进去过渡。我阔别十几年后走进去,它竟然还有居住的价值,那炕围子上的年画,还是我幼小时的模样,三十年不曾改换!这些破损的,已然不属于我了吧?而远处的城市,未必就与我息息相关!

我是出来擦泪的,屋里的人都没看见。不是诗的年龄了,流泪就变得奢侈,在现实生活中东冲西撞,不许喊疼的,很多时候也只能"逆来顺受"、唾面自干。谁也不是那么愉快,但又不是专为什么而哀愁。神经久磨就麻木了,感慨万端其实也是无从谈起,我忽然喜欢"无端泪流"这个词了。

2007 年 5 月 12 日于袁佐

漫流岁月中的滋味

下顿饭吃什么?这成了当下不少人头疼的问题。这种为难与二十年前物质匮乏年代的为难有本质的不同:那时是没得可吃,现在是无处下嘴。鸡鸭鱼肉、生猛海鲜均已穿肠而过,我们咂咂嘴,并没有饥馑年代里想象的巨大的幸福。

我不是美食家,口味大众化,没有过深地研究,无暇过细地计较,但也吃了三十多年,老人们喜欢对年轻人说:"我吃的盐比你吃的饭还多。"尚属年轻,但也能分出几个吃的阶段、拎出若干吃的记忆了。

上世纪七十年代末期,幼小的我开始对食物有了明确感受:肉真是好吃——某同事长于草原,天天吃牛羊肉而无米面,他说吃肉都吃腻了——我们才不是呢,先天性"胃亏肉"。还是生产队的时候,快过年了,队里杀了猪,每户能分上十来斤猪肉,娘用筐背着回家,后面跟着啼哭的我。家里很快充溢肉香,炖出来后一家人先要吃一些的,剩下的肉冻上、腌上。我是家中最小的孩子,娘从骨头上撕下瘦肉来给我吃,这种清贫中的溺爱,使我很大了还啃不好骨头。有些肥肉膘不炖,直接熬腥油,凝固的白,留着日后炒菜用。人谓美女"肤如凝脂",应该就是这种东西吧?剩下的渣滓也可以吃,姑且称之为"次肉",现在想来,有些腻。

更多的时候见不到肉腥。我没赶上吃糠咽菜,主食是棒子面或一半棒子面一半白面做的窝头——现在又成了好吃食,还有一面烙一面蒸的棒子面饼;冬天吃大白菜,白菜是吃油的菜,清汤寡水的就不好吃。秋天将红薯收回家,靠着窖藏,一直吃到春天。我不爱吃红薯,不象一位孔姓同学,一家子怎么也吃不够。待日后娶了城里的媳妇,她爱吃红薯,却是调剂口味了。缺油少肉,就只能在盐上下功夫了:把白萝卜生腌了,切成条,有时拌卤水豆腐,滴上几滴香油,就令我吃得兴起。娘至今还念叨我大嚼咸菜条的样子:"这小子口壮。"

我十岁以后,家里的生活就逐渐改善了——政策好了。我也不例外,成长中的美味来自娘的厨艺——两个姐姐也行;爹做饭也很好吃,但他忙,有时做饭有负气的性质,菜炒得刚刚够吃,且一个一个问:"你吃不吃?吃就烧火去。"娘做的带鱼好吃,用白面裹了过油炸,面糊有些焦的,吸足了鱼香,真的比带鱼本身还好吃。妻子不会那种做法,我一度以不贤淑论之。

农家虽然节俭,但待客也用心的。三乡五里待客规格基本一致:油炸花生米、炒鸡蛋(主要干摊、葱花炒、韭菜炒三种)、豆腐丝、香肠。这样的待客饭我家吃了好几年,小孩子是不能上桌的,只能等客人走了吃剩菜根儿,那些剩菜根儿是那么的美妙!时至今日,这四样菜我仍百吃不厌,有时忙,就"炒鸡蛋三选一",一会儿就得,就是记忆中的美食——生活真的变好了。

那个年月,走亲访友不同于往常,逢年过节不同于往常。盼望着,孩子的心愿是穿上新衣服、吃上那平日里难得一见的美味!年前的忙碌,主要是备年节的吃食,初一一直到破五,不用干活出力,净吃好东西;对大人是辛苦一年的犒劳,对孩子,是疯玩足吃的节日。过年吃饺子是北方习俗,不必多提。年三十晌午我家要熬白菜的,猪肉、粉条、鲜豆腐、冻豆腐、木耳,实诚得很,这样的菜在饭店里找不到,一人盛一碗,真是美味啊!

1991年,我们姐弟仨都在县高中读书,主食从家驮麦子换学校的粮票,菜金每星期五元;周日下午返校,到下周六下午回家,十八顿饭,合每顿两三毛钱的菜。到冬天,学校就一个菜——酱豆腐;每顿儿仨馒头一块酱豆腐,我用解气的吃法:用半块酱豆腐吃下两个半馒头,然后半个馒头就半块酱豆腐,很奢侈地吃下去。与妻子一起创业时,曾钱紧被困,也是用身上最后的钱买酱豆腐就馒头吃。现在,同样有着饮食记忆的酱豆腐在我们家颇受欢迎。

娘到县城里赶集来了,从学校叫出我们姐弟仨,到集上吃肉包子,那是怎样的包子啊,一咬顺着嘴角流热油!我知道,我那已消化过各种佳肴的胃,再也不会有那样的福气了,清苦日子里的点滴美味,成为漫流岁月中的记忆,永不复归从而滋味深长。

2007年8月17日于廊坊

老了,将如何是好

一

我觉得该说说养老的问题了。我一直是一个经历型的作者,我还不算老,虽然三十几年活下来,心、肝、肾都有些损耗,但于周围人等,还是小字辈儿。我不老,但长辈们,都齐刷刷地无一例外地老朽了。我写的，是他们带给我的触动。

去年回家，看了四个老太太，都八十往上，其中三个已糊涂得完全不认识我，我凑到她们耳边，大声报上我的小名，她们才若有所悟地点点头。清醒的那位是我姑奶奶，岁数最大，九十的人了，只是耳朵背些；年节再回，她却已殁了，其余三位，仍然昏昏噩噩。

年岁不饶人，就像要债的，他不把你逼到墙角，你不知道他的无情。现在的我们，在外面混儿，回乡不再是找人喝酒、疯玩，长辈的衰老，使我们不得不沉稳起来。几天的假，你得把看望她们列上日程，送上一些滋补品，让她们重新记起你一回。这种蜻蜓点水的孝敬，与她们关系不大，只是换来你自己的心安，然后心安理得地回到你的天地。况且，下一次，你就不一定能看到她们了。

"夕阳无限好，只是近黄昏"，老了，可以武断一点儿地说：没什么好儿！单是老并不太可怕，关键老总与病连着；病这个玩意儿，不老都够你一呛，何况是老了。老病大概可以分如下几个阶段：腰酸腿疼、呼哧带喘，多是一些老年病、慢性病；这是最好的状态，虽然难受，但还能站立行走、干些轻巧活儿。其次是卧床不起，重病已缠附了四肢，不少是中风摔倒的，这样的老人已不能自理。最严重的是神志不清，我所见识的不少老人，无论以前多么利索，一旦患上小脑萎缩的老年痴呆，莫不是江河日下、面目全非。

那些晨昏不变、屎尿难分的老人，他们可能已经出离了痛苦，大脑一片茫然，人活到了植物状态。人云"寿长多辱"，在生理上，不是别人刻意来辱你，而是活得已无任何欣喜可言、已无半点儿尊严可论。人云"善始善终"，何为善终？已瘫卧三年的姥姥告诉我："一摔跤就死，那是修来的福分！"她也摔了一跤，但没有修来她所希望的福分。

二

我这么说不是悲观，字典上有那么多光明温暖的词儿，但撑扶不起那病痛的身躯。同样面临考验的，甚至需要重新核定的，是我们的耐心、孝心。老人的逐步陷落，使年轻人的担子越来越重。近年来，我们这些混外面儿的，逢年过节，衣着光鲜地走进老宅，提着包装精美的匣子，每次都能换来乡邻的赞许。但我又不怕武断地说：这是伪孝。

"久病床前无孝子"，这里所说的孝，是守护在病床前，与老病者一起熬磨；这里所说的孝，不是一时兴致，更不是虚头巴脑——老人饿了、渴了，你得弄吃弄喝；老人拉了、尿了，你得上前端屎崴尿；这是照料老病的极致，但谁也难保不恶心，且远不是一次两次，且没人给你什么实质的褒奖。孝，是儿女分内的事。

"养儿防备老"，国人早从伦理上划定责任人了，儿子，有时连女儿都不强求。女儿外嫁，回娘家是一时的，大多负有监督职责。儿子则不行，传承香火、继承了家业的，不容逃避。这时的孝，是实实在在的，是不是孝子，要看久病、看床前，要看能否禁得住对你本性、耐性的双重考验。由此可知，孝是分两重的，出力劳神之外，耐心更为重要。人干一件善事不难，难的是持久地干一件善事。衣着光鲜者，感受不到那些熬磨、厮守。当然，久病床前也不是不允许烦躁——烦躁也无可厚非，毕竟，习惯被打破，从优哉游哉的状态进入紧张、牵挂、疲惫,谁也不老习惯的;烦躁之后不离不弃,才是真正的孝。

三

突然发觉,我其实一直在构想一个养老院的。在社会层面上说,养老已成为一个普遍的问题,中国已进入老龄化社会,计划生育政策下的独生子女,要面临两个家庭的四位老人,老病一层层压下来,小辈儿的压力自不待言。养老既是一个公益事业,又是一个潜力极大的产业,如何让老病者活得有尊严,又不严重破坏晚辈的生活秩序,值得整个社会深思。

事不临头不觉难。当你帮一个生着褥疮的老人翻身无从下手时,当你撤换沾满屎尿的褥垫时,养老才是真实可触的。乡下说话儿:"早知尿炕就睡筛子了",我甚至在琢磨一种床板:分上中下三截(褥垫也分三块),中间可以横拉出来,便于更换、擦洗污秽。发展一个产业,很多细节值得用心。

四

相对于城市退休人员而言,农村的老人多是"裸体"进入晚暮:为儿子盖房、娶媳妇,还照看第三代,把自己掏空刮净后,全方位依靠儿子;若碰上自私、不耐烦的,注定回天乏力、徒唤奈何。老人更存在自立的问题,对待儿女要"猫教老虎——留一手",不能把自己完全地交付给别人,哪怕是亲生儿女呢。

人很怪的,伺候婴孩儿擦屎洗尿很有耐心,面对老人就有可能难忍其臭了。其实也不怪:小孩子是成长的,一天比一天大,象上升的日头;老人却是一会儿不如一会儿,只有更坏,绝无反弹的可能。这是否也是一种传递?我们把爹娘无私给我们的爱,无私地传给了儿女,这是一种别样的报答,不如此,人类就不得繁衍。其实,我们不欠儿女的,我们欠爹娘的!我们往往跟爹娘耍"老赖",而在儿女那里穷大方。我们用在儿女身上的心力,匀出十分之一给老人,他们的晚暮就会光亮很多。

乡邻一位大娘,年近七旬,也孙辈绕膝了,但尚有九旬老母、光棍病兄,她的人生责任尚未尽完,与姐妹轮流照看。过完大年初一,大娘就回了娘家,开始了她的轮值,不料急火攻心,竟致脑血管崩裂,猝然撒手西去。经此突变,不过一月,其母、其兄相继离世。

养老竟有如此惨烈的,令我欷歔不已。

2010 年 4 月 30 日

无人不道看花回

五月桃花,离城市不远,驱车百里,便是顺平县的万亩桃园了。

路不宽,且初夏的风尘里满是杨絮,天不是很蓝,有些灰茫。今年的春是很飘忽的,天气异常得很。曾有约京城朋友看花的计划,但都四月底了,还一阵阵的凉意,麦子吐穗不齐,花期推延,只有作罢;我也在城里,更拿不准花期,总想花还没有开呢,或许她已经开败了。

车在路上挤着,一长排,附近无他,都是去看花的吧;迎面也一长溜儿,都是看过了返回的吧。心忽然一动,想起两首诗。读大学时,一位老教授讲唐代诗人刘禹锡的倔强,令我印象深刻。刘禹锡贬官十年后回到长安,也去看桃花,写下《游玄都观》:"紫陌红尘拂面来,无人不道看花回。玄都观里桃千树,尽是刘郎去后栽。"此诗传开,最后一句被其政敌认定"诗语讥忿"、暗讽朝局,刘再遭贬官。十四年过去,刘禹锡又一次回到长安,又去看桃花,写下《再游玄都观》:"百亩园中半是苔,桃花净尽菜花开。种桃道士归何处?前度刘郎今又来。"这种风骨岂为权贵所容?三年后,这位仁兄又被贬离长安。

这两首诗相隔十四年之久,尽显刘禹锡的伤心与不平。往事历千年,玄都观与诗人早已物是人非,不消多少时日,我的独访顺平桃花也会迤于茫茫,可为人处世的磨难不会变,红尘紫陌的伤怀不会变,到什么时候吟哦起来,都柔软切近轻撩心弦。

赏花,其实不一定在花海,有时路旁、山脚闪出几株来,灼灼于春风中,更令人心动。所幸身边游人不多,使我能于花下走笔。真的,一片小的红白相洇的花瓣,落在我的纸上,停驻一瞬,不待我留她,便随风飘落,融入一片落红之中。

2010 年 5 月 2 日于顺平花田

绿润记

一

我写这篇文字,不是因为云南遭遇罕见的干旱,谈谈节水,由节水而拓延至绿化,是我打了数年的腹稿。

我生长在北方农村,虽不似江南水乡,但也没有多少干旱的生命记忆。我没出生前,家乡是很容易涝的,我爹曾推着簸箩凫水出村,扎着猛子抠地里的红薯,那水性可想而知。我不行,只会狗刨,且凫不远。那条小白河穿村而过,上游放下水来,我下河嬉戏,河水清亮,能清楚地看见水底我的脚丫。

我的干渴记忆来自吃咸。那时我一个人看自家的新院,在村边,连水缸都没有。娘做的菜咸,我贪嘴吃得又多,到半夜里渴得受不了,又没地界儿讨水。我曾到姑姑家的瓜地里偷瓜,西瓜才拳头大小,白籽白瓤,但被子夜的凉露浸透,冰彻心肺,焦渴顿消。一次没有瓜可偷,我到户外走,张着嘴,让凉湿的空气进去,竟也好了许多。

这点儿渴的记忆比起沙漠挣命来差远了,但不妨碍我颇具节水意识,并由惜水如命变得嗜绿成性。一个人的经历有限,并非事事亲历才被刺痛,干旱缺水、水源污染、土地沙化、地下水漏斗,这些灾难离我们并不远。

二

在城里安下家以后,我患上了"嗜绿症"。

我住的小区原本是城市的煤站,楼前楼后空地不小,我与邻居大爷一种树才知道:绿地一尺以下便是多年淤就的煤层,也有一尺厚吧,铁锹难以挖开;树苗好不容易扎下根去,还套着一个生热的"脖套儿",如何能活?活了也长不快。小区植绿的第二个敌人是毁树者,也不知那些孩子为何如此顽劣,只是随手一撅,那些本来就艰难的树苗就一年无缘了;第二年,伤残的树苗聚拢活力,重又葱茏,不知是谁又"咔嚓"一下……

小区绿化不好,我们为此没少动肝火。活一棵树不容易,我甚至去修剪野生的榆树,有时用剪不慎,手指夹出一个血泡。躲在暗处的敌人更绝。我将一棵榆树修剪得仅剩主干,日渐高大时,却渐渐枯死;细一看,杂草掩盖的根部,被人细致地剥去了一圈儿树皮。这不是顽童所为,他们没有如此阴险的心计,那又是谁呢?我弄活一棵树,谁也不妨碍,何至如此恶毒?

我与邻居大爷结成同盟,与那些恨绿杀绿的人斗争。大爷到平房接水,一三轮拉几塑料桶。我接洗菜的水,刷锅的油水不行。我住一楼,锅在火上,我便拎着桶出去了。只要水足,小树就长得快,树干粗了那些人撅都撅不动。我满是这样侥幸且急切的心思。浇完了水还几次三番去看,看生出来多少新叶子,恨不得一五一十地数,心里想:你倒是快些长呵!还接雨水浇树。要下雨了,我把桶放在楼房排水管下,能接满满一桶。有人见我这样直笑,"下雨了还浇什么树?"他们哪知道,一场看上去不小的雨,湿的地皮不过两三指(手指并起来的厚度),哪如半桶水倒在树坑里直给啊。打雨水的主意还有一法:舀坑洼处的积水。雨刚停,我便拿着塑料铲子、拎着桶出去,舀满一桶就拎走浇树。干了几次后,一些孩子被我带动起来,也跟着干;以致成为小区一怪:"下雨了,记者要浇树了!"路面有坑洼就有积水,这量可不小,浇完我那几颗"责任树",又忍不住"福及"其他树。一直快浇到小区门口了,忽觉不妥,我感觉到了自己的偏执,若再不自控,就做下病了。

三

嗜绿如此,我想除了小区树少、树难活之外,是否也是我对农村的一种回望?农家是不惜树的,农村就是不缺好土,再有几场透雨,绿的东西根本摁不住。老家的院子里有棵桃树,长老高了,爹娘一错念就刨了。这我不心疼,他们补种的柿子树,两三年就窜过房顶了。

可以说,嗜绿加深了我对水的病态节省。我节水成癖。传作家贾平凹惜水,有朋至宅,他小便后高叫,"还有谁尿?一块儿冲。"这我信,而且我也能做得出来。在此积习下,我洗澡快捷:先把头发弄湿,关水;打洗发膏,冲,不眨眼后关水;全身打肥皂,开水,上下一块冲。洗一个澡一般也就六七分钟吧。妻女不同,一进去就"哗哗"不停,我在外面听着就心疼。屡次抗议,她们有了让步,而且一开始放出的冷水,接到桶里,留着冲马桶用。妻用水忒费,洗菜、刷碗、洗衣服,都"哗哗"的,她说她洗得干净。我心里说:如此费水,还不如砢碜些呢!还有家里的洗衣机,我不会操作,全自动的,仅清洗第二遍的水,就接得家里盆满桶溢。水多了,用不了也会有味儿,不能久放,又不能浪费,我只有尽可能多地上厕所,这,也形成了条件反射。

节约是公益之举,你想想用一点儿就少一点儿的淡水资源,你想想不断扩展的地下漏斗区,我举双手赞成实行阶梯水价,浪费的部分收高价,让人们纵然不心疼水,也心疼钱。有的人,在自己家里省,到了外面,特别是花钱去洗澡,就"哗哗"不止,这是品德问题,更令人来气!

云南可是旱得不轻,甭以为还没旱到你我这里,就没问题。有一句公益语已经传开:"地球上的最后一滴水,将是我们的眼泪!"拉拉杂杂这么多,总算一浇心中块垒。我不在乎这篇东西的文采,有人看到了,能因此少"哗哗"些,我就高兴死了。

2010 年 5 月 2 日

鞭炮响彻袁佐村

一

大年二十九,年的前奏。二十八赶回家来,今年没有三十,明日就是初一,这一天都是忙碌的。

早饭后开始捏饺子,猪肉加牛肉,牛肉保丸、猪肉香,白菜馅儿的。我是帮不上忙,偶尔擀皮儿,也擀不圆,薄厚不均,容易露馅儿。捏更别说,面皮儿软软的,捏不严实。

我一般管贴对子。原先自己写,平素不下功夫,一年抓一次毛笔,也就是年根儿写对子,自是露拙。乡邻一位爷爷曾让我写,我娘笑他不开眼,他大智若愚一般:"有个黑道道儿就行了。"对我的要求真是不高。每到这时候,爹总对我实施教导:还写书呢,连个字儿都写不周正。哪一天有人请你题个字儿啥的,一提笔就丢人了。您瞧瞧,我爹在我身上寄予多大期望!

有几年不写了。知道丑了,也没了费着脑子攥词儿、满手都是臭墨的心气儿。买对子,大门口要大的,要的就是这又大又红;对一些俗常的福啊、寿啊、财啊也接受了,心愿与祝福,有总比没有好,再说一些冥冥中的力量,真的对现实生活起着作用呢。

晌午吃熬菜。这至少是我们家的风俗,就一个菜,却下了功夫:白菜、猪肉、粉条、冻豆腐、鲜豆腐、黑木耳,下料实在,味道鲜美,不用盘子不用盆,一人盛一碗,愿吃什么盛什么。每年娘都问:你们说这菜放在城市饭店得多少钱?

二

下午四时,去上坟。只是男人去,女人清明烧纸。只上本姓先人,姥爷的坟在村东,不用我上。庞家是外来户,爷爷那辈儿搬到这个村子来,爷爷死后葬在了老家,虽仅隔十里地,却是保定地区了。1999年奶奶去世,将爷爷的坟迁了过来,我们在这个村子也有祖坟了。上坟每家出代表,三叔代表他们那辈儿,我和四叔的两个儿子。就四个人。爷爷生子四个,大爷在三百里之外的石家庄,两个哥哥回不来;我哥儿一个,四叔有俩儿子。本来就是外来户,香火又不旺,不像别人家,叔叔伯伯凑二十来口。三叔家两个女儿,我之下又无子,以后只有四叔家一支了。这时就看出家族传承了,重男轻女,多少年的习俗流转下来,不曾改变,处处加以提醒。

坟前一片热闹,清杂草、烧纸钱。下午四时的天空,天晴得湛蓝,近处、远处,空中不时绽开一朵朵烟雾,鞭炮响彻袁佐村。过年烧纸,只是祭奠先人的一个形式,但这个程序一代一代千百年不变,也不用改变,也不敢改变。中国人就活在这缓慢的惯性中,不觉憋闷,倒觉温暖。

上完坟,回家扫院子,把水缸接满,然后就等待年夜了。天黑了下来,开始煮饺子。爹抱柴禾烧火,每年都是他,这其中可能有什么讲儿:大概是女人在灶间忙碌一年了,到年夜也该歇歇了,轮到爷们儿干。水烧开了,下饺子的同时拉鞭,这也是我的活儿,点鞭笨手笨脚、小心翼翼,然后噼噼啪啪一通。过年的饺子捏了几盖帘儿,这是第一顿儿,初一早中晚三顿儿,初二中午一顿儿,捏得多的是,要吃到"破五"那一顿儿呢。不像其他家弄几个菜,爹没有小菜下酒的习惯,我也张罗不起来。单是饺子就很香了,一年下来,儿女在外,这顿年夜饭格外有意义,这就代表着辞旧迎新,就代表着团圆,家庭成员心里都有这根弦儿,这饭吃得暖意融融、舒舒坦坦。

三

饭后就看央视的春晚,持续有二十几年了。我刚记事儿的时候,村子里还没有电视,孩子们吃完饺子后在胡同里疯一阵儿,但终究玩不了太久,大年三十是没有月亮的,四处黑乎乎,我一直引以为憾。年夜得守岁,冬天五六点就黑,且到不了子夜新旧相交呢。有了电视就好了,春节晚会,看着、乐着,就到了新年钟声敲响的时候。这些年,人们对春晚多有建议、批评,皆因重视,世界华人十几亿,除夕之夜干什么?作为一个电视节目,春晚业已成为国人一个习惯,甚至成了一个新民俗,了得?电视在爹娘屋,娘忙了一天,身子撑不住了;她倚在枕头上,半睡半醒,电视上一热闹她就睁开眼看看,很快又眯过去了。她身子弱,每个年夜都是这样过。

时针指向十二,鞭炮又响起来了,旧的一年过去,新的一年来了。我走到院子里,空气清冷,我的大脑也清醒,也许只是一会儿,有抚今思昔的感喟。

然后就睡。堂屋的灯是要亮整夜的。睡不了多久的。凌晨四五点吧,鞭炮又从四下里包抄过来,忽远忽近,一阵儿紧似一阵儿。守岁后,新春第一日要起五更(音"京"),现在人们都懒了,早先鞭炮三点就响了。我们躺在床上听一会儿响儿,五点再起。先不开大门,煮饺子,还是爹的事儿,饺子下锅了我出去拉一挂鞭。洗漱完毕,扫地,三十晚上是不能扫的,好像怕把财气扫跑了。吃完饭,收拾得当,开大门。这时街上已很有人声了,起五更是要串门儿拜年的,给大辈儿拜,不开门拜年的就进不来。

四

拜年也是重头戏。先给爹娘磕一个头,再是形式也不能免。然后出去。拜年是男人与婚后女人的事,成家后的女人要拜婆家大辈儿,未出阁的姑娘不拜年。家族大的,男人们凑一堆儿,屁大的男孩儿也算上,街上一走呼啦啦;老少妯娌们也凑一起,走自己的。之所以能凑一起,是家族亲戚都一样,能走一路。少的跑不到一起,就两口子串,丈夫带着媳妇。我就是后者,哥们儿少,且跑不成一路,就带着媳妇俩人转。村里亲戚长辈也没别人多,大概就十几家,我在外面混生活,这是一年一次的拜望。妻子跟着我,串胡同、走大街,出这户进那家,风很冷,但这个重要的风俗不能动。也只有这时候,我实实在在重回这个村庄,妻子也在落实嫁给我的义务,这时她才是我实实在在的媳妇、"家里的"。

拜年也是个形式,早先人们是真磕头的,一遭串下来,膝盖上都是土。上岁数的人看重这个,谁家的孩子来没来拜年、来了磕头没磕头,有时真挑理儿。现在人们变通了,近亲大辈儿磕,远点儿的寒暄一下就行了。问候的话也如出一辙:几点起来的,身体怎么样,吃了多少个饺子(老人吃得多代表身子硬朗)等等。娘是最看礼儿的,每次都嘱咐我谁谁家不能不去,见了人要主动说话,在外面工作更不能拿大。有时我串回家,她知道漏了哪家,还强要我出去补上,"咱不能缺理儿。"

我家亲戚少,当村的十点多就转完了——该打,过年不能说"完"的——外村的几家亲戚初二再去。然后就吃中午饭了。下午人们都困了,熬了除夕夜,阳光很暖,大家要补觉;也有精神的,抓紧时间打牌。晚上饭就简单多了,主要是兴趣索然了,年的最紧要处,已经过去了。

五

写这文章就是流水账,我倒不是记录什么民俗。毕业后参加工作,在城市安家落户,有十几年了;再往前推,我出生以前,袁佐村就这样过年。也就是说,我原封不动地过了三十几个这样的年,如果不看标签,不说辞什么迎什么,哪年都可以套到哪年头上去,连日头、风力都是相同的,记忆重叠在了一起,不更改,不褪色,多好!

"父母在,不远游",这点儿我没做到;但我愿意过一模一样的年,一年了,回家来,爹娘的笑脸,我身心从里到外的舒坦。爹娘是我们永久的景点,是我全部的年。

2010 年 10 月 6 日

狗儿欢欢

一

12月15日，欢欢去了。

上午，风冷得刺脸。欢欢跟我腻，两只前爪抱着我的腿，拖着走都不松开，使我想到了御寒用的护膝。我大喊"OUT!（离开）"它才松开，我笑着对妻说："咱家的狗懂英语了！"其实哪是，它只是看我的神情、听我的声调罢了。

午饭在外面吃的，忙完回来已傍晚。放欢欢出去透气，开电脑，我看见欢欢的身影，从窗外草坪上一闪而过。也就是十几分钟，女儿放学回来，开房门后叫我："我关单元门挤着欢欢了！"我赶忙出去，心想别把腿夹坏啊。欢欢萎在地上，头勾着，好像在舔伤口。我一碰它，发现舌头竟伸着，被牙卡着，而大睁着的眼已不动了。

才一两分钟啊，怎会这样？我抱起了它，那身子软软的。叫它，没反应。我让女儿回屋，她想不明白自己只是随手关门，欢欢怎么就这样了，她哭了起来。我飞快地想，宠物医院离家好几里地，而我的车上午出了问题还没修。

抱着欢欢出门，小区内找不见出租车，黄昏时候正值交通高峰，我站在路口一时拦不下车，我说："欢欢，咱们去医院，撑住啊。"它的身子依然那么软，仍是热的。

十分钟后，我坐上了车。腾出手来给加班的妻打电话，她怀疑欢欢只是昏迷，而我却禁不住哽咽。路我清楚，要走六七个红绿灯，我也知道这个臃肿的城市是怎样拥堵，没有谁会让出一条窄窄的通道来，哪怕一个生命正在滑向死亡。欢欢仍没有声息，女儿说她关门时听到两声短促的叫。我抱着它，泪水流了下来，它听不懂我的鼓劲，它好像已经听不见了！

其实还不是最拥堵，十五分钟吧，我到了。检查却干脆：心跳早没了。我理智地要一个纸箱，却小，放进去要窝着头，我一下子觉得憋闷，便还是那样抱着欢欢，走了出来。

车更难打了。我站在街口，看看一辆辆车与我们无关。这算是最冷的一天了，我一直不能接受冬天的黄昏：凌乱、昏黑、冰寒。欢欢在我的怀里，从未有过的温顺，行人车辆如过江之鲫；有人可能觉得奇怪：一个男人无助地抱着一条小狗，小狗婴孩儿一样温顺。我一时回不到家了，而欢欢再也回不了家了！它的身子不再热了，只是我的手托着的部位有温度，却是我传过去的。

我流着泪，眼泪流过脸颊很快冰凉。

二

2008年，我曾写过一篇《狗儿欢欢》，一直没拿出去发表，那时欢欢三岁。这个题目重复使用了，内容却已迥然不同。

欢欢是妻的同事送的，到家时出生才几天，比老鼠大不了多少。妻从小就喜欢狗，她表现出无比的喜爱，目前孩子只能要一个，她的母性与耐心有了用武之地。远在老家的娘却冷静,她担心狗咬着人,无论是自家人还是外人,都不好弄。我站在娘这边,但又阻止不了妻女的热情,就只能自己慎着。但这小东西确是憨态勾人,约莫半个月,我忍不住也喜欢了。

对于这个城市我们算移民,双方的长辈都不在身边,家里三口人,添了这条狗。女儿尚小,邻居大爷逗她,"这是你小弟弟吧?"孩子不怎么反对,我便有了这个狗儿。

欢欢在家里的地位确定了下来,它自有它的可爱之处,不象夫妻之间、两代之间,亲爱是亲爱,但也少不了摩擦。我们与它之间,付出与回报都是简单、直接的。见你手上有吃的,就摇尾巴,吃完了就会依偎过来,任你抚弄。你对它好它就跟你亲,剪毛、铰指甲、洗澡、打针,这些都是妻做,它也就明显向着妻。不知什么时候开始,它成了妻的警卫,我一粗声大气它就冲着我叫;最后它升格为"安理会常任理事",不允许家庭成员互相呛火,我们经常故意肢体碰撞,看它一边叫一边咬自己尾巴打转儿,屡试不爽。

欢欢其实是胆小,它满心戒备。出去散步,除非是一家三口一起,否则它只跟到小区门口,就果断地掉头回来。它没有安全感,活动范围绕着家,所以基本不用担心会跑丢。一次,妻女回乡探亲,我接待客人醉酒住在了宾馆;第二天回到家,却找不见欢欢,后来在沙发底下看见它,却怎么叫也不出来:它自己在家一晚,不知道为什么家里没人。还有一次我们去海边几天,把它寄养在亲戚家,把它放下后车开走了;以后再坐车,它总要扒着车窗看外面,它觉得我们丢弃过它一次的。

狗是有灵性的,能察觉人对它的善意与阴谋。家里有人时,欢欢一副良民模样,一旦门一关剩它一个了,它就会迅速地把垃圾袋扑倒,看看有什么可吃的;然后上沙发、上床,那些软和的地方它觊觎很久了。爽完后它也知道后果,多少次我们一开门,就看见它从沙发上、床上一闪而下,钻到安全的地方,听你的呵斥,等你气消了再出来伸伸懒腰。狗的耳朵很神奇,能从外面的嘈杂中锁定家里人的声音;谁回来晚了,它也在等,有相似的声音,耳朵就支楞起来,判断一下;一确定,它就欢叫起来。几乎无一例外,我的车一拐入窗外的停车位,屋里的它就叫了,它连车轮轧地的不同都分辨得出来。

狗更像被宠惯的孩子。我一端饭碗,欢欢就蹲在我的膝下,仰着一双乌黑的眼睛充满期待,我不怕掉饭渣,甚至故意掉些饭渣。它也是挑食的,辣的不行,酸的不行,硬的馒头不蘸菜汤它看都不看。它吃白菜帮儿,嘴里咔吃咔吃的当餐前水果。它会磕瓜子,丢一个在地上,它在嘴里捣鼓,一会儿地上只剩下皮儿。更有甚者,给它一个油炸花生豆,它会把那么薄的油皮吐出来,太讲究了。

养狗有养狗的烦累,打各种针,买狗粮,妻还给它买了几身小衣裳。花钱之外,它还满地掉毛,还容易脏,隔上几天就得洗澡。欢欢还胃口娇贵,喂多了、吃杂了,会吐些粘液,然后一天食欲不振。关键是它吐的地方,它喜欢上我的床,胃里难受更要寻舒适处,几次都吐在我的枕边。当然,吐完后它会到沙发下躲好久,听你的怒吼,即便出来也低眉顺眼、塌腰垂尾,一副"不好意思,我错了"的神态。

但它是纵容自己的。家里有人也在沙发上蜷着,眯着眼观察你的反应,只要不呵斥,就不动。我缓步走过去,柔声说它:"老在人家床上吐,你觉得合适吗?"就这样它也听出来了,跳下沙发,径自到别的屋去了。我忍不住对妻嚷:"它怎么跟你一样?犯了错还不跟人沟通!"

三

按说以我的人生阅历,不应该这样敏感了。我只是不明白,为什么让我亲历了欢欢的死?我相信,它上午的缠绵只是让我更加心如刀割。我还是第一次如此真切地感受生命的逝去,本来就对当下境况有些寂然、颓然,又深味了一回凄惶无告、无可奈何。正应了那句话"发生在别人身上是故事,发生在自己身上是事故",我宁愿平静度日,不起这波澜,不写这样的文字。

回到家,我意识到还有一个更严重的问题:女儿的心理障碍。她仍在哭,我知道,12岁的女孩,迎来了她生命中的第一次重创。她爱欢欢,每次我们不在家,欢欢就是她的伴,而欢欢一瞬间死在她的过失中。孩子也许自此就大了,她不是孩提时不管不顾、示威撒娇的哭,她在哀泣。

我立刻开导她。"欢欢知道你不是故意的,欢欢知道你爱它"——这十分重要。"人生就是这样,很多事情不能挽回,你珍惜过就好,记住它就是最好的怀念。"妻回来了,抱住女儿:"这是欢欢的命运,它要离开,怎么也要选一种方式。"

泪水一直流到深夜,在女儿的脑海里,屋里角角落落都是欢欢的影子,而那些影子只会渐渐淡逝,再也没有集矛盾调解员、门铃、饭渣打扫员、玩伴、小混蛋于一身的欢欢了!她平静了许多,她的伤口平复了一些吗,还是隐抑了悲痛?无论哪种状况,都令人心疼。

灾祸分两种的:一种如远山一样影影绰绰,很早就给人以警示,但也给了人心理准备的时间。一种是毫无征兆地猝然而至,一下子就碎开了,先是惊愕,痛是置后的,但绵绵不绝。伤痛无论大小,都五脏俱全,都经历同样的过程:刺中、溅血、痛楚、缓和、恢复、遗忘。疗伤最好的药就是时光,我倒想讨要多一些的时光,事先备着,在怎么也止不住泄流的最初,一下子敷住。又想到幸福:幸福就是形成某种习惯,在正常状态下,适应、熟悉从而产生依赖;而苦痛就是打破习惯、终止依赖,而形成新的习惯,也就是疗伤的过程。

不知这些道理是否对女儿起作用,欢欢真的去了。俗云"远亲不如近邻",更何况五年来的朝夕相处?就是一根铁棒也会捂热的,它不是铁棒,它也有温度回传过来,来往之间,多深的默契、亲近都有了,彼此的依赖不可救药。

欢欢就像一把飞旋着的刀,在我们三人心上,留下了规格不同的伤口,然后它自己哀绝而去。妻子表现平静,不可否认的是,她跟欢欢最铁。我们的心都在女儿身上,我是最后送了欢欢的,也只能这样,又还能怎样?几天了,我们挤到一张床上睡,我们可能都感到了失去成员的孤零;但我们回避着这个话题,日子如平常一样过,好像我们真的无动于衷,好像欢欢没有死,好像它从未加入过我们。

2010年12月19-20日

附记:

欢欢,20日,新欢来了。

我就不用陈述你那接班人的长相了吧,特别是与你相比怎样。这是没有办法的事,你的职责,特别是对小女孩的陪伴、安抚,需要代替。好像我的一个村邻,老伴猝死,他如霜打,但很快就安排新人了。他是太过难受,还是急于遗忘?不得而知,只是,受伤者是不受指责的。"铁打的营盘流水的兵",相对于这冷硬的世界,有谁能保证不被替代,又有谁不是流水?

我还是安丼了你吧。一时局促,让你与野猫为伍,受其侵凌。地方离家不远,阳光充沛,还挨着树。安息吧,我再一次悲怆,"但见新人笑,哪闻旧人哭",我们不是的。

这里是黄山

2010年初冬,我来到了久负盛名的黄山。在登山之前,导游故意似地给我们压力:爬一趟黄山,很多人都得"残废"。他是指爬完山后不堪腰酸腿疼走路一瘸一拐的。之前爬了两天山了,我们也真的害怕,像我这样的胖子甚至想:爬到半路就折回。正如自己刚写的顺口溜:"山顶即山腰,松竹亦逍遥。人有入山意,红尘自在消",与名山亲近一下就得了呗。

但我们是组团行动,自己不好单出方案的。先是缆车送我们到半山腰,然后依着开发好的路线数石阶。可能正因为是已开发好的,并未觉得怎么难;腿也酸,到险要处还暗自发抖,好在并不是很长,还有平缓路段,可以让风吹干满脸的汗水。然后就到了线路的最高点,几身汗出了,两腿竟然很轻松,小腿有力,没残废呀!我想可能得益于近年来的锻炼,我的书斋体质有所好转,我很是骄傲,传说中的黄山被我征服了——不算那更为广阔的未开发区域,诚知胖子不可欺也。

然后就朝下山缆车处走。最高、最险处已过了,路程也过半,更加轻松。这时有人迎面爬来,他问我:"这里是哪儿(景点)?"我笑答:"这里是黄山。"

我的答话在玩笑之余,更多是满心轻松。他爬的线路与我们相反,我们已爬过的大多半,需要他去爬,而他爬过的一小半,我们很容易就搞定。我们已经爬过了最高、最险地段,那些艰难已变成内心对自己嘉奖的勋章,以后的努力都是锦上添花了。

这可以称为人的"过半心理"。在我们咬紧牙关前行的过程中,最难的是前半段:你不知道前面有什么陷阱、荆棘在等你,内心惴惴,却不敢放纵自己的不安,否则就有可能中途放弃、缴枪认输。你只有给自己鼓劲,"谁的难谁遭,怕也没用!",那真是硬着头皮呀,辛劳、苦痛、无助、委屈,最颓唐的时候,可能不是夙愿与壮志在支撑,而是惯性,或者那颗心早渐已麻木。

这一切的煎熬，会在冲过中间点后得到改观。过半了，以后的路程会越来越短，而我们已完成的部分越来越长。我们习惯了苦，而苦已经不多了；我们已经不奢求甜，而甜在慢慢充盈。最高峰已经登上了，最高峰只是一个目标，它不是宿营地，爬上山顶后，紧接着就是——下山；但以后的平缓就意义不同了。我们不会再恐惧灾难，我们已然经过了、完成了，还有什么比最艰涩时难熬吗？

　　按"人生七十古来稀"计算，我的生命也过半了，最高的山峰可能还没攀上去，可经历的胜负已足够多了，内心的狂喜与绝望也数不胜数了。这时，看见那些置身前半段的人，我就会轻松、豁达，他们因为事业、情感纠结时，我就会回答他们："没什么大不了的，这就是人生。"

2011年1月1日于青黄斋

晴天里下的雨

一

　　1月19日，早晨，接到电话：姥姥走了。在外这么多年，几次家里这样的讯息都是通过电话传来，总是被告诉，我都有些惧怕老家来电了。这样想着，泪水流了下来。

　　立刻安排行程，要接上同在一个城市里的二姐，还有些时间，我就按原定计划去理了发。在店里跟人说着话，天气很晴，也怪，我的心里不是那么阴沉、压抑，只是在停顿间，泪水几回涌起来又压住。姥姥八十七了，算高寿，而且在六年前小脑萎缩，在三年前摔脚一卧不起；走了，也就不再受今世的罪，她解脱了。这么长的人生，姥姥的天空已经熬磨得没有阴晴了，在晴天里下起的雨，好像没有了缘由的悲痛一样。

　　回乡，走新修的高速公路，距离空间可以拉近心理空间的，但再快也追不回姥姥了。按阴历说2010年还没过去，一年里，这是我第四次奔丧，真的很给力了。四位与我相关联的长辈走了，他们都七老八十，是该走的那一拨了。我也奔四十了，这样的送别今后将不再少。离开人世的亲人，都或多或少带走我的一些记忆，也会勾起我的一些记忆，为此我都应写一些文字，心态与情境的一致，弄不好会把自己出落成一个祭文高手。

二

　　还是那个院子，却已满是为你忙碌的人了，入眼的是孝布的惨白。在你的灵前，我哭得还算可以。姥姥，要知道，我是不善于当众哭号的。农村哭丧讲究声调、表情，特别是女人们，唱一样的。如果不是积蓄哀痛，又不会表演，哭得不可以，会让人笑话的。我记得没错的话，姥爷是1989年去世的，那时我读初三，不会哭的，杵在灵前不跪、不哭；你说："傻孩子，你姥爷死了，你怎么不哭啊？"单为你这句话，你当时的神情，我离开后独自在被窝里哭了好几回。

　　作为一个男孩子我自小却多愁善感，有多少回，夜里睡前自己想事，想最亲的人死了,在预设的情境里哀伤不已。姥姥,对不起,我只是哭得还可以,而没有像多年前想象的涕泪四溅、嚎啕哀绝。办丧事更多是仪式,纵是孝男孝女也不能说哭就哭、哭起来没完的。有亲戚吊唁来了,才陪着哭一通,礼毕,会有管事儿的劝住,丧事三天,老哭也不是个事儿。姥姥你不怪吧,这时我想起了以前咱们干活儿,在麦场扬麦子,风来了且风头对时,才能扬几下;风变了、停了,就要等着,顺便歇盼儿,喝口水。那时你常穿一件月白的褂子,就是天热湿透了半边,衣扣也扣得严实。

真跟干活儿一样,守灵不但要歇盼儿,还要吃饭。搓忙的端进来一碗碗面条,孝男孝女要在灵前吃。这个村子就这样的风俗,红白事儿吃面条,除了亲戚、搓忙的,上学的孩子是主力。孩子们爱凑热闹,家里的饭没有外面的香,一到放学就一群一帮地涌来。出外不少年了,现在各家的条件好了,孩子们的嘴也刁了。那个时候,我们是吃遍整个村子的。我清楚得记得:一次吃完面条回来,你正和俺娘呆着,问"吃饱了吗?"答"没饱,只吃了一碗。"问为啥?我说替家里随了五毛钱的乡亲礼,不好意思多吃。你俩一通好笑,半大小子太憨,还懂得羞臊了。姥姥,我在你的灵前又吃上面条了,有二十年不吃了,怎么还是那个味儿?村里红白事儿的口味、下料,都多年传承吗?

三

从小知道一个说道儿:当村姥姥没亲串。姥姥家在外村离得远,去一趟就得当戚(读"切"音)待。我姥姥是当村的,走半条街隔着不到十户就是,有多少回,傍黑儿没啥事了,娘带着我们姐弟仨一溜达就回娘家了。姥姥爱干净,小院总是扫得干干净净,娘那时心情好,我们也能得到一些好吃的——农家也没什么,也许只是一角棒子面烙的饼,抹上酱、夹上小葱,也爱吃。晚饭都不耽误,娘又带我们回了,我们在后面蹦蹦跶跶,姥姥家近挺好的啊。

那时孩子不娇贵,姥姥也没什么钱,我记得她给我买一小碗桑葚,比我大不了多少的二舅抢吃,姥姥撑着他跑。娘去天津做工,我到姥姥家住,早晨不叫醒的,吃饭的小木桌放在我被窝边,啥时睡醒了啥时吃。姥姥家在村子的东街口,一条排水道直通房东边的小白河,一场大雨过后,我站在排水道斜坡上,让雨水冲着我的脚丫,那是童年纯粹的快乐。

写到这里不得不说姥爷,他的一生是那么的老好啊,胆小、谨慎,把日子过得紧紧巴巴。姥爷年轻时搬到这村子来,日子真穷,没有自己的房子,"串房檐住",借住在亲戚的厢房,娘就是在一个表亲家出生的。娘姐弟四个是在饥馑中长大的,青黄不接就要饭,姥姥对姥爷是不乏抱怨的:给生产队里看青,可以象别人一样顺点儿棒子回来呀,家里儿女饿得眼都绿了。姥姥只有一生坚强,干起农活来时常"惊了人"似的收不住,省吃节用撑着这个家。但姥姥也是饿死不求人的刚烈性格,来闺女家串门不吃饭,老糊涂的时候一天过来几趟,你要说"到饭点儿了,咱做饭吃",她起身就走,"转转就行,不吃你的饭"。

活到现在,我愈发清楚:自己很多性格里的东西,是来自姥姥与娘的。这两个目不识丁的农村女人,有自己的礼数、有自己的气度、有自己的好恶、有自己的判定。她们有狭隘的地方,刚性暴烈同时又柔情似水,姥姥喜欢谁没个原则,腻歪谁就鼻子不是鼻子眼不是眼,但她最终是刀子嘴豆腐心,没有坑害过谁。两个女人又是悠闲聪慧的,我在县城读高中了,回家听她们娘俩对话,幽默形象、正话反说,真的是妙语如珠哎。我奶奶识字,她告诉我:"在家孝父母,不必远烧香。"姥姥影响我的话是"有情别说有情,说了就没情",这是她的人生感悟,于人情世故,甚是精准。

四

姥姥,我送你走。很多人都替你舒一口气:解脱了!最后的六年,你如日西坠,绝无反弹之势,直至晨昏莫辨、屎尿不分。你辛劳了一辈子、刚强了一辈子、利索了一辈子,却没有修到"摔跤就死"的福分,最后落入病魔之手,可谓寿长多辱。

最后的六年,你受够了罪,儿孙的耐性也经受着考验。我游离在外,只有平日的电话问询,节假日拿回一些营养品而已。好长时间我才明白自己是伪孝,"百善孝为先,论心不论事,论事天下无孝子",我不能替代你,你的苦痛、昏茫、寂寥、独自沉没。

一个月前,我是回乡看过你的,不料那竟是最后一面。当时就知道你去日无多了,我决定春节回家时守你一夜,象几年前守你的那晚:与思维混乱的你聊天,听你讲你的姥姥,象你拍着小时候的我一样,哄着你入睡。你却不给我最后的机会,我彻夜不眠,也只是在你的灵前。

姥姥,我送你走。放烟花、烧车马、起灵、入殓,还是那半条街,陪你最后一次缓缓走过。这个叫袁家佐的村子不大,西甘河以北、郝庄以南、北石宝以东、赵庄以西,这里生养了我,让我多少回杯盏交错、青春萌动,又让我多少回一身重孝、伏地不起?你走了,就拔掉我在这里的一大拃根须,幸好,我最终也会终老于此的。

姥姥,哀痛就是这样的,也许没有前奏,也许只是掠过心底的几缕悲凄。还会那样的:在喜庆的日子里,会想起你;在尘世凄惶无告的时候,也会想起你。请你在厚土之下,安息。

2011 年 2 月 11 日晨泣笔

青黄何焉（代跋）

这一夜，我已完成临睡前的固定程序：洗脚，钻被窝，趴在枕头上写当天日记，又倚着大海绵垫看了会儿书，然后熄灯，在睡意中沉浮……

还是那个梦，我到底丢了什么东西呢？应该很重要，至少曾经很重要，她是什么？她丢在了……刚有些想起，心好像搓动磨砂纸一样不适，就醒了。

拧亮台灯，枕边仍然是凌乱的书、杂志、报纸。我倒腾了两三年的《青兮黄兮》也在，幸好，他已经出版了。若要选这几年主题词的话，我选中了"青黄"，奔四十的男人，有些青黄不接，这个词嵌在我的意识里，很深。这个时候写这些文字，好似他的创作手记一样。

我不好好写东西有几年了，是指正儿八经地谋篇、布局，塌下身子来爬格子。长短小说不提，诗歌一年三五首，且越来越"精短"，稀稀拉拉的；散文也是，你总得顺着一个标题爬吧。什么原因呢？忙，俗忙，作为职业记者，每日忙忙活活、杂七杂八；静不下心来，自己安慰自己：如果写得不纯粹，没有长进，不写也罢。

不长进，就难免受刺激：2007年吧，到省作协见到一哥们儿，他是我的老乡兼诗友，十年前我在廊坊读作家班，不知深浅地突击长篇小说，令他十分钦佩；他告诉我，他的小说刚刚获得全国大奖。过了一段儿，另外一个朋友，斩获全国诗歌大奖。二人见我悻悻："这十年你去干什么了？我们可是一直没歇啊！"后来参加一个诗会，我自嘲："我现在是一个名誉诗人了。"

两位朋友是苦苦修行、实至名归。倒不是眼红。我也不后悔我这十年，作为职业，新闻也是我的所爱。只是对于文学，我以前闹死闹活儿追求过的，我竟已如此懈怠，竟已陌生至斯！每天也活着，吃喝拉撒睡，已渐渐适应没有作品的日子了。

这样不行。倒不是非要成名、获奖，我突然发现自己已处于青黄不接、不尴不尬的境地。相对于以前的忠贞苦恋，我移情别恋了；相对于以前的冲动狂妄，我清汤寡水了。这就是我青春跋涉后的结果吗？"青已尽，黄未至"，奔向四十岁了，这不是预想中的我。

回归岂是那么容易？2004年，某商场送我一本台历，我也就依着日期写备忘，得感谢人家，让我养成了写日记的习惯。我这几年的"成果"，就是几本写完了的和正在写着的日记。我开始整理日记，从流水账中扒些东西出来。每天晚上，先记下当天的，然后翻读以前的，把有感觉的段落抄在另一个本上。我算是一个敏感的人，记者职业也使我比一般人经历生活要严重些，不知不觉，日记成了述说的重要方式；我不想他太长、太规范，一段、一句，记录生活碎片，自己跟自己说话儿。每天晚上，我钻进被窝，就像把自己锁进一个抽屉，与外界、与白天隔绝了，自得其乐。

一个阶段，一种方式，关键是一种心境。文学不是兴高采烈的事儿，你阴谋得逞了、顺风顺水了、要啥有啥了，一般不会按住性子写东西。文学是寂寞，是无处排遣的不良情绪，那么多生之无聊，也许在描摹勾画中才有了些许价值。

这个年龄，我首先对自己不满。不得不接受二百斤的体重，可我曾经麻杆儿瘦；不得不接受肌肉消失、神经衰弱，可我曾经生龙活虎、下笔万言；不得不接受灰色、淡漠、慌张、无助，可我曾经炙热、轻狂。一切艺术，最终会归于思想；而每个思想者，都是清醒的，作家张贤亮言："可怕的不是堕落，而是堕落时清醒着"。我就这样清醒着，不免忐忑，有时还悲情。一位编辑看完《青兮黄兮》，说有些悲观，我一笑，我不信她每天都乐不滋儿的。

青黄。何为青，何为黄？傻乎乎的做梦小子已然消逝在岁月深处，而真正的修为还不够，果子小，且不真实。但这也是我的时光，是昨日之因结成的果，也是明日之果的因。他首先是平的，平坦、平常、平均、平静，压覆着昔日青涩、翻腾、炙热、执著的岁月。

2010 年 2 月 2 日凌晨